# Sensing machines

# 感知机器

**Chris Salter**

[加]克里斯·索尔特_著

黄刚_译

无处不在的
传感器

中国科学技术出版社
·北 京·

First published in the English language under the title Sensing Machines by Chris Salter,ISBN: 9780262046602.

©2022 Massachusetts Institute of Technology.

Copyright © 2022 U.C.C. All rights reserved.

Simpliffed Chinese edition copyright © 2024 China Science and Technology Press Co., Ltd. All rights reserved.

北京市版权局著作权合同登记 图字：01-2023-5232。

**图书在版编目（CIP）数据**

感知机器：无处不在的传感器 /（加）克里斯·索尔特（Chris Salter）著；黄刚译 . — 北京：中国科学技术出版社，2024.5

书名原文：SENSING MACHINES: How Sensors Shape Our Everyday Life

ISBN 978-7-5236-0512-7

Ⅰ.①感… Ⅱ.①克… ②黄… Ⅲ.①传感器 Ⅳ.

① TP212

中国国家版本馆 CIP 数据核字（2024）第 042101 号

| 策划编辑 | 杜凡如　王秀艳 | 版式设计 | 蚂蚁设计 |
|---|---|---|---|
| 责任编辑 | 孙倩倩 | 责任校对 | 邓雪梅 |
| 封面设计 | 奇文云海·设计顾问 | 责任印制 | 李晓霖 |

| | | |
|---|---|---|
| 出　　版 | 中国科学技术出版社 |
| 发　　行 | 中国科学技术出版社有限公司发行部 |
| 地　　址 | 北京市海淀区中关村南大街 16 号 |
| 邮　　编 | 100081 |
| 发行电话 | 010-62173865 |
| 传　　真 | 010-62173081 |
| 网　　址 | http://www.cspbooks.com.cn |

| | | |
|---|---|---|
| 开　　本 | 710mm×1000mm　1/16 |
| 字　　数 | 302 千字 |
| 印　　张 | 22 |
| 版　　次 | 2024 年 5 月第 1 版 |
| 印　　次 | 2024 年 5 月第 1 次印刷 |
| 印　　刷 | 大厂回族自治县彩虹印刷有限公司 |
| 书　　号 | ISBN 978-7-5236-0512-7 / TP·471 |
| 定　　价 | 69.00 元 |

# 前 言 (

清晨 6 点，铃声响起，时钟的内置雾化器为空气平添了香味，并与你在睡眠期间佩戴的腕部感应器进行无线连接。根据你此前几小时的睡眠状况，室内的播放器可以快速调整并生成播放列表，让你在悠扬的音乐声中缓缓醒来。当你进入卫生间时，可以听到你喜爱的流行音乐歌手的演唱；而当你进入厨房时，智能音箱则会播报温度并询问是否应该打开浓缩咖啡机、关闭大厅灯光并调整烤面包机的设置。

你打开手机开始浏览新闻，在遥远的地方发生的一些重大事件出现在你的眼前。例如，新加坡要求其国民下载能够追踪新冠疫情密接者的智能手机应用（App）；中国部署了配备热传感器、麦克风和扬声器、超声波发射器和消毒雾化器的送货无人机；在印度洋上空，雷达传感器被绑在翱翔天际的信天翁（大型海鸟）身上，以探查形迹可疑的索马里海盗。

你又点开其他新闻。某公司的智能家居被指控向第三方营销人员发送其客户名称、IP 地址（互联网协议地址）等信息；某公司计划将美国一部分郊区打造为智慧区域（Clever Zones），但社会活动家声称这些区域其实像一台巨大的数据收集机器，使得该计划出现变数；一款可测量血液中氧气的脉搏血氧仪被曝其投射的光线无法透过深色皮肤；某游戏公司的可穿戴连帽衫可追踪温度和脑电波以检测玩家的情绪，但该公司数据库被黑客入侵，导致数百万青少年的脑电波数据被盗。

新闻看完，早餐也已结束，你该去上班了。你的自动驾驶汽车已经悄然驶到楼下，当你走近它时，车门会自动打开。定制安装的人工智能系统会扫描你的瞳孔，并根据你的穿着调整车内温度，数字音响系统播报财经新闻时也会自动调整到令你感到舒适的音量。

当汽车穿过街道并驶入拥挤的高速公路时，你的智能手表开始在你的手腕上振动，一封接一封的电子邮件涌入。大量滚动的数字和图表在手表的屏幕上显示出各种信息：心率、呼吸及出汗水平，股票交易行情的涨跌，朋友的问候，当天的温度、气压、湿度和空气质量读数等。偶尔，你也可能被路边的广告牌吸引，这些广告牌实际上是一种蓝牙信标。片刻之后，广告内容会在你的浏览器中弹出。

在接下来的几小时里，你一直在工作。时间在流逝，办公室中的彩色照明灯会根据你坐在椅子上的时间逐渐从暖色变为冷色，提示你该适当活动一下。即使你离开座位，屏幕上的某些信息仍会被捕获，并通过智能手表以振动的形式反馈给你。

在与远程项目团队进行线上会议之后，你已经工作了大约 8 小时，马上就要下班了。你的智能手表发出了一种有节奏的信号，你查看后发现是一位朋友约你在一家艺术馆见面。在前去艺术馆与朋友会合时，你决定跑步来释放日常压力。智能手表会持续读取你的步数、呼吸和心率，直至锻炼结束。同时，耳机中内置的生物识别传感器会根据你的跑步速度来调整输入你耳朵的音乐的节奏。

经过日常运动之后，你与朋友一同来到最新的沉浸式体验空间，这是一家艺术馆。服务员将一条腕带戴在你的手臂上，这与你原来戴着的智能手表是不一样的。你穿过了光影与声音迷宫，在某个地方，有一个标志要求你进入一条狭窄的通道。当你按照指示进行操作时，真人大小的动画生物、悬浮的栩栩如生的游戏角色和抽象的光点开始闪烁变换。巨大的 24K 分辨率、100 亿像素的海葵状花朵随着你的动作轻轻摆动，并且还有花香从墙壁和地板中扩散开来。

饥饿感袭来。新的体验式餐厅就在艺术馆出口前等待着你。当你开始这场美食之旅时，服务员会扫描你和你朋友的信息，以收集数据并定制餐点。你将被引导穿过一系列不同的房间，每个房间都有一个菜系主题。鸡尾酒会上散发出热腾腾的蒸汽和各种美味的香气。有些美食甚至提取自现已灭绝的动植物，它们以泡沫、喷雾和球体等各种形态呈现。主菜出现在一个完全黑暗的空间中，每道菜都伴随着触觉和声音特征。而甜点则在另一个空间，上面挂着巨大的塑料草莓和西瓜片，十几个壁挂式屏幕上闪烁着美食视频，你可以看到经过液氮处理的冰激凌，用凝胶包裹的冰棒，还有 1 米高的奶酪蛋糕，它们都勾引着你的食欲。

餐后的娱乐活动是舞蹈，地点就在艺术馆内部的附属俱乐部。你的腕带就是进入凭证。你在人群中起舞；脚下的地板会随着你的动作而颤动，改变颜色和节奏。天花板上的移动灯聚集在不同的舞者群体上，他们的跟踪腕带亮起数十种颜色，与唱片骑师（Disc Jockey，DJ）的节奏同步闪烁和发光。空气中弥漫着烟雾、频闪灯的残影和跳动的节拍，发泄着疫情期间积压的狂喜。

两个小时后，你回到家中，彻底放松了。戴上最新的可以感知和记录脑电波的耳机，你瞥了一眼手机屏幕，上面正显示着不断上下起伏的波形。闭上眼睛，你逐渐进入一种自然放松的状态。夜深人静，时间慢慢流逝，你的脑电波记录由上下抖动和剧烈振荡逐渐变成平滑的起伏曲线，这表明你已经陷入深度睡眠。[1]

## 》01《

欢迎来到 21 世纪的感知世界（sensory life）。上面的故事可能听起来像是科幻故事，但对地球上越来越多的社会经济优势人口来说，这已经是或即将成为日现实（图 I）。

图 I　21 世纪感知世界中的生活场景

上面故事中的事件有一些共同点，那就是它们都涉及我所说的感知机器（sensing machine）——电子传感器、机器"智能"、人类劳动以及与我们的生活、呼吸和运动的身体交织在一起的物质基础设施，这些机器和设备可以感知、解释并作用于世界。

本书讲述的正是传感器世界的故事，在这个世界上，电子传感器和计算机比地表上现有的人类数量还多——在 2020 年有 300 亿~500 亿台，预计未来将超过 10000 亿台。[2]

本书探讨了人类如何通过长期进化的感官与这些感知机器进行交互，以及这些机器如何"感知"并作用于我们。

感知机器遍布整个地球，它们改变了我们对空间和时间、身体和机器、自我和环境的理解。感知机器可以告诉我们浓缩咖啡机中的水已经达到了适合饮用的温度，它也可以引导真空吸尘器机器人穿过布满狗毛的地毯，在车祸的瞬间触发并弹出安全气囊，在用户旋转手机时自动改变图像的方向，或者根据时间或季节调整空调温度。它们改变了我们对气候和地球本身的认识，从海洋底部到地壳深处再到距离地面 800 千米的大气层，都可以看到它们的身影。

感知机器对我们的健康、社会生活和福祉产生了巨大变化。它们毫不费力地重塑了与隐私、个人空间、亲密感和自我相关的概念。通过电子学和数学，感知机器为我们提供了关于人类身体内部、外部和周围事物的新见解，同时隐藏了这些数据是如何被收集和使用的。从建筑到工艺、手术、安全和旅行，它们的普遍存在影响着学科或实践领域。简而言之，感知机器从根本上重新定义了 21 世纪的工作、研究、饮食、锻炼、社交、医疗、生育和睡眠等的意义。

## ))02((

让我们简单回顾一下，传感器（sensor）——检测环境变化并将这些信息转换成计算机可读数据的基本电子设备——是如何重塑了我们的生活的。

2020~2022 年，受新冠疫情影响，各国政府纷纷使用智能手机、电子腕带和被称为机器学习（machine learning，ML）的人工智能（artificial intelligence，AI）技术来检测个人位置和距离，以减缓病毒传播，挽救了数以百万计的生命，同时也重构了隐私权和个人数据的概念。[3]

在与暖化危机等气候紧急情况的持续斗争中，全球联网的生物地球化学（biogeochemical）传感器阵列分散在各大洋中，通过测量跨季节、冰盖下和周围水域的碳通量（carbon flux）来监测各国是否正在减少二氧化碳排放。[4]

传感器与人类的身体也更加接近，嵌入皮肤中的设备可以监测糖尿病患者的胰岛素波动，而可摄取的无线压电传感器则可以扫描胃中的疾病迹象[5]，使人类更接近部分人所渴望的与机器集成的"机器人"梦想。[6]

通过感知机器，我们得以重新构想城市和经济运转的基础设施。2018 年开通的港珠澳大桥是世界上最长的跨海大桥，其部署了大量传感器，包括倾斜传感器、高精度陀螺仪、激光 / 位移传感器、液压负荷传感器，以及二氧化碳探测器等。[7]

易昆尼克斯（Equinix）公司在新泽西州的 NY4 数据中心毫不起眼，它坐落在纽约市附近的新泽西郊区，托管着全球 49 家主要证券交易所的数据。这个数据中心像诺克斯堡（Fort Knox，美国政府的黄金库）一样受到保护，具有五级访问安全性，利用了数千个分布式传感器来监控其互连服务器的温度、功耗和气流，这些服务器每天处理超过 10000 亿笔的电子交易。[8]

在建筑信息模型（building information modeling，BIM）领域，诸如 Arup Neuron 之类的系统正在试图比照人体，构建更健康、更可持续的生活和工作空间。该系统是由全球建筑工程公司奥雅纳（Arup）开发的一个大型人工智能驱动分析平台，用于传感器增强建筑监控。建筑物的供暖、通风和空调（heating, ventilation, and air conditioning，HVAC）系统被视为其肺、血管、骨骼和皮肤，而架构和 Neuron 软件平台则是其大脑。[9]

虽然传感器可以增强我们的安全性和隐私性，但它其实是一把双刃剑，因为它也可以侵蚀人们的安全和隐私。诸如门铃、恒温器、家用电器和扬声器之类的设备可以兼作监视设备；办公室和工厂车间中的一些设备可以监控工人的脑电波，以检测工人的身心压力并提高其工作效率。

有些生物行为识别技术旨在减少网络安全威胁，但它们能够根据智能手机和计算机中的常见传感器测量数百个参数，包括我们握住设备的角度、表面上的按压模式、旋转速度（将屏幕从横向变为纵向）和鼠标移动操作，以及应用程序打开和关闭的速度等，这些信息的收集也可能侵犯用户隐私。[10]

与此同时，所谓的"客观"传感器可能会延续一些人的偏见。例如，某款红外线感应器检测人们在水龙头下洗手的动作时，仅适用皮肤颜色较浅的人；某款人脸识别软件主要识别的是白人脸孔；亚马逊旗下智能助手 Alexa 和谷歌公司智能家居设备 Google Home 的麦克风都出现过歧视印度人和黑人英语发音的现象。[11-12]

有了传感器，我们的情绪和精神状态甚至都可以被掌握。戴上一个新的可穿戴"情绪监测器"，可以根据你出汗的多少来判断你是心情愉悦还是正在发脾气；使用感知你的脑电波的"脑机接口"，有可能捕捉你的精神状态。或者，在预订航班时你也需要为未来的惊喜做好准备——比如未来飞机上可能会配有内置心率监测器的座椅，以感知并显示乘客的情绪，如果你是一个不太愿意守规矩的乘客，那么这将是一个很有用的功能，可以预防你与空乘人员发生争执。[13]

虽然数十亿传感器和算法正在以不透明和令人费解的方式监控和计算着我们的世界，但与此同时这些传感器也产生了其他效应。我们的身体、感知机器和我们所居住的环境之间正在形成新的令人眼花缭乱的关系，通过这些机器，算法可以精确地设计刺激，以使我们达到新的感官愉悦高度：雾化器可以在我们的家庭、办公室和大厅散发沁人心脾的香味；带有光传感器和麦克风的睡眠机器会根据我们的睡眠模式调整它们的输出；基于闪烁发光二极管（LED）的放松面膜可以减轻我们的压力；触发光和声音的脑波接口试图揭示大脑内部状态；带有摄像头的汽车会扫描我们的眼球运动并监测我们的紧张程度。即便在食品领域，现在也有了新术语"美食工程"（gastronomic engineering），即通过味觉调节剂、脱水剂和液氮等更加科学地处理食物。换句话说，在人类和技术之间出现了新的反馈循环，这些技术在监测我们时会给我们新的体验。

最开始的时候，通过传感器执行的监视似乎与将食物转化为实验室产物的脑波接口没什么关系，但是，在当代的"体验经济"（experience economies）中，这些元素的结合并不违和。感官上的愉悦和客观测量的无情同步发展。坦率地说，在当代生活中，没有感官刺激就没有经济动力。因此，与这些感知机器合作，我们人类的感官刺激被不断提升。[14]

## 》03《

正如上面的例子所显示的那样，感知机器在当代生活中几乎变得无所不能。它们吞噬了世界上的大量数据，同时运用了大多数人直到最近才听说过的技术，例如人工智能、机器学习和以闪电般的速度进行处理和预测的大数据分析，其间也产生了很多问题和错误，加剧了人类社会的不公平现象。这些技术旨在对大数据进行检测和分类，识别其中可能存在的模式。它们的目标很明确：创建排名、实现标准化、进行群体比较，以及充分利用客户资料等。同时，它们还引入了新型的"其他"技术，使得观察、定位和控制成为可能。

我们称之为数据科学（data science）的新数字魔法中使用的新模式主要基于统计方法，这并非巧合。长期以来，统计数据一直与国家权力的行使联系在一起。18 世纪末至 19 世纪初，当这种做法首次出现时，统计（statistics）实际上是"关于国家（state）的数据"。[15]

统计侧重于从每个可以想象的生活领域收集数字，如人口出生和死亡、婚姻、犯罪、自杀和越轨行为等。在此过程中，统计数据开始衡量个人在集体中的行为——即所谓的群体现象（mass phenomena）——以增强国家在政治、经济和社会等方面的调控。个体被简单地消解到了群体中。[16]

直到 19 世纪后期，统计学才发展成为一门严格的数学学科，从描述性工具演变为更有深意的东西：一种科学和社会学分析方法，它使用数字对各种指标进行量化，确认哪些人或哪些事物是"正常"的，哪些人或哪些事物是"反常"的，从而更好地控制社会秩序。

在大数据时代，统计技术的威力更进一步——通过分析群体模式来创建目标个体，不仅可以进行计数和量化，还可以进行建模和预测。这些基于大数据的新量化预测文化被学者们描述为监控资本（surveillance capital）、数据监控（dataveillance）、认知资本主义（knowing capitalism）、数据化（datafication）和数据提取资本主义（extractive capitalism）等。[17]

除了具有颠覆性的政治和社会影响，所有这些范式还表达了一种新的体验提取经济模型，即"捕获人类的行为数据和体验，并将其用于商业提取、预测和销售"。[18]

这些模型都基于一个令人信服的前提，即人类的体验是一种新的原材料，一种像石油、天然气或水这样的资源，一种可以被量化并指引未来的行为。这些掠夺性的技术依赖于庞大的数字信息基础设施，在美国，这些基础设施主要由几家巨头公司——即所谓的 FAANG[脸书（Facebook）①、亚马逊（Amazon）、苹果（Apple）、奈飞（Netflix）和谷歌（Google）]拥有，它们部署了大规模的传感器、人工智能、服务器群、数据中心、营销人员和广告代理商来捕捉和塑造我们的行为。

对这些公司来说，这是一个双赢的局面。一方面，他们可以部署算法来强化我们在社交媒体中表达的好恶，从而让我们感到满意；另一方面，FAANG 和其他公司可以利用这些数据来创造利润丰厚的"预测产品"，从而变得更加富有和强大。但是，这种"预测"其实不是我们将做什么，而是我们能做什么。谷歌公司首席经济学家哈尔·瓦里安（Hal Varian）直截了当地写道："每个人都可能被监控，因为监控在便利性、安全性和服务方面的优势非常大。当然，监控信息的使用方式会受到限制，但持续监控将成为常态。"19

尽管如此，监控资本的影响仍然是惊人的：隐私权概念已经被彻底转变；监控在持续进行，无论是为了保护什么还是为了遏制什么；人为错误导致了技术系统中的种族、阶级和性别歧视；人类情感和经验被重新配置为另一种形式的商品；在加利福尼亚州硅谷，新技术被少数高科技企业垄断。这些影响已经在新闻中得到体现。它们是无数图书、文章、播客、讲座、政策文件以及政府、企业、大学和家庭内部讨论的主题。如果我们忽视这些影响，后果将由我们自己承担。

## 》 04 《

但这就是故事的结局吗？不。诚然，我们人类的感官，我们看到、听

---

① 2021 年 10 月更名为元宇宙（Meta）。——译者注

到、触摸、闻到和品尝世界的手段，现在都已被人工传感器毫不费力地捕获，并转化为机器可读的数据，供世界上最强大和最善于提取数据的一些公司使用。然而，在文学、电影甚至宗教实践中，人类长期以来也几乎无限渴望使用机器塑造和分享他们的感知、注意力、身体和自我。例如，伊斯梅尔·阿尔·贾扎里（Ismail al-Jazari）在其撰写于 13 世纪的著作《精巧机械设备知识之书》（*The Book of Knowledge of Ingenious Mechanical Devices*）中就充满了这位发明家对自动化的愿景；17 世纪的日本"机械玩偶"（Karakuri Ningyō），为日本人对机器人的迷恋奠定了基础；英国小说家玛丽·雪莱（Mary Shelley）于 1818 年创作了文学史上第一部科幻小说《弗兰肯斯坦》（*Frankenstein*，又译为《科学怪人》）；1927 年的《大都会》（*Metropolis*）被誉为科幻电影的第一座里程碑，它和 1968 年的《2001：太空漫游》（*2001: A Space Odyssey*）和 1982 年的《银翼杀手》（*Blade Runner*）一样，都充满了对智能机器和机器人的想象。[20]

这样说来，由感知机器提供的与人类之间的新型关系岂非正合人类的心意？换句话说，感知机器并不仅与那些（公认）强大的公司收集我们的行为数据以最大化其利润有关，它还贴近人类对智能机器的向往。

然而，故事的结局不应该这样。我们还需要考虑或警醒的是，当感知机器使我们的愿望超越了我们自身的能力时，我们有权拒绝与感知机器互动吗？当这些机器将混乱的人类体验转化为数学和统计学的"客观"排名时，我们真的能从中找到快乐吗？在这些由技术提供的新的感知和感觉形式中，我们能够寻找到新的可能性吗？换言之，作为人类，我们不能仅仅被动接受机器的安排，而应该主动提出对机器的期望。

本书探讨了这些双重的，有时甚至是矛盾的维度：一方面，我们的"感知自我"是如何被测量和设计的；另一方面，我们又是如何被这些技术吸引并为之着迷的。我们与感知机器的交互是复杂的，是多方面的、矛盾的和模棱两可的。

本书的写作目的是让你相信，我们的感知自我并不是因为谷歌或脸书公司的掠夺性数据事件而在一夜之间出现的。它以一种更加混乱的方式产生，源于一些特定的历史根源，有时甚至是相互冲突的社会、文化、经济背景和愿望。

在感知世界里，感知自我通过学者们所谓的物质想象（material imaginary）涌现出来：科学家、艺术家、设计师、工程师、建筑师和企业家通过想象将他们的概念、想法、项目、计划和设备变成现实，而现在他们正在寻求新的方式让我们人类的感官与机器的"感官"互动。这些方式已经走出研究实验室，出现在艺术馆、剧院和餐馆，以及客厅、厨房和卧室。本书探索了一些感知世界的关键思想，它们受到生物系统、数学、计算机科学、艺术和设计的启发，正在试图发展人类和机器感官之间的新关系。

可以说，这些想象已经为我们的感官创造了映射和操纵、量化和商品化、扩展、控制和诱惑的方式。本书沿着这个思路进行研究，探讨了这些想象如何在我们的感知和身体中创造了关于连接和反馈的新视角，并如何拓宽了我们的生活环境。

## 》05《

为什么要撰写本书？因为在这一历史时刻，我们迫切需要对技术乌托邦进行批评。计算机和信息巨头长期倡导的民主化、自由价值观和新形式的社会的愿景已经导致人类的不平等和地球的灾难，其规模之大令人难以想象。正如最近的一本书所宣称的那样——你的计算机在"玩火"！

一方面，感知机器会犯错误并会受到公司利益的支配，这类公司主要关心的是经济问题。另一方面，这些机器在我们和"他人"技术之间创造了新的可能性和想象。换句话说，本书将考虑到特定的历史、背景、兴趣、需求和愿望，尝试持平而论，既不像文艺派和自由人士那样去"揭穿感知机器的真相"，也不像科学派和技术偏执狂那样一味地为感知机器唱赞歌。

同时，了解这些感知机器如何作用于我们的世界还有另一个动机，那就是它和我的职业有关。二十多年来，我一直从事与艺术和研究相关的工作。通过与他人合作，我构建、开发和使用了一些传感器，这让我对相关技术有了第一手的了解。当然，我部署传感器的目的有点与众不同。我使用传感器和计算机来创作大型体验艺术，以响应体验者的移动和存在。然后，传感器的数据在充满光线、声音、强烈振动和雾气等的环境中协调行动，让人们的感官充分沉浸其中。这些艺术旨在改变体验者的身体感官、对时间和空间的感知，以及对自身的认知（这也许是最有趣的部分）。

通过多年来在世界各地制作和展示这些项目，我开始对"如何使用传感器"这一问题感兴趣：我们如何设计不同媒介中的表达性反应，以改变体验者的注意力和他们在空间中的物理存在，以达到更好的艺术或审美体验呢？

一个名为极限可分辨差别（just noticeable difference，JND）的特殊项目体现了这一尝试。该项目于 2010 年启动，并曾在世界各地的博物馆和节日上展示。[21] 该装置的名称取自心理学中的一个著名概念——极限可分辨差别，即刚刚能引起差别感觉刺激的最小差异量。极限可分辨差别的概念由 19 世纪的心理学家和哲学家古斯塔夫·费希纳（Gustav Fechner）发明，他在本书中将扮演重要角色。

在极限可分辨差别装置中，每次只有一个体验者，独自在一个很小的漆黑房间中仰面躺着，逐渐体验到不同强度的光亮、声音和振动的微小变化。体验者躺在压力传感器上，他们会对环境中外部刺激的缺乏做出反应，表现出烦躁不安、移动或翻身，也有些人就像睡着了一样，而压力传感器则可以敏锐捕捉到体验者几乎察觉不到的微小运动。

在体验者访谈中，我们收到了热烈的回应。许多体验者描述了强烈的感觉：他们感觉"迷失"了自我，失去知觉，甚至产生幻觉。通过对中国、法国、葡萄牙、加拿大和美国的出租车司机、教师、艺术家和家庭主妇等不同受众的采访，我们越来越意识到人和技术是相互依存的，二者相互塑造。

差不多一年之后，我的想法出现了转折。我向一群杰出的学者介绍了这个项目，他们研究媒体与科学之间的相互作用。当一位著名的人类学家（现在是我的同事和朋友）质疑我的动机时，我介绍了该装置背后的技术设置和概念，以及体验者的热烈反响。尽管我暗示体验者因其所经历的感官体验而感到身心上的自由，但该人类学家认为这只是我的设计，或者更直接地说，我是在设计体验者的感官。他还建议我或许应该批判性地关注这种使人们受到感官操纵的事物的社会和政治影响。

虽然这位人类学家并没有说该项目是压迫性的，但在他看来，这种感官操纵在人类身心上的自由与控制之间存在着道德上的界限。

我认真对待了这一批评，并开始了若干年的研究，阅读专利文件和新闻；在研究实验室进行实地考察；采访专家；通过深入梳理文化和技术历史，研究计算机科学家、工程师、艺术家和设计师如何想象、设计和开发系统——这些系统不仅增强了我们的感官，而且还控制了我们的感官。虽然许多学院派艺术和文化历史学家、人类学家和社会学家都写过相关文章，[22]但我发现鲜少有人探讨关于这些技术最初出现的原因，以及发明者或用户所希望实现的想象类型，而这正是本书所要探索的内容。

## 》 06 《

本书分为 10 章，分布在 5 个部分中。每一章都讲述了我们在日常生活中遇到的与感知机器互动的不同故事，包括游戏娱乐、体验沉浸式艺术作品、开车、吃饭、锻炼、睡觉和做梦等。在此过程中，我借鉴了计算机科学、实验心理学、艺术史、工程学、人类学、技术史和心理学，以及其他学科的例子，来证明我们今天所经历的一切都不是没有先例的。

　　绪论部分在两个时代之间来回切换：第一个时代是 19 世纪中叶，通过数学和机器量化感官的首次尝试发生在其时新兴的心理学实验室；第二个时代就是 21 世纪的今天，这些 19 世纪的技术在当代得到了广泛应用，它们被用来重新构想和设计最新的虚拟现实（virtual reality，VR）机器。

　　本书第 1 部分为"娱乐"，涵盖第 1 章和第 2 章，重点关注音乐和游戏中使用的传感器技术的发展，在这些应用领域中，人体被重新构想为表演和娱乐的新接口。

　　本书第 2 部分为"沉浸"，涵盖第 3 章和第 4 章，深入探讨了感知机器在艺术中的使用，从 20 世纪 60 年代艺术家在"可编程艺术"（programmable art）环境中部署的感知机器，到今天"体验经济"（experience economies）中无界美术馆（teamLab）之类的集体沉浸式装置，再到不久的将来很可能出现的与人类艺术家合作的自主感知机器等，这些都在讨论之列。

　　本书第 3 部分为"工程"，涵盖第 5 章和第 6 章，探索了我们的感官被设计和强化的新领域——驾驶和饮食。

　　本书第 4 部分为"监控"，涵盖第 7 章至第 9 章，我们将打开感知机器的黑匣子，探讨跟踪、模式识别和预测技术，以及与计算机相关的传感器技术。它们无处不在并且可能是隐藏的，可跨越时间和空间分布在网络中。

　　本书第 5 部分为"增强"，仅涵盖第 10 章，研究了与我们感知到的与自我相关的一些更宏大的问题。例如，我们试图通过新的可穿戴感知机器来增强和延展我们的身体、思想和精神，这包括脑波探测器、能够感知甚至影响深度睡眠和梦境的机器等。

　　新冠疫情对全球政治、社会、经济和技术产生了巨大影响，而感知机器在疫情发挥了重要作用。因此，我们对感知机器及其相关技术可能会产生不同的理解。

# 目 录 / CONTENTS

# 测量感觉

| 艾蒂安—朱尔斯·马雷<br>（Étienne-Jules Marey）<br>法国生理学家，摄影先驱 | 当眼睛无法看到、耳朵无法听到、手无法摸到时，或者当我们的感官受到欺骗时，仪器就像是一种具有惊人精度的新感觉。 |
| --- | --- |

1840 年的一天，有一个人睁开了他的眼睛，但是却看不见了。这真是"最后一击"，他后来在日记中如是写道。[1] 这个德国著名的由医生转为物理学教授的人在一夜之间莫名其妙地失明了，但他的情况并非骤然发生的，这位科学家经历了数月无法解释的症状，包括幻视、头痛、恶心、食欲不振、失眠和神经症，最后才是失明。当然，这位科学家并不知道，他的悲惨处境最终却引发了一个惊人的发现，它将永远改变我们对人类感官及其如何与机器互动的理解。

我们要介绍的这位科学家名为古斯塔夫·费希纳（图 0-1），他是一位牧师的儿

**图 0-1** 古斯塔夫·费希纳

子，也是一位训练有素的医生，后来又成为新兴的心理学和生理学领域的重要人物。1839 年至 1843 年，他患上了一种神秘的"疾病"。疾病对费希纳的工作和生活产生了很大的影响。他对与他人交谈失去了兴趣；他无法正常看东西，他的眼前好像不断有东西在闪烁。当他漫无目的地在卧室、书房，有时甚至是在花园里徘徊时，他的头部会因隐隐作痛而青筋跳动；他自我隔离并戴着手工制作的面具保护眼睛，以免受到日光伤害。[2]

费希纳受影响的并不是只有视力。由于长期缺乏食欲，他已骨瘦如柴。后来，他甚至连大声说话的力气都没有。他试图通过催眠、顺势疗法、电流和艾灸来治疗自己，但都无济于事。

没有人知道费希纳为什么会生病。或许是因为疲劳过度——他的工作太多，比如参与编纂一部 7000 页、多达 8 卷的百科全书。又或者是他为了做实验而把自己变成了"小白鼠"，这同样损害了他的视力。为了探索残像的感知，费希纳曾经戴着只使用了彩色滤光片的眼镜盯着太阳看了很久，（所谓"残像"，就是指在一个人停止注视光源后很长时间仍留在视网膜上的图像）。这一系列活动似乎让他陷入了带有灼烧感的、永无止境的"亮光混乱"，即使闭上眼睛，他仍会体验到这种感觉。[3]

费希纳一度"近乎精神错乱"，一段时间后才慢慢从病痛中恢复过来。他没有逐渐适应微弱的光线，而是采取了蛮力路线：突然而密集地短时间暴露在日常生活的明亮环境中，在光线引起剧烈疼痛之前迅速闭上眼睛；他开始连续进餐，吃一些奇怪的食物，比如浸泡在葡萄酒和柠檬汁中的火腿、浆果等。尽管他的脑海中仍然有"不愉快的感觉"，但他终于有力气再次开口说话了。[4]

1843 年 10 月的一个下午，虽然费希纳在生病期间偶尔会走进花园，但是这一次，他迈出了巨大的一步，重新融入了视觉世界。他取下了遮住眼睛的厚绷带，阳光洒了进来。当他瞥了一眼花园时，这位科学家看到了奇迹般的景象。他看到花朵在"熠熠发光"，它们似乎在和他说话。在这个欣喜若狂的时刻，费希纳得出了一个惊人的认识——植物有灵。

## 》01《

让我们将时光快进 180 年。在提倡居家办公的当下，你正在点击招聘网站上的页面，出现了数十个头衔听起来很奇怪的新职业：视觉工程师、应用感知科学家、视觉体验研究员、色彩科学家和神经接口工程师等，对其工作职位的描述是"帮助我们通过消除意图和行动之间的瓶颈来释放人类的潜力"。[5]

有一个职业特别引人注目：傲库路思（Oculus）公司正在招聘应用感知科学家，它曾经是一家小型初创公司，生产轻量级虚拟现实耳机，后于 2014 年被脸书公司以 20 亿美元的价格收购。其招聘公告要求应聘者具备视觉感知、视觉计算建模，以及实验和 / 或建模方法方面的专业知识，"帮助我们了解增强现实（AR）/ 虚拟现实显示要求和架构"。[6]

这一应用感知科学方面的新职业也与现代招聘网站上的其他工作有一个共同点——它们都要求应聘者了解一门听起来很晦涩的学科，叫作心理物理学（psychophysics）。

一位在 19 世纪中叶患上神秘疾病的德国科学家与 21 世纪寻求探查人类感知深度的工程师有什么共同点？古斯塔夫·费希纳是一位物理学家、哲学家，他相信植物和地球本身是永恒的。如今，他可能已经被遗忘了，但他不应该被忘记。费希纳是最早提出远远领先于其时代的思想的科学家之一，他的思想对我们如何看待与人造机器相关的传感和感知产生了根本性的影响。

费希纳断言，我们可以使用数学来衡量和计算我们感知世界的方式。的确，在 1850 年 10 月 22 日的清晨，就在他的疾病消退并在花园里再次看见鲜花后，费希纳又一次灵感迸发，他开始意识到精神能量和物理能量之间必然存在关系，即"在我们感官感知的外部世界和我们大脑处理的内部世界之间存在着可测量的对应关系"。

费希纳需要科学地证明他的理论。因此，他开创了一门听起来就非常神秘的学科，并将其命名为心理物理学——这是一门关于"身体和心灵之间关系"的学科。在费希纳的构想中，心理物理学将是"一门精确的科学，就像物理学一样"，并且"依赖于经验和那些需要衡量的事实之间的数学联系"。[7]

心理物理学的目的是在两个长期保持分离的领域（物质的物理世界和精神的心理世界）之间建立可测量的联系。

心理物理学点燃了欧洲科学界，并推动了新兴的实验心理学学科的发展。这一时期出现的心理学家、哲学家、数学家和物理学家——都渴望摆脱对感官和思维运作方式的非科学理解，而费希纳则为他们提供了支持。

这些科学家开始发展理论来证明物理现象（即所谓的刺激）与这种现象的感官体验（标记为感觉或知觉）之间的数学联系。但在这个过程中，他们还试图消除体验性的、主观的自我感知，用"客观"的公式和方程来取代人类的感官体验。[8]

费希纳的想法很快在他那个时代新出现的感知机器中得以实现——这些机器的名字听起来很奇怪，比如波形示波器（kymographion）、速度计（tachistoscope）或计时器（chronoscope），它们可以测量血压、视觉速度或响应时间，即一个人对刺激做出反应所需的时间。用艾蒂安-朱尔斯·马雷的话来说，这些新仪器试图揭示隐藏的"自然语言"。[9]

这些人类感觉测量设备可以在一种新颖的实验科学环境——欧美新兴的实验心理学实验室中找到。

正如我们在招聘网站搜索时所显示的那样，心理物理学竟然在难以想象的地方非常活跃：脸书的行为研究实验室（Reality Labs）、美国艺电公司（Electronic Arts）的游戏测试工作室，还有各个大学的感知实验室，他们都在招聘这方面的人才。

他们利用我们这个时代的感知机器——传感器网络、统计建模、机器智能和计算基础设施、人力和地球资源——来捕捉、计算、建模和模拟人类感官知觉，这已经超越了19世纪最疯狂的心理物理学家的梦想。

在这个过程中，这些感知机器和我们之间建立了一种全新的关系。事实上，费希纳将感官体验转化为数字的做法已经赢得了胜利。他对植物、地球和宇宙本身拥有生命的信仰现在又纳入了新的实体，那就是在我们的生活中出现的能够感知我们世界的机器。我们与感知机器互动，通过感知机器感知世界，并据此采取行动。

## 》02《

为什么一门测量我们如何感知世界的19世纪的科学在今天仍然具有现实意义？作为一名自然科学家，费希纳彻底改变了不同的研究领域。凭借在电物理学和电学方面的成功研究和实验，他创立了德国第一家物理学研究所和相关的科学期刊。然而，尽管费希纳相信事物的物理基础，但他仍然对当时占主导地位的哲学持有非议。当时的唯物主义认为，现实之所以存在，是因为它可以还原为机械定律。你所看见的才是你所获得的，除此之外的东西都不存在。

取而代之的是，费希纳寻求一种统一，一种传统上将哲学家和科学家分开的事物之间的联系：思想和身体、物质和非物质意识，甚至生与死。这种联系就是他所说的世界的动态实体。因为费希纳没有将意识与物质分开，所以他的世界观可以用泛心论（panpsychism）——其字面意思就是万物有灵（all souls）——的哲学概念来描述："灵"（其词源来自希腊词语psyche）植根于一切，既可以来自岩石，也可以来自植物和星星，甚至来自地球本身。对泛心论者来说，物质世界是活生生的，甚至是有意识的。[10]

费希纳提出了两种不同的世界观：他称之为日观（day view）和夜观（night view）。日观由思想和精神组成，包含了费希纳的反唯物主义信仰，即所有事物都是有生命的，无论它们是否被视为生物有机体；夜观则持相反的立场：这是机械主义和唯物主义的世界。

费希纳还为一种新的"数学心理学"（mathematical psychology）奠定了基础。数学心理学认为，可以在由物质现象组成的刺激（stimuli）和由心理现象组成的感觉（sensation）之间建立关系。费希纳认为，"没有什么可以阻止我们将特定心理事件背后的唯物主义现象视为该心理事件的函数，反之亦然"。[11]

费希纳的数学心理学的目标是明确的。他试图发展出一门严谨的、可量化的科学，以取代新兴的心理学学科对已经掌握的心理现象的模糊、推测性的理解。而且他还想做一些更激进的事情：在物质和精神之间建立一种可量化的、严格的关系，在可接近的物质世界和不可接近的精神世界之间建立一种新的联系。

## 》03《

1850 年的费希纳并不知道刺激和感觉之间的联系究竟如何。但他有一种直觉，即两者之间的联系是可以通过测量来确定的。

他提出了一个简单问题：如何测量感觉乃至知觉?

费希纳的研究并不是从零开始的，相反，他借鉴了同时代的一位德国心理学家恩斯特·海因里希·韦伯（Ernst Heinrich Weber）的已有理论，该理论认为刺激的强度及其产生的感觉之间存在关系。

想象以下场景：你有两个同样重的容器，通过举起它们，你可以比较它们的质量。然后，有人给两个容器分别增重，并要求你口头说明是否感觉到两个容器之间的差异。该实验的要点是，只有当你感觉到差异足够大时，你才会注意到差异。你的任务就是确定质量变化的程度，以便将两个容器区分开来。

这种情况并非凭空想象。韦伯和后来的费希纳本人都实际进行了该项测试。在研究触觉时，韦伯提出了一个叫作两点阈值（two-point threshold）的概念。韦伯使用金属罗盘接触测试对象的皮肤，通过询问测试对象，了解两个刺激点之间至少需要多大的距离才能让测试对象将它们报告为两个不同的点。[12]

他将这种测量称为差异阈（difference threshold）——也就是想要让受试者感知到差别时，刺激强度必须改变的最小量。在质量比较和两点阈值实验中都揭示存在差异阈。后来的差异阈也采用了另一个现在更著名的名称：极限可分辨差别。[13]

费希纳在数学上重申了他所谓的韦伯定律（Weber's Law）。他证明，虽然感觉是刺激的函数，但在刺激与其感知之间并没有假定的一对一关系（图 0-2）。

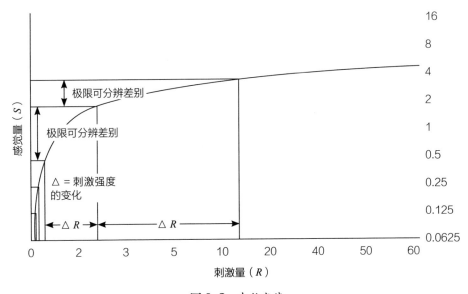

图 0-2　韦伯定律

韦伯定律以直观（但不是定量）的方式显示了在受试者识别出感觉变化中的体验差别之前刺激必须改变的量。通过一系列计算，费希纳将韦伯的概念转化为数学公式。[14] 该公式后来被称为费希纳定律（Fechner's Law），他声称该公式精确地显示了精神和物质之间的关系，或者说，精神和肉体之间的关系：

$$S=k\log R$$

其中，$S$ 表示感觉量，$R$ 表示刺激量，而 $k$ 代表常数。[15]

用一种非数学的方式来解释，就是随着刺激强度的增加，感觉到变化的强度也会持续增加，直至感知到差异。

尽管费希纳为其设定了数学术语，但他的 $S=k\log R$ 公式与另一个众所周知的数学公式非常相似，那就是欧姆定律。欧姆定律也以对数形式表达了两个变量（即电压和电流）之间的关系。[16]

电行为概念与人类感知之间的这种关系并非巧合。像 19 世纪的许多科学家一样，费希纳痴迷于能量的概念，因此将纯物理现象中固有的能量等同于身体现象中的能量。[17]

能量的概念围绕着近乎神秘的气息。费希纳定律的重点是，刺激中固有的能量以及包含在该刺激的感觉中的由此所有的能量。事实上，当费希纳对心理物理学有所顿悟时，他立即借鉴了这些能量理论，并认识到"身体能量的相对增加与相应心理强度增加的量度有关"。[18]

以此为基础，心理物理学尝试测量刺激的能量差异，并试图了解这种差异何时会在感知中变得明显。这样，数学定律就被转化为人类的感知术语。

让我们通过一个常见的例子来说明费希纳心理物理学的基本原理。想象一个标准的听力测试，其中声音的音量（幅度）会逐渐增大或变小。主持实验的人会从很低的音量开始，要求你在听到某事时口头向他报告。换句话说，该实验要求你确定一开始你无法听到的声音突然变得可听见（可感知为听觉）的确切时刻。刚开始的时候，你报告说你什么也没听到，这是因为刺激物的音量太小，你的耳朵和听觉神经系统无法感知。然而渐渐地，你似乎听到了声音，它可以被有意识地检测到。

费希纳为这个可以检测到刺激的突然时刻起了一个名字——他称之为绝对阈（absolute threshold）。绝对阈描述了刺激强度何时"将其感觉提升到意识阈值之上"。[19]

绝对阈能够测量生物体可检测到的最小刺激量，但绝对阈只是较长强度尺度上的一个值。因此，费希纳不得不开发另一种测量方法，将感知的变化视为刺激变强或变弱的程度。换句话说，随着时间的推移，刺激的强度或增强或减弱，导致可感知或可察觉的差异。

尽管更复杂的数值分析有数百页，但费希纳的心理物理学原理几乎完全围绕刺激与感觉 / 知觉之间关系的可感知差异这一概念展开。费希纳作为心理物理学核心原理引入的三种核心方法也是如此，这些方法至今仍在使用，分别是：

（1）极限法或极限可分辨差别法；

（2）调整法（平均误差）；

（3）恒定刺激法（包括正确或错误案例方法）。[20]

)》04《(

现在你戴上笨重的虚拟现实设备（图 0-3）。一旦它放在你的头上，设备就会打开。一开始，有一个菜单会指导你如何使用手持控制器，它可以为你在即将显示于你眼前的视觉空间中导航。按左键可以向左移动；按右键则向右；如果按向上或向下按钮，则你将在动画世界中垂直移动。经过简单的训练之后，你便可开始体验。

图 0-3　2016 年世界移动通信大会上的虚拟现实设备

你发现自己身处海底，周围有数百条发出各种炫光的动态生物。你转头太快，顿时感到一阵眩晕。当你在这个生机勃勃的海底世界漫游时，你会遇到海底的珊瑚和岩石。按下控制器上的按钮并没有什么真正的帮助，所以你只能像鱼一样在这个虚拟的海底世界中游荡。

令人惊奇的是，这种人造的东西竟然可以向你的视网膜发出复杂而清晰的三维（3D）图像，向你双耳发出声音，并通过你的双手振动，跟随你的动作而移动。当你转动头部时，声音随之而来，营造出一个立体声环境。一些游过的海洋生物几乎会撞到你，有时它们会接触到你的身体，从你身上弹开，就好像你真的在海底一样。有时，投射在你眼前的空间似乎是无限的，但有时你也会感觉它是有限的——好像你只要再走几步就能到达这个动画世界的边缘。

这一切都只不过是设计的结果。你所经历的虚拟现实体验完全是人为创造的。所发生的一切看起来与你每天走进或穿行的物理世界的实际运作方式并不相同。在现实世界中，你必须走近某物才能听到它发出的声音，事实上，最近的声源会最先被你听到。同样，如果你想观察某物以便更深入地了解它的细节，则必须将你的身体靠近它。被观察的对象则很少会主动向你移动（即使它是活着的）。

那么这种感知技巧是如何实现的？虽然如某些人所言，Oculus 头戴式显示器（head-mounted display，HMD）看起来像是经过美化但有些破旧的投影设备，但它绝非如此。这个大约 470 克的显示器配备有有机发光二极管（OLED）屏幕和传感器，可以测量难以置信的大范围生理数据，例如，眼球运动——称为扫视（saccade）的速度或眨眼时间；相对于你在头戴式显示器中看到的图像，你的头部在空间中的位置；当你握住无线控制器或导航设备时，你的手握得有多稳；或者你的耳朵与视觉场景的关系。重要的是要认识到，这些传感器对于保证虚拟现实体验非常重要：它可以通过沉浸在"非物理世界"中来创造一种存在感。[21]

虚拟现实以及增强现实、混合现实（mixed reality，MR）和扩展现实（extended reality，XR）的传感研究取得了突飞猛进的发展。截至 2019 年，所谓的六自由度（six degrees of freedom，6DoF）传感器是集成到 VR 头戴式显示器中的最新技术。基于自由度（degrees of freedom，DoF）的工程概念——刚体（rigid body）可以在 3D 空间中移动的方向数量，这些传感器能够实时跟踪全身旋转和位置，这包括向前和向后、向上和向下、向左和向右；以及围绕三个轴（$x$ 轴、$y$ 轴和 $z$ 轴）的旋转，分别称为俯仰（pitch）、偏航（yaw）和翻滚（roll）。从本质上讲，用户所做的任何动作都可以被这些传感设备捕获和利用。

虽然跟踪此类参数的能力以前依赖于外部的"由外而内"传感器，例如放置在固定——位置的相机或激光，[22] 但现在"由内而外"传感器——直接放置在耳机中的传感器——的集成，可实现一个新水平的模拟体验。因此，在虚拟空间中四处走动的能力将很快与人们在现实世界中的移动方式齐平。

但是，费希纳的心理物理学与虚拟现实技术的关系比我们最初想象的要多。极限、错误和阈值的检测和辨别——这些均为心理物理学的基本工具——用于测试虚拟现实设备与人们感知世界的联系方式。正如一些认知和计算机科学研究人员所声称的那样，"虚拟现实技术可以被视为长期心理物理学传统的延续，它试图干扰我们的感知，以使其底层机制更加清晰"。[23]

自费希纳发明心理物理学以来的一百多年里，这门学科在不断前进。它不再是仅用于衡量人类感知的复杂性以获取有关人类感官的知识，而是已成为一种设计方法（design method），用于创建感知机器以及此类机器所带来的人工体验。

也就是说，感知机器与心理物理方法的结合不仅能够测量世界，还能够帮助创造一些替代的世界。在脸书公司的实验室中，拥有神经科学、应用感知研究、机器人学和计算机科学博士学位的科学家仍然在利用费希纳在 19 世纪末发现的对感觉、刺激和感知的定量建模（尽管有所更新）。当然，与费希纳的目的不同，21 世纪的应用旨在创造利用 VR、AR 和 XR 等技术的超现实环境。

## 》 05 《

在应用感知研究、机器感知和心理物理学中，测量人类感觉和感知是齐头并进的。以 VR 中的一个主要问题为例：计算用户头部在空间中的位置和方向，动态调整每只眼睛中的图像，以模仿我们所看到的立体方式。如果存在延迟（头部运动等输入动作与视觉显示中的结果图像之间的时间延迟），那么虚拟存在感就会被破坏。更糟糕的是，这种时间延迟会导致晕动病（motion sickness，如晕车和晕船等）或更奇怪的振动体验——即使图像是静止的，用户也能感知到运动的图像。[24]

为了测量动作和视觉反应之间的差异，研究人员使用了费希纳 JND 法的修改版本，其中以各种强度呈现变化的刺激（在这种情况下，刺激就是指虚拟环境中的移动物体）以及标准的、恒定的刺激来确定其强度范围是否与常数相同。计算这些极限可分辨差别使视觉科学家能够了解他们的测试对象是否能够实际感知到由于 3D 图像的更新，他们的头部运动和虚拟物体的运动在速度上的明显差异。[25]

心理物理学也被用作 VR/AR 研究中的一种设计方法，用于确定某人的瞳孔沉浸在虚拟场景中时的速度——所谓的眼球跳动（saccadic eye movement，这是一种快速的同向运动，用来将视线从一个位置转移到另一个位置）。有一种称为重定向（redirected）或无限漫游（infinite walking）的技术刚刚在计算机科学研究中出现，它可以在有限的实际空间下，让用户进行虚拟空间里的无限漫游，这其实就是利用我们在注视场景时的快速眼动（rapid eye movement，REM）或眼跳抑制（saccadic suppression）来欺骗眼睛和大脑，使我们会认为自己处于一个比实际物理空间更大的虚拟空间中。[26]

眼跳会导致一种微盲现象，即眼睛实际上是闭合的，但我们在那一瞬间并没有察觉到。通过使用内置在 VR 头戴式显示器中的内部凝视跟踪摄像头，可以测量快速眼球运动的变化，再"结合基于场景的引导导航和规划"，研究人员可以利用在眼球运动中看到的这一瞬间差距，"更主动地重定向用户，并使其仍然难以察觉"。

其工作原理是，用眼动仪（eye tracker）计算眼跳的长度，并在这些微不可察的瞬间内对虚拟空间中虚拟相机的旋转或位置进行细微的、不易察觉的调整，以"利用机会对世界进行不易察觉的转变"。[27]

感知我们的眼球运动有助于欺骗用户的眼睛和大脑，让他们相信虚拟场景中的事物并没有发生变化，而实际上它们确实发生了变化。通过测量一系列极限可分辨差别，研究人员即可了解这些变化对观察者的感知程度——它们是否不甚明显或完全感觉不到。

当然，VR 和 AR 头戴式显示器的复杂性使它们越来越像飞机控制仪表板，而不是像电视那样的简单娱乐产品。例如，Magic Leap 就是一种基于 MR 技术的可穿戴设备，经过多年的隐形开发和极力宣传，于 2018 年年底面世，其内部被众多传感器阵列所覆盖，从红外线（IR）驱动的眼球跟踪到 6DoF 传感器，其传感基础设施甚至可以与自动驾驶汽车的基础设施进行比较（图 0-4）。事实上，Magic Leap（美国增强现实公司）的创始人在一次采访中即明确了这种直接感知整合的策略："你的大脑就是协处理器。我们所做的一切都是为人脑发送信号，而不是像相机的电荷耦合设备（charge-coupled device，CCD）那样只是将光线转换成电信号。那样的产品将只是一个显示器，而没有别的。我的专业是生物医学工程，因此我的想法是，不要忽视大脑。让大脑充分发挥作用是我们产品的第一规则。"[28]

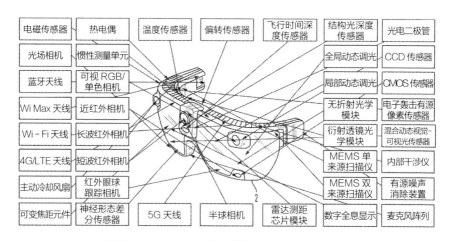

图 0-4　Magic Leap 传感器架构（取自原始专利）

看起来，Magic Leap 公司的目标是不让任何身体（与设备）的潜在交互不被察觉。[29]

这种渴望感知一切的愿望不仅是技术上的，也是心理学所追求的，是重组人类感官的更大运动的一部分。人类感官可以作为模拟的沉浸式世界的输入，包括脸书、苹果、三星、微软公司和无数中国初创企业都在设计此类世界，并且我们中的许多人或许很快就能融入其中。因为 VR、AR、MR 和 XR 的关键是实现一定程度的绝对可信度——在剧院里这被称为自愿搁置怀疑（willing suspension of disbelief），所以从心理物理学的角度来看，有必要用数字来判断人工世界传达了多少高可信度信息，以至于最终用户很难区分虚拟与现实。

这种完全综合的信任也可以通过围绕 VR 本身的言论转变来证明。长期以来，哲学家和文化批评者都在指责 VR 否认我们的身体，但现在 VR 似乎让他们意犹未尽。事实上，过去被称为虚拟现实的东西如今越来越多地被描述为真实虚拟（real virtuality）。[30]

在将用户的身体融入其模拟的看似有点绝望的尝试中，VR 已被重新塑造，以创造一种令人信服的身体存在感，具有讽刺意味的是，这种感觉只能通过人工感知机器在虚拟世界中实现，它需要的是传感器、高分辨率显示器和能够处理数百万个多边形图形的计算机。

与感官被人工传感器取代的想法相反，有一个不同的叙事出现了。在这个叙事中，也许比以往任何时候都更需要我们的感官来提供更新的身临其境的体验，研究人员称之为与这些设备的紧密耦合（tightly couple）——这是一种不可分割的联系，可以通过心理物理学测量这些系统所产生的刺激的变化并将这些变化结合到硬件和软件本身的实际设计需求中来实现。当然，我们的身体和感官承载着不同的历史——这包括文化的、社会的和经济的记忆，而对这些系统来说，这些历史和记忆都是白纸。此外，性别、能力差异等也都被简单地抹去，取而代之的是心理物理规范。

现代感知科学基本上是建立在这些共同的文化原则之上的。但心理物理学不仅消除了身体之间的文化和社会差异，而且还在设计和感知之间创造了新的循环。通过为新技术的硬件和软件设计提供建议，它为研究人员提供了关于我们的感官知觉如何工作的理论，然后研究人员可以据此创造强化这些模型的知觉体验，而不必考虑这些新现实中的身体差异。

# 》06《

今天，感知机器与感觉和知觉之间的关系似乎是既定的。但与 Oculus Quest VR 无线一体机或 Magic Leap 产品中的传感器可以按图像帧速率清晰了解是否发生了可感知的变化不同，古斯塔夫·费希纳在 1860 年完全无法使用感知机器来通过实验证明他的理论。他的"传感器"更粗糙。在心理物理测试下，测试对象会生成关于他们所经历的事情的口头数据，然后费希纳计算这些数据以得出测量结果。

换句话说，尽管费希纳的心理物理学方法在数学上很严谨，但仍然依赖于人类科学家、生理学家和心理学家，他们会"主观地"报告他们在实验期间从测试对象那里得到的信息。实验者无法控制受试者的报告是否正确或准确。

为了补充费希纳的心理物理学，19 世纪的科学家转向一些新兴技术来更好地测量感官反应，使用新的传感器来证明他们的新理论。这些研究人员发明了旨在捕捉和测量人类（以及动物）感官的仪器，如检眼镜（ophthalmoscope）、声哨（acoustic whistle）、嗅觉仪（olfactometer）、计时器、触觉计（aesthesiometer）和摄影枪（photographic gun）等这些仪器使得计时摄影的新兴实践成为可能，它们也成为事实上的感官。[31]

它们不仅是当今的感知机器的早期版本，而且这些传感仪器还在构建一个关于人类感官的广阔新知识领域——所谓的感觉生理学（sensory physiology）中发挥了重要作用，该学科将感觉视为心理和生理知识开发的关键。

利用科学观察、实验程序和新兴仪器，感觉生理学家研究了广泛的现象，包括听觉和视觉的空间感知、神经元放电的速度和感觉量子（sensory quanta）等，感觉量子指的是刺激强度阈值和差异形式的微小量度，主要来自费希纳的心理物理学。

感觉生理学将身体和感官直接带入了技术环节。这不仅是与测量和分析技术的偶然联系，而且还有一种可能性，即在第一批致力于试验和分析活体感官的研究实验室中，测量和分析技术很快就得到了普及。[32]

感官不仅被重构为技术本身，而且就像我们的 VR 和 AR 头戴式显示器一样，越来越多的仪器集成到动物和人类的感官中。换句话说，感官变成了传感器，而传感器也承担了感知的角色。

这种将感官"延伸"到仪器中的做法似乎与 19 世纪早期到中期的情形一样。听诊器和温度计等设备已经取代了人类的感官。这些新的实验技术和部署它们的实验室的总体效果是，机器不仅越来越多地调节被研究对象的身体和感官，而且还塑造了研究人员自己的感官。换句话说，研究人员变成了数据分析员。

事实上，对那些在生理学、心理学和医学之间的共享空间中工作的科学家来说，仪器成为揭示流经身体的无形力量的重要伙伴，而这些力量是人类感官所无法接近的。

19 世纪法国生理学家艾蒂安–朱尔斯·马雷说过，"我们的感官告诉我们得太少，以至于我们不得不一遍遍地使用仪器来分析事物"，[33] 这句话表达的人类对仪器的依赖情绪真是再明确不过了。

有三个特征标志着这个早期感知机器时代的到来：

第一，感觉（和感知本身）越来越等同于测量。例如，德国数学家、哲学家和感觉生理学家赫尔曼·冯·亥姆霍兹（Hermann von Helmholtz）在使用青蛙和人体肌肉对反应时间（reaction time）、刺激与其反应之间的时间差异进行测量的实验中，引入了先分离，再研究单独感觉的新技术。亥姆霍兹的反应时间实验证明，感觉和量化是密切相关的。施加在青蛙肌肉和人类皮肤上的感觉会自然引起反应，其后很快就能测量出这种反应。[34]

第二，如果没有专门设计的能够进行测量的仪器，就无法完成这样的实验。正如生理学家马雷所明确指出的，人类需要此类仪器来捕捉超出自己感官感知能力的时间变化。由于人类感官体验的速度实在是太慢了，所以测量的精度成为核心目标。

第三，生理学家、心理学家和医生试图通过数据可视化的早期形式——也就是亥姆霍兹和马雷所称的图解法（graphic method），将凌乱的、不精确的感觉以可读的形成呈现出来。[35]

捕获传感器的数据并将其记录到物体表面上的先驱是德国生理学家卡尔·路德维希（Carl Ludwig），他于 1846 年发明了一种新的机器——名为波形示波器，它的设计目的也很明确：追踪心跳波形。

该机器的工作原理是：将一个小的充气球插入动物的动脉中，血压的变化会导致球体上下移动，然后这个运动会被传递到已安装的笔尖上，该笔尖正对着旋转的滚筒头。当含有墨水的笔尖接触滚筒头时，脉搏的可视化痕迹就会出现在其表面上。

波形示波器是一种早期的设备，可以及时捕获生理数据作为可视化痕迹，而图解法则利用这一设备来记录人类肉眼无法分辨的时间间隔。[36]

亥姆霍兹和马雷大约在同一时期成为图解法的先驱，对我们看不见的力（心跳）进行可视化开启了分析人体内在生命的新篇章。

这种早期的数据可视化方法还提供了一些其他建议：将人类观察者从科学的感知过程中移除，这样，在被观察对象的动作与其可视化表现之间将不再有人类中介。因此，在蓬勃发展的 19 世纪心理学世界中，只有当感觉能够被量化和可视化时，它才能被证明是合理的。许多年后，美国设计师爱德华·塔夫特（Edward Tufte）为这种对数据可视化的兴趣赋予了一个新名称——定量信息的可视化显示（visual display of quantitative information），[37] 从而强化了许多为图解法辩护的 19 世纪科学家的主张。传播设计师缪里尔·库珀（Muriel Cooper）是麻省理工学院媒体实验室的第一位终身女教授，她走得更远——她将这种被量化的可视化数据称为"信息景观"（information landscape）。[38]

# )》07《

量化生命体的时代开始了，但它越来越多地需要一些让人感到奇怪而陌生的感知机器来推进其科学进展。例如，比较原始的感应电极；可以连接到人类和动物的四肢、手臂、翅膀、脚和腿上的气动管和机械安全带，如马雷发明的空中状态图形记录仪（air pantograph）可用于研究飞行中的鸟（图 0-5）；呼吸记录仪之类的记录设备可以按图形方式显示发声过程中产生的喉咙运动；或测量视觉感官印象如何在特定时间间隔内影响意识的速视仪（tachistoscopic apparatuses）等。

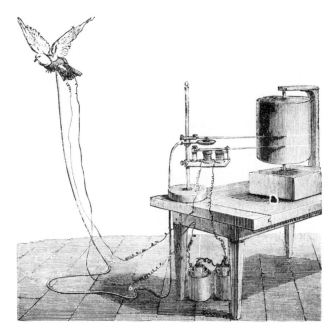

**图 0-5** 马雷发明的空中状态图形记录仪

量化感官还需要一些新型基础设施，包括复杂的空间、房间和人力资源（即学生）等。学生们将操作这些新的感知机器，以便记录、研究和存储感官数据。1879 年，这些新的基础设施之一由亥姆霍兹的门徒威廉·冯特（Wilhelm Wundt）创立，并在莱比锡大学首次应用。

作为现代实验心理学的奠基人之一，威廉·冯特有着特别重要的地位。受心理物理学的影响，冯特试图通过实验方式检验费希纳的技术，将感官体验置于感官生理学和生理心理学同时发展起来的严格方法之下。在这里，受试者的内心世界与外部仪器正面交锋，这些仪器可以科学地检测他们的内心——这是心理学尚未以实验性、技术手段化的方式探索的领域。冯特试图通过测量一个人的生理特征（呼吸、反应速度、脉搏和神经反应）将其内在感知、思想甚至记忆外化。

与年长他约30岁的费希纳一样，冯特研究感觉和知觉，希望能够在生理和心理之间建立联系，他称之为接触点（contact point）。为实现该目标，他的做法是在实验中对测试对象施加人为产生的感官体验，并观察和分析他们的反应。[39]

在冯特位于莱比锡大学的心理研究所（最早的实验心理学研究实验室之一）中，最新的科学仪器和环境使这个目标成为可能：一个漆成全黑的房间用于视觉实验；一个带软垫门的隔离空间用于声学实验；[40] 一个容纳巨大梅丁格尔（Meidinger）电池的空间，该电池可以将电力分配给不同空间的一系列测试设备；调音叉（tuning fork，一种叉形的声学共振器，用于产生固定音调，与许多其他类型的共振器不同，它可以产生非常纯净的音调，大部分振动能量都在基本频率上）；分离和测量色谱的机器；用于反应时间实验的计时码表和计时表；以及用来计算时间的心理表征的"时间感"装置。

所有这些机器和基础设施都旨在研究费希纳心理物理学的关键要素：能够客观地测量新仪器本身产生的感觉强度。当然，冯特走得更远，他把生理学本身变成了一种新的探索性试验场。冯特的实验通常需要三样东西：测试对象，仪器，能够管理、收集、阅读和分析数据的研究人员。其实验涵盖了比较全面的范围，包括：测量感觉质量和强度的心理物理测试；触觉和听觉心理学；视觉、味觉和嗅觉的实验；视觉深度感知；时间感和注意力的研究；以及联想和记忆的过程等。[41]

与以往的感官研究不同，冯特的实验室还建立了一种集体实验氛围，用于培养学生进行研究，这也是世界各地崭露头角的心理学家前来与他一起学习的原因之一。[42] 随着感官仪器的开发，以及管理和分析这些实验的人类实验团队的逐渐壮大，冯特的实验室不断发展。除了产生有关感官的新知识外，实验室还变成了教学场所。

该实验室还能在测试对象和研究人员之间建立新的分工。结果是受试者成为数据源，研究人员成为实验操纵者，[43] 但结果并不完全掌握在实验者手中，测试对象本身也被鼓励设计实验，并对实验时自己身上发生的事情进行客观的理解——冯特称之为实验性自我观察（experimental self-observation）或内省（introspection）。观察者将接触到标准的可重复情况，然后要求他们以可量化的方式做出回应。

对冯特的方法而言，至关重要的是通过实验室环境对他的测试对象进行科学管理。就像费希纳早期的测试对象对心理物理极限和阈值的口头报告一样，实验的受控条件可以让对象立即口头报告他们的感知。

然而，与费希纳不同的是，冯特通过测量工具验证了这些报告。因此，主体自己对发生在他们身上的事情的描述，也就是冯特所说的他们的内在感知（inner perception），可能开始接近于外部观察的状况。在这里，外在产生的感觉形式可用来影响和塑造主体的感觉和知觉；受试者越是受到这种感觉的影响，他们的观察就越有经验，而无需考虑任何多余的自我反省。

冯特实验室的复杂之处在于，除了配备大型的机器外，该实验室还配备了许多小型的仪器，其中一些可以直接连接到身体上，以测量生理数据（如血流、呼吸频率、脉搏）和情绪（受试者对外部刺激的反应）之间的关系，而测试者则处于"冷漠的心态"中。[44]

这些新的传感仪器对于呈现关于人类的新知识变得非常重要，以至于后来在康奈尔大学建立了美国早期心理学实验室之一的冯特的学生 E. B. 铁钦纳（E.B. Titchener）说："在 19 世纪 90 年代初期，实验室最信任的是仪器，包括计时器和转速表之类的东西——毫不夸张地说——它们甚至比观察者更值得信任。"[45]

在冯特的实验室中，有一种特殊的仪器有必要简要介绍一下，那就是体积描记器（plethysmograph）。这是意大利生理学家安吉洛·莫索（Angelo Mosso）于 1874 年设计的一种新设备（图 0-6），用于根据流经器官的血压变化来测量器官的体积变化。它由一个装满水的手臂大小的玻璃容器组成，当受试者将手臂伸入玻璃容器中时，血压的变化会改变水位并将其传输到触笔，触笔会以图形方式将血管表面的波动记录到一个滚筒上。[46]

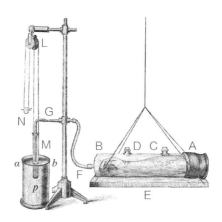

图 0-6　莫索的体积描记器

在大约 140 年后，莫索的传感器竟然以类似的面貌出现在另一个连接到身体的设备中，这就是今天的苹果手表（图 0-7）。当然，苹果手表更加先进，它使用的是光电传感器，但该设备的作用和莫索的传感器是一样的，都是试图将隐藏的内部数据与我们的可见行为联系起来。[47]

图 0-7 苹果手表底部，带有光电体积描记器传感器和 LED

## 》08《

为什么这些 19 世纪的"生命工程师"相信他们的技术是绝对可靠的？[48]因为他们的图形曲线和标记是"不借助人眼或手"制作的，人类感官容易出错，而这些仪器记录不会出错，更可能反映真相。[49]尽管马雷认为这些仪器将使自然隐藏的语言清晰可见，但是这些仪器的精确程度仍饱受置疑。[50]

事实上，图解法不仅不精确，还被认为具有欺骗性。尽管人们热切地相信这些"自动记录"仪器——无需人工干预即可自动记录或自我记录数据的设备——的全能能力，但是，在身体和仪器之间仍然需要配备人类解释者。人眼必须阅读和理解出现在波形示波器或其他机器的滚筒上的数据尺度。[51]一位法国研究人员写道："记录装置只是描绘我们的感官波形，其他的什么也干不了。但凡涉及对痕迹的解释，图解法就并不比直接观察更有把握。"[52]

当然，今天的情况又发生了变化。虽然马雷的曲线看起来很像智能手机上的 Fitbit 应用程序或 Apple Health 应用程序的曲线，但它们之间其实存在着重大差异。早期的直接观察被今天的自动算法和存储世界感觉数据统计分析的网络服务器所取代，后者已成为我们新的感觉生理学家。现在，感知机器可以捕获、读取和分析人体产生的各种信号——血压、葡萄糖、呼吸、神经——甚至更少依赖人类观察者。

精确的电子学、数字信号处理、统计模型和计算自动化被错误地认为消除了感官和机械仪器的不精确性。如果数据不精确，则始终可以调整算法。人们提供的技术解决方案是识别问题并迅速解决它，而不是首先认识到设计假设中的根本缺陷。[53]

19 世纪末的实验研究人员的初衷是通过传感器的研究寻求获得有关人类感官的新知识，以当时的条件，他们只能坐在仪器前测量人类感官对刺激的反应。今天，怀抱着同样思想的研究人员根本就没有从这样的科学实验室离开，只不过他们进入的是脸书公司的虚拟现实实验室或苹果公司的健身实验室。

苹果公司的健身实验室很可能会令冯特和他的年轻弟子们羡慕不已。该实验室位于加利福尼亚州库比蒂诺（Cupertino）的一座平平无奇的建筑中，不仅聘用了 13 名运动生理学家和 29 名医护人员，而且还拥有一支机器大军，记录受试者数万小时的生理数据，作为这家超大规模公司的嵌入式传感器产品测试的基准。苹果公司为其仪器感到自豪。据其实验室主任称，它"收集的有关活动和锻炼的数据比人类历史上任何其他研究都多"。[54]

因此，将 19 世纪感知机器的出现与今天进行比较，既揭示了历史的连续性，也揭示了根本性的突破。在 21 世纪 20 年代，每个穿戴上健身追踪器、智能手表、生物识别衬衫或可穿戴传感器的人都在经历一个转变过程：在没有人类心理学家或生理学家干预的情况下将自己变成一个自我监控的测试对象。

我们现在认为理所当然的无数传感测量小工具在 19 世纪时只能在实验室中使用。记录生理信号的仪器并没有像现在这样离开实验科学场所进入健身房或办公室，相反，它们只是更大的科学仪器的一部分。[55]

此外，对于人类与数字化技术的关系，人们有着根本不同的理解。事实上，在 19 世纪，人们已经能够使用仪器工具将其感官抽象为图形化信号，即便如此，产生数据的人与结果数字之间仍然存在联系。做完实验后，你可以瞥一眼滚筒那被烟灰覆盖的表面上的波浪状标记，然后宣称，"那就是我"。

但是数学和统计学的计算自动化改变了这一点。现在我们理解感知的时间作用的方式完全不同。使用波形示波器和脉搏记录仪（sphygmograph）之类的血压测量仪器时，需要手动加速或减速，在滚筒的物理表面或纸张表面上以不同比例以图形方式记录时间（图 0-8）。Fitbit 智能手表和苹果智能手表生成的可视化曲线是不同的。它们是统计过程的副产品。在应用程序的窗口中，你只能看到较长且连续的信号的一部分，[56] 或者，它们也可能源自统计技术（图 0-9）。换句话说，输出的曲线代表经过计算处理的人工时间。

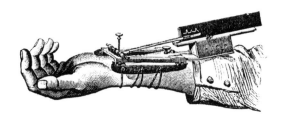

**图 0-8**　马雷血压计

在我们所处的大数据世界中，数据的意义依赖于通过合适的算法在随机的海洋中找到正确的模式。心理物理学家和生理学家也相信，感官的真相可以在数字中找到，他们可以根据过去的测量值预测未来。[57]

当你点击 Fitbit 表盘时，你会相信这个色彩缤纷的数据世界代表了你的全部。智能手机或电脑显示器上的发光曲线似乎显示了你的基准信息；它们揭示了你的心跳曲线；它们将你在日常工作中的整体"表现"形象化，比如步行去公共汽车站。但真正输出的只是我们自己的一小部分。"我们"既在我们在屏幕上看到的图片之前，也在看到的图片之后。因此，我们可

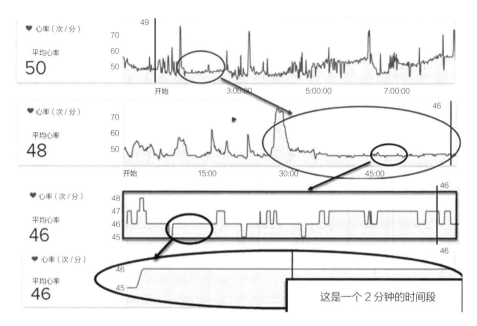

**图 0-9　自我监控**

能要问的是"这是什么时候的我们",而不是"我们是谁"。

控制我们感官的传感设备的复杂性也发生了根本性的变化。正如我们将看到的,冯特实验室的仪器将经历它们自己的革命。随着电子和计算领域发生的复杂变化,它们最终只能依附于它们将要测量的对象(图 0-10)。

**图 0-10　智能手表仪表板上的不同心率信号**

当然，这还不是全部。19 世纪发展起来的传感技术与我们今天穿戴在身上的那些传感器也有相似之处：它们都忽略了身体的差异。可穿戴传感器革命的可能性是无穷无尽的，但无论是复古还是彻底革命，无论是在 19 世纪的心理学实验室还是在 2022 年的实验室中，它们对产生新感觉知识的人类主体来说都是不可见的。

或许最重要的是，自从费希纳提出他的心理物理学以来，感官测量的背景和目的本身已经发生了根本性的变化。过去的生理学家和心理物理学家只是通过仪器来对自己和测试对象技术化，而现在则更进一步。研究人员现在将拥有 170 多年历史的心理物理学的科学技术自动化，以设计下一代感知机器。借助当今我们的服装、汽车、房屋、游戏、商店、剧院和艺术馆中的感知机器，测量、设计和创作齐头并进。换言之，使用仪器和机器来探索人类感官不仅是为了获取关于这些感官如何工作的知识，还是为了将这些知识应用到设计和完善系统中，使我们的感知与这些仪器和机器之间形成新的联系，并相互扩大。

与以前相比，我们的新感知机器能够更准确地捕捉和分析我们的呼吸、心跳、脑电波、肌肉紧张或反应时间的微时间和微空间。但它们这样做却另有目的——我们的感知机器现在构想并创造了旨在实现那些可能被遗忘了的 19 世纪研究人员（如费希纳和马雷）长期寻求的梦想中的技术：与费希纳所谓的技术世界本身的动态实体合而为一。

# 娱乐

# 第 1 章

# 加速度计的妙用

乔尔·瑞恩

（Joel Ryan）

美国发明家，作曲家[1]

轻松（不费力）是计算机神话中的主要优点之一。尽管"轻松"的原则在文字处理程序设计中得到了良好的应用，但在乐器设计中并未如此。在设计一种新乐器时，尽可能让演奏变得困难反而可能会很有趣。毕竟，体力劳动是所有乐器演奏的一个特征。

　　1995 年 1 月，我在一个出乎意料的地点——法兰克福芭蕾舞团的排练室——见到了一些感知机器，舞团导演是美国编舞威廉·福赛斯（William Forsythe），以执导大型舞蹈剧作品而闻名。他们当时排练的作品颠覆了古典芭蕾舞的动作语言，同时融合了最新的技术和戏剧探索。法兰克福芭蕾舞团对芭蕾舞的积极改进使其在 20 世纪 90 年代至 21 世纪初赢得了国际舞蹈和戏剧界的称羡。[2]

　　有一天，我作为制作助理正在为一场新的晚间首映排练时，一个连接在小盒子上的传感器颇为神秘地出现在排练室。正是这个传感器改变了包括我在内的其他团队成员对机器表达潜力的看法。

我们当时正在创作一部三幕当代舞蹈作品，其标题与这个传感器一样神秘，名为 *Eidos：Telos*，这是放在一起的两个希腊单词，大致可以翻译为"形象：结局"或"形式：结局"。这个标题不是偶然选择的，它的灵感来自已故意大利作家、翻译家和出版商罗伯托·卡拉索（Roberto Calasso）的小说《卡德摩斯与哈莫尼的婚姻》（*The Marriage of Cadmus and Harmony*）中的内容。我们当时深入了解了这位作家以便为我们的创作提供参考。卡拉索长期以来撰写了一些与古代神话故事相关的图书，具体涉及希腊、印度和非洲等地。

在准备制作过程中，卡拉索的一个故事——希腊神话中的科瑞（Kore），她更为人所知的名字是佩耳塞福涅（Persephone）——成为芭蕾舞第二幕的基础。这里有必要简单介绍一下佩耳塞福涅的神话故事。佩耳塞福涅是神王宙斯（Zeus）和德墨特尔（Demeter，丰收女神）的女儿，她从小就和母亲德墨特尔生活在一起，并且从未考虑过婚配之事。有一次，佩耳塞福涅在丛林中采花，大地女神盖亚（Gaia）受到宙斯的默许，让大地开出了一朵水仙花，佩耳塞福涅在采花的过程中不知不觉地远离了她的朋友，在正要去采摘那朵看似无害的水仙花时，大地开裂，四匹黑马拉着冥王哈迪斯（Hades）的金车出现，他强行把佩耳塞福涅抱上金车并返回了冥界。

卡拉索以其华丽而具有诗意的细节描述了这个可怕的场景——一个需要展现无形力量的场景。"花的气味是如此浓烈，以至于狗都会迷失其猎物的踪迹。就在此时，大地轰然裂开，哈迪斯的战车出现，四匹黑马并排拉着，而科瑞正在看着一朵水仙花，她直愣愣地盯着，正想要采摘，就在那一刻，她被一股无形的力量掳走了。"[3]

佩耳塞福涅被劫走之后，德墨特尔焦急万分，四处寻找女儿的下落，因此大地上万物停止生长。太阳神赫利俄斯（Helios）看到了这一切，将佩耳塞福涅的下落告诉了德墨特尔。德墨特尔知道真相后，立即找到宙斯，让他命令哈迪斯立刻把佩耳塞福涅带回她身边，否则她将继续让大地颗粒无收。最后宙斯害怕大地上万物荒芜，因此派遣赫尔墨斯（Hermes）去说服哈迪斯将佩耳塞福涅还给德墨特尔。

作为哈迪斯和宙斯之间交易的一部分，佩耳塞福涅被允许回到母亲德墨特尔的身边，但是她的时间只能在由哈迪斯统治的冥界和地球生命生活的世界之间平均分配，所以佩耳塞福涅每年必须在冥界度过六个月（每年德墨特尔与她的女儿团聚时大地上万物生长，但在剩下的六个月里佩耳塞福涅返回冥界时地面上则万物枯竭，在地球上形成冬天）。

这个佩耳塞福涅被掳走的场景终将成为 *Eidos:Telos* 中的关键戏剧元素。这不是普通的芭蕾舞剧，正如后来在美国巡回演出时一位纽约舞蹈评论家描述的那样，这将是一部"关于看到事物的结局"和"对死亡的愤怒"的舞蹈戏剧作品。考虑到法兰克福芭蕾舞团在创作这部作品时正在哀悼该公司的年轻明星舞者之一、福赛斯的妻子特蕾西-凯·迈尔（Tracy-Kai Maier）的去世，这些评价是恰当的。

但在这个非常紧凑的一个月排练期的早期，与我合作的音乐创作团队却在处理一些较为琐碎的事情。我们打算制作由一名小提琴手和三名长号手现场演奏的乐谱。该乐谱不仅仅是声学形式的，它将通过电子设备进行实时操作。

该音乐作品是两位作曲家合作创作的。其中一位是荷兰作曲家汤姆·威廉斯（Thom Willems）——福赛斯的长期合作者。另一位是乔尔·瑞恩（Joel Ryan），美国音乐家和科学家，他还是通过现场信号处理（live signal processing）的技术对现场乐器的声音进行数字调制的专家——将原声乐器的声音转换为数字信号，然后将它们处理成电子声音。

当然，在目前这个阶段，唯一被记录下来的音乐就是威廉斯早期用于芭蕾舞第一部分的乐谱，这是对作曲家伊戈尔·斯特拉文斯基（Igor Stravinsky）为 1927 年的新古典主义芭蕾舞剧《众神领袖阿波罗》（*Apollon musagète*）所作音乐的解构改编。核心音乐其实是对小提琴家马克西姆·弗兰克（Maxim Franke）在舞台上的一段演奏进行实时处理而产生的衍生作品。这里的"处理"是指使用麦克风放大小提琴的声音，并通过一个装满电子设备和计算机软件的机架进行塑造，以获得一种前所未有的幻觉声音。

例如，用力将弓拉到小提琴的背面，会产生压倒性的噪声墙。一个长而持续的音高将产生一个巨大的和弦，听起来像远处的和声。我们尝试各种演奏技巧，试图让小提琴的声音与其它弦乐器的声音区别开来，我们还尝试了通过不同的乐器软件来改变声音，然后很快在笔记本上记录了其详细结果。

## 》**01**《

在排练休息期间，乔尔·瑞恩打开了一个用气泡膜缠绕并似乎是用透明塑料薄膜包裹着的物体，里面有一个小型电子元件，他用一根又长又粗的电缆将它连接到另一台印有 STEIM① SensorLab Controller Box 标签的书本大小的机器上。该物品引起了团队的兴趣。瑞恩随后解释说，这个小型电子元件是一个加速度计（accelerometer）——一个相对简单的传感器，可以测量物体随时间移动的速度或加速度的变化。

瑞恩带来了加速度计，因为他认为在 *Eidos:Telos* 的第二幕中哈迪斯将佩耳塞福涅从地球上抢走的时候使用它可能会很有趣。达纳·卡斯佩森（Dana Caspersen）是一位出色的演员，其时正在与我们合作，扮演佩耳塞福涅的角色，她想到了声音、动作和文本的正确组合。达纳·卡斯佩森开始以不同的音调即兴演唱，而小提琴家则用剧烈的吱嘎声、弹奏和拨弦声模拟场景声音，打断了她的独白。我们处理了小提琴的声音，使其更加空灵。

瑞恩有一个想法：将加速度计连接到达纳·卡斯佩森身上，并使用传

---

① 即荷兰电子音乐中心（Studio for Elaetro Instru mental Music）。

感器捕捉她的动作，以控制音乐的强度、音高和音色，以及控制法兰克福芭蕾舞团歌剧院的天花板灯。这将创造出关键的戏剧性时刻，佩耳塞福涅周围的地面裂开，哈迪斯将她从这个世界掳走。

加速度计和控制器盒均来自荷兰电子音乐中心，该机构是阿姆斯特丹的一个实验性文化中心，成立于 20 世纪 60 年代后期，专门为音乐家提供新的硬件和软件，瑞恩曾在此担任科学顾问。[4]

瑞恩是一个博学的人。他对科学和艺术领域的很多方面都有所涉猎，尤其是在关于传感器、音乐、数学和计算机如何协同工作方面。在 20 世纪 60 年代作为本科生在波莫纳学院（Pomona College）学习物理后，瑞恩在圣迭戈的加利福尼亚大学与赫伯特·马尔库塞（Herbert Marcuse）一起转向哲学。在 1967 年的爱之夏（Summer of Love）音乐节中，他还利用业余时间与世界著名的音乐家拉维·香卡（Ravi Shankar）一起学习西塔琴（印度古典乐器），香卡因教过乔治·哈里森（George Harrison，披头士乐队主音吉他手）而闻名。

瑞恩还在加利福尼亚州奥克兰的米尔斯学院（Mills College）学习过电子和实验音乐，并在劳伦斯加州大学伯克利分校实验室（Lawrence UC Berkeley Labs）担任物理研究助理，该实验室是世界顶尖的物理研究中心之一，在那里他设计了太阳能实验的传感器阵列和实时软件。那时的传感器还不是像今天这样花几美元就能买到的独立组件，而是大型科学测量仪器的嵌入式部件，价格昂贵。

米尔斯学院拥有一个闻名遐迩的男女混合电子音乐系，瑞恩成为新一代男女音乐家中的一员。他在那里学习了编程，并使用第一台便携式计算机作曲、实时操作和演奏音乐。实时是计算机音乐研究领域的一个关键概念，即对计算机进行编程以产生声音，这也意味着音乐家可以在计算机输出声音的同时修改机器发出的声音。[5]

25 年后，当我们首次与法兰克福芭蕾舞团合作时，瑞恩告诉我：

> 在 2020 年，我们中的大多数人都会认为，数字音乐制作就是即时的。只要点击一下就会出现声音。"实时"这个概念似乎是多余的。但回到 20 世纪七八十年代，当时的大多数音乐软件用户并没有这种体验或期望。到 1978 年左右，仍只有少数计算机音乐家在创作音乐时会尝试使用数字机器，并且不得不在小型计算机上编写自己的软件。他们觉得这就是实时——我自己就是这样认为的。但在劳伦斯伯克利实验室，已经有一个实时小组，我在那里有一份日常工作。如果一台计算机要参与一个实验，那么这个实验需要等待计算机赶上来是能被接受的。因此，我们设计了可以在实验时间范围内运行的计算机。物理学是关于时间本身的，对所有关于及时执行动作的实验来说，实时计算都是必要的。物理学家需要让计算机进入他们的实验实践中。[6]

在 20 世纪 80 年代之前，使用计算机制作音乐仍是一项吃力不讨好的工作。计算机音乐研究人员——偶尔还有音乐家，往往需要等上几小时，才能接触到机器；有时甚至需要等待几天时间，才能让他们编程的计算机发出声音。音乐家只能通过在普林斯顿大学、哥伦比亚大学或斯坦福大学等机构使用昂贵的大型计算机来渲染和产生声音。今天的视频制作者在渲染视频和高端 3D 图像时，可能也需要等待，但这种等待体验与昔日音乐家们在辛苦编程之后不得不忍受的计算机的无休止延迟完全不可同日而语。其时大型计算机的这种时间限制，以及它们的大小（机器的硬件主体占据了整个房间）和成本，使得它们无法用于现场表演。换句话说，当时的实时不仅仅是一项技术成就这么简单，它还满足了像瑞恩这样的音乐家立即获得音乐结果的愿望，使得计算时间可以与现场的人类时间同步。[7]

瑞恩（和其他同道中人）的信念是，音乐家不能让计算机控制音乐时间，无论计算机做什么，它都必须跟随音乐的时间。

实时地让计算机立即产生声音，这也是瑞恩要使用一个加速度计的原因，他是一位世界级的音乐家，他是出于艺术目的而构建软件系统以实时执行和操纵声音的专家，他将其带到了芭蕾舞排练中。当然，瑞恩是以一种非正统的方式使用他的加速度计——作为他的计算机的输入设备，就像鼠标或键盘一样，然后通过他编写的代码来操纵传感器的信号，并将其用于操纵、形成和控制声音的不同因素或参数。

## )) 02 ((

在法兰克福芭蕾舞团的排练室，瑞恩演示了加速度计的工作原理。他用厚重的胶带把它固定在手上，然后开始做动作。该设备启动后，由瑞恩编写的用于捕获传感器数据的软件会在屏幕上产生流动的数字流。当他的手缓慢而连续地移动时，这些数字流几乎没有变化；但是，突然的颠簸或加速和减速会导致完全不同的反应，至少可以看到数字流乱跳。

随后，瑞恩尝试了另一个实验。他将加速度计数据流连接到一个声音波形——一个简单的正弦波，并重复他以前做过的事情。声音从排练室的重型扩音器中传出。当他在一个平面上缓慢而连续地移动他的手时，正弦波会持续稳定播放。然而，当他做同样的动作但开始改变手的方向时，有趣的事情发生了。声音随着他的手在一个轴（$y$轴）上的旋转而改变音高，并在另一个方向（$x$轴）上旋转时改变其响度。剧烈的颠簸会导致声音时断时续，而在缓慢的运动后突然加速则会使声音以令人不快的方式扭曲（图 1-1）。

后来，瑞恩试图向他的非物理学家听众解释发生了什么，用一些精心编排的手部动作演示加速是如何工作的。可以说，运动决定了变化。你可以从前到后、从左到右地移动。这里所说的速度就是你移动的速度，但你的速度也可以改变，比如从慢到快。数学家将这种变化称为导数（derivative）或加速度，这是微积分中的一个分支。比加速度计将这种变化测量为一串数字：加速时为正数，减速时为负数，以恒定速率移动时为零。

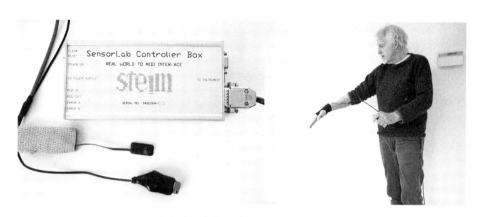

图 1-1　乔尔·瑞恩展示加速度计

我们对加速的物理体验是什么？一个经典的例子是踩油门，这会导致汽车前冲然后飞驰。但是突然踩刹车减速其实也是一种加速。像瑞恩一开始用手做的那样，连续移动会产生零加速度——因为没有变化。

加速也可以按另一种有点违反直觉的方式发生——当你改变车辆行驶的方向时。回想一下过山车的经历，陡然下降令人毛骨悚然，因为过山车在迅速加速，你感觉自己正在坠落，这正是你体验重力时正在发生的事情；但真正感受到物理世界的拉力是当你从转弯中获得加速度时——也就是在过山车上时，当你通过发夹弯时，此时的向心力几乎要将你的骨头从身体中拽出来。总之，转弯会产生具有强烈物理感觉的加速度，在我们的体内有一种感知加速度的感官，因此我们能够强烈地感受到它的定量效应。

受瑞恩的描述和创造力的启发，在接下来的几天里，我们尝试使用加速度计，渴望体验舞者的动作，尤其是像达纳·卡斯佩森这样的舞者，她在空间中扭动着身体，这也可能被转换成声音。

这个想法并没有真正起作用。电线缠住了卡斯佩森，她在试图旋转时被绊倒了。我们将加速度计粘在她的手上，但由于汗水积聚，传感器松动，导致其方向变化，读数不太理想。

SensorLab 是一个控制箱，需要将电子信号解码为瑞恩可以用他的软件读取的有意义的数字，但它也很挑剔，它不喜欢卡斯佩森用力拉电缆，将其从盒子上断开。发生这种情况后，传感器、SensorLab 和计算机之间很难重新建立通信，从而使整个系统变得脆弱。

就像我们在这部芭蕾舞剧排练过程中的许多其他创意一样，在制作过程中使用加速度计的想法在一周后就消失了。它落寞地回到泡沫包装和盒子里。然而回想起来，这也说明了为什么我们的团队对这种传感器的潜力如此着迷——我们看到了将移动人体的速度和方向的突然变化转化为声音的创造性可能。

想象一下，舞者产生物理学意义上的移动，附在舞者身上的加速度计可以形成人机共舞的完美互动。这种无形的力量让我们深深着迷。

## 》03《

在 1995 年，你可能从未听说过加速度计，遑论用于制作音乐的加速度计了。但到了 2022 年，这种传感器已经在日常生活中无处不在。每次当你检查 Fitbit 智能手表的步数、测量你的睡眠质量、你的笔记本电脑掉到地上时其中的硬盘瞬间停止读写或你横握手机而其中的图像自动调整为横向查看模式时，其实都是微型加速度计在发挥作用。微型加速度计（图 1-2）可能比任何其他传感器更重要，因为它对我们如何与周围的物理世界协商我们的数字媒介交互方式产生了至关重要的影响，这包括我们如何移动、转向、行走、握住物体、玩游戏和创作音乐等。

加速度计在广泛用于智能手机、健身追踪器和游戏控制器之前并不为大众所熟知，这并不奇怪。加速度的物理原理不够直观，很多人对加速度

图 1-2　2019 年的一款微型加速度计

的普遍理解就是提速。当我们踩下汽车的油门踏板时，就会产生加速的效果——事实上，这种装置今天仍然被称为加速器（accelerator）。

但改变速度——在给定时间段内测量到的移动物体的距离——只是加速度的一个方面。某物加速的方向也很关键。换句话说，加速度是一个向量（vector）——一个表示大小和方向的数学量。当一个物体加速时，它可以因此而改变速度、方向或同时改变这两个量。

加速度不仅仅是运动物体速度的变化。振动或摇晃的物体也会表现出加速度，这就是为什么早期的加速度计是笨重的机械设备，旨在感应桥梁和机器等物体周围和内部的振动。尽管早期版本的加速度计可以追溯到 18 世纪中叶，但现代加速度计则出现在 1923 年左右。[8] 当时在美国国家标准局（National Bureau of Standards）工作的地球物理学家伯顿·麦科勒姆（Burton McCollum）和奥维尔·彼得斯（Orville Peters）提议使用一种电子遥测（Electrical Telemetry）设备来测量远距离的振动。遥测是一门远程监控和收集信息，然后以电子方式将其发送到另一个位置的科学。[9]

工程师们对测量远距离振动感兴趣，这一事实也解释了为什么加速度计长期以来一直用于地球物理学，来监测地球本身的振动。在称为加速度记录仪（accelerographs）的地震检测设备中即嵌入加速度计，以精确测量强烈地震期间地面的运动——具有足够幅度和持续时间的地面运动，可能会对建筑物或其他设施造成损害。[10] 加速度记录仪可以监测地面冲击，以更好地避免地震伤害，因为地震的力量很容易超出正常地震仪的测量范围。

加速度感应更现代的工业应用涉及测量共振（resonance），这种应用会导致物体中的机械系统在某些频率下比其他频率下更强烈地振动。一般来说，这种振动最终会自然减弱。但是如果它们持续更长的时间，则能量会在结构内积聚，使其振动更加剧烈，并最终导致物体分解。尼古拉·特斯拉（Nikolai Tesla）基于他往复式发动机专利而发明的（最终未成形）地震机，旨在证明这一原理。[11]

特斯拉未实现的发明无意中却找到了更现代的例证。2000 年 6 月，在伦敦奥运会开幕后不久，英国建筑师诺曼·福斯特（Norman Foster）爵士设计的千禧桥（Millennium Bridge）的桥体在行人的脚下剧烈摇晃，这些行人产生了工程师所谓的同步共振——数千人产生的同步节奏突然出现。[12] 该桥的混凝土悬索桥桩锚定在泰晤士河中，其施工方英国奥雅纳公司曾称其为"21 世纪初我们能力的绝对体现"，[13] 但是，它在开放后的第一天就被迫关闭了，因为它像松弛了的橡皮筋一样弯曲。在重新开放之前，奥雅纳公司进行了实验，使用视频分析和加速度计来测量不同步伐步行所产生的不同振动水平。

## )) 04 ((

加速度计最初用于测量结构的振动，第二次世界大战后，人们发现了其新的应用方向。20 世纪 40 年代中期，喷气推进的引入为加速度计赋予了新的生命和军事用途。美国海军开始委托相关机构研究测量战斗机在机械冲击中出现的不同频率。加速度计部署在飞机驾驶舱内，用于测量起飞时产生的重力。

加速度计最终也注定要用于太空。它们在 20 世纪 60 年代被用于洲际弹道导弹（intercontinental ballistic missiles，ICBMs）的惯性制导系统中，以测量导弹在空中时的角度或倾斜变化；它们也被应用在"阿波罗 11 号"（Apollo 11，美国首次成功登月计划中的飞船）中，用于振动建模、速度测量和其他数据任务，以定位航天器从地球到月球并返回的位置。

回到我们之前讲述的故事，乔尔·瑞恩带到 Eidos: Telos 排练室的加速度计的来源出人意料。大约在 1994 年，瑞恩听说加速度计被用于控制汽车安全气囊。加速度计可感应到汽车加速度的突然变化，如果加速度过大，则随后会启动安全气囊。

为什么要为安全气囊使用传感器？自从爱因斯坦以来，我们现在将重力本身视为加速度，而最熟悉的加速度就是重力加速度（用 g 表示，1g=9.8 米 / 秒$^2$）。除了测量速度的变化，我们还可以使用加速度计作为定向设备（orientation device），因为重力加速度提供了一个"向下"方向的静态参考。

当你失重时，没有加速度，相当于 0 g。站在地面上，相当于 1 g。人类可以在过山车中体验 5 g。经过训练的战斗机飞行员可以适应 9 g 的持续加速度。

更令人惊讶的是，日常事件也会产生强烈的加速度。打开一罐辣椒粉后打喷嚏会产生大约 2.9 g 的加速度，而在后背上猛拍一巴掌则可能接近 4 g。喷气式战斗机飞行员起飞和加速的承受力要大得多：7~9 g，但只有几秒，而且他们的身体状况很好，可以承受这样的压力。

车祸中可以产生的重力数量更加惊人：2.4 吨（1 吨 =1000 千克）重物撞击肉体时相当于 40~70 g！在这里，加速度计可用于测量持续的加速度，预测即将到来的灾难并试图阻止它。如果移动车辆的重力达到 30~50 g，并且这发生在汽车与某物碰撞时的快速减速期间，则加速度计会以电子方式触发安全气囊充气机制。[14]

当车辆改变速度、方向，或同时改变两者时，加速度计也可能触发安全气囊。安全气囊传感器不仅可以在汽车加速时被激活，而且在它向任何方向快速改变速度时都可能被激活。例如，汽车从后面被撞，快速向前倾斜；汽车突然刹车或被正面撞击；或者汽车从侧面被撞，突然改变方向。

和许多精通技术并且富于进取心的艺术家一样，瑞恩对于电子芯片非常感兴趣。他打电话给加利福尼亚州一家小型公司——该公司为尚未准备好迎接黄金发展时期的安全气囊行业的实验者提供加速度计——并要求提供样品，他很快就收到了邮寄的设备——一个安装在白色陶瓷板上的小芯片，可以应对现实世界的各种应用场景。尤其令瑞恩感到兴奋的是，该传感器产生的一系列数字可以捕捉到我们对世界动态体验的巨大复杂性，这包括各种优雅的弯腰屈伸和摇摆不定的、振动丰富的动作（这是所有舞蹈和音乐的标志），现在这些动作变化都可以被轻松捕捉到。

## )) 05 ((

那么，用于测量汽车加速度的传感器要如何才能成为一种表演性的设备，甚至通过计算机来制作和演奏音乐呢？就像瑞恩在 20 世纪 90 年代中期所做的那样？

随着所谓的微机电系统（microelectromechanical systems，MEMS）的发展，加速度计也实现了根本性的技术突破。从 20 世纪 60 年代开始，微机电系统技术一直遵循着摩尔定律（Moore's Law），这是英特尔公司联合创始人戈登·摩尔（Gordon Moore）的一个著名论断，即集成电路上可以容纳的晶体管数目每 18 到 24 个月便会增加一倍。这意味着处理器的性能大约每两年翻一番，同时价格下降为之前的一半。

微机电系统组件以微型尺度模拟着机电世界。它们涉及复杂机械系统以及所有安装在单个芯片上的电线和电气元件的设计和制造。事实上，在 1959 年的一场题为"微观空间大有可为：进入物理学的新领域的邀请"

（*There is plenty room at the bottom: An invitation to enter a new field of physics*）的演讲中，传奇物理学家理查德·费曼（Richard Feynman）对微机电系统技术的未来进行了大胆的设想。"为什么我们不能把《不列颠百科全书》的 24 卷都写在别针的针头上呢？"费曼如此问道。他提出了很有前瞻性的解决方案。他认为固态物理学和电子学的未来将是在原子和分子尺度上操纵、制造和控制事物的能力，今天这些预言都变成了现实。[15]

费曼不仅重点关注贝尔实验室的工程师克劳德·香农（Claude Shannon）的信息统计理论，即编码可以写在别针针头上的信息所需的二进制数字或位数，他还提出了如何制造电子和计算组件来操纵原子和分子的理论，类似于我们控制杠杆和引擎的方式。"为什么我们不能像制造大型计算机一样制造这些小型计算机？为什么我们不能在无限小的平台上钻孔、切割物体、焊接物体、冲压物体，以及塑造不同的形状？"[16]

难怪像费曼这样的物理学家会推崇原子和分子。两者都是在纳米尺度上测量的。1 纳米 $=10^{-9}$ 米。他的发问最终成为现实，成为纳米技术后续发展的灵感之一，即以纳米尺度制造元器件。当它们在 20 世纪 80 年代开始出现时，在芯片上组合在一起的微机电系统传感器和执行器要大得多，长度为 1~100 微米（1000~100000 纳米）。一个水分子的直径为 0.2~1 纳米。一个细菌分子的直径大约是 1000 纳米。人类头发的直径要稍粗一些，大约为 100000 纳米（100 微米）。

费曼对新制造技术的呼吁在微机电系统设计中得到体现。悬臂、杠杆和弹簧的机械世界以标准显微镜几乎无法感知的尺度出现在芯片上，你可以握在手中，但其组件非常小，肉眼几乎无法清晰地识别它们。

加速度计是最早采用纳米技术制造的元器件之一，也是微机电系统思维的完美之作，其工业遗产被重新构想，以适应今天这样一个在原子和分子尺度上造梦的时代。阻止加速度计在日常情况下使用的笨重的机械装置消失了，取而代之的是极薄的电子设备：在一种标准形式中，有一个微小的浮动物附着在一个悬挂在外壳内部的弹簧上。加速度、突然的冲击或振动会挤压这个浮动物，导致微小的弹簧拉伸，其力会记录一个或多个轴（$x$轴、$y$轴或$z$轴）上的加速度。

## )) 06 ((

向微机电系统的转变使得将加速度计部署在一些难以触及的地方成为可能，例如汽车的保险杠、手持遥控器或数字助理的内部。微机电系统还使它们有可能出现在一个原本不太可能的应用中：作为感知机器的一种新的乐器类型，就像乔尔·瑞恩开始用于音乐制作的那种乐器。

在 Eidos: Telos 开始排练的前一年，瑞恩将他带来的加速度计用于另一个艺术目的：控制、随机播放、跳跃和重新开始一段视频。该视频被编码到激光光盘上并使用激光唱片播放器进行播放，就像 DJ 操纵黑胶唱片一样。[17]

在该应用中，一小部分直观的手势代替了一系列的量化控制。他的手在一个轴上来回旋转控制了视频播放的精确速度和方向，从高速回退到视频开头，再到进行标准播放或定格等，都可以轻松完成。当他的身体执行更猛烈的推进或拉回的动作时，可能会使播放向前或向后跳跃几秒到一两分钟。就这样，通过加速度计捕获手势和动作，瑞恩正试图找到一种新的表演方式，用传感器"演奏"激光视盘，就像一种新的乐器那样。

尽管起源于工程和科学，但加速度计很适合这种富有表现力的应用。传感器可以捕捉范围广泛的变化强度或音乐"手势"的力量，从幅度大而有冲击力的手势，如拉小提琴、手在键盘上划过或用力敲鼓，到更小、更细微的手势，例如在弦上的微小弹拨，甚至是手指的精细动作，传感器都可以捕捉到。所有这些都是实时的，这是音乐家和研究人员开始探索使用加速度计作为他们寻找音乐表达新技术的潜在接口的主要原因之一。观众看不到的东西对保持音乐表达的魅力来说仍然是必不可少的。

与瑞恩一样，有些音乐家试图将加速度计集成到声学乐器中，甚至构建自己的新增强乐器或音乐控制器。[18] 这样的传感器音乐应用环境怎么强调都不为过。它们代表了我们如何看待传感器的重大应用环境变化，这些技术不再被视为简单的被动测量设备，而是作为艺术表达的新工具。

这种表达方式被称为基于手势的音乐接口（gesture-based musical interface）。麻省理工学院和斯坦福大学的计算机音乐工程实验室都出现了对这种表达方式的探索热潮。甚至法国作曲家、指挥家皮埃尔·布列兹（Pierre Boulez）也加入这个行列中，巴黎计算机音乐中心（IRCAM）对此非常感兴趣。一些较小的组织，例如瑞恩工作过的荷兰电子音乐中心，也积极参与其中。那些有进取心、懂得使用技术的音乐家和视觉艺术家都开始探索加速度传感器的表现潜力（图 1-3）。

**图 1-3** 内部装有加速计电子设备的基于手势的乐器 T-Stick 示例（左），以及音乐家 D. 安德鲁·斯图尔特（D. Andrew Stewart）在演奏 T-stick（右）

流行音乐界也加入了这一行列。[19]

在 20 世纪 80 年代后期，制造电子吉他的 Zeta 音乐公司创造了 Mirror 6：这是一种"增强型"吉他，可以通过加速度计来测量演奏乐器时产生的震动程度。

在 20 世纪 90 年代后期,工程师鲍勃·比莱奇(Bob Bielecki)和微软公司创始人保罗·艾伦(Paul Allen)在位于硅谷的智库公司 Interval Research 里,与研究人员一起,使用包括加速度计在内的一系列传感器设计并制造了一种类似鱼叉的无线仪器。这种样式颇为怪异的乐器是为音乐家劳里·安德森(Laurie Anderson)1999 年的音乐剧作品《莫比·迪克的歌曲和故事》(*Songs and Stories from Moby Dick*)准备的。[20] 在整晚多媒体音乐会的多个部分中,安德森偶尔出现在舞台上,挥舞着这个长长的物体,旋转或者摇动时会发出令观众惊叹的奇怪声音。

然而,加速度计作为一种音乐表达工具也有其缺点。演奏传统乐器时的身体参与行为与可以捕获、分析和连接来自加速度计的数据以影响声音的计算机过程之间存在着内在冲突。直白一点说,就是演员如果因为激情四射而动作过大或走样,那么现场效果就很容易"翻车"。瑞恩在仔细描述该问题时写道:"演奏中对动作的严格要求迫使表演者直面计算机的抽象性。表演者和计算机之间的每一个环节都必须提前设计好。"[21]

使用传感器制作音乐并非易事。使用者需要具备技术技能、灵巧的动作,以及富有想象力地理解动作、数据、编程代码和声音之间的相互影响。加速度计等传感器和其他设备不同,它们不以即插即用的方式连接到计算机;如果不了解传感器产生的数据,则音乐效果也爆发不出来。要弄清楚如何将传感器连接到计算机并达到类似于演奏原声乐器的表现力水平,需要经过数年时间。

因此,作曲家和程序员必须以算法、软件指令集的形式创建模型,这将为他们的音乐思想赋予物理形式——瑞恩将其称为幻象模型上的物理手柄(physical handles on phantom models)。换句话说,接口或控制器决定了应以何种算法来产生声音,以及我们最终可以体验到的声音。[22]

加速度计是一个颇为奇怪的设备。作为一个传感器,它既高度抽象又非常具体。它可以测量加速度,这是物理系统的一个极其普遍的特征。任何物理对象或身体都可以产生振动和加速度，从过山车到地球运动，甚至舞者跌落到舞台地板上都可以。

相比之下，其他传感器可以测量的环境在范围上要有限得多。用于监测封闭建筑内空气质量的二氧化碳传感器会计算出气体分子的高度特异性组合。光敏电阻器可以捕捉到另一种现象：照射到它的光量，这会使在传感器顶部排列的光敏材料中的电阻产生变化。换句话说，这些传感器只能测量特定且非常狭窄的事物。

然而，将加速度计连接到某物上时，它可以揭示我们物理世界复杂而混乱的本质。传感器产生的信号是嘈杂且连续的：不断变化的数值流。为了有效利用这种数据洪流，我们需要用不同类型的统计方法来梳理它们，并从这个充满活力和振动的世界涌入抽象设备的数值流中提取出有用的信息。

因此，加速度计需要与物理世界协作。这样的协作历史已经在地球物理科学、工业测量和喷气推进等领域得到了体现，传感器可以测量因重力的极端变化、爆炸或其他猛烈破坏的突然冲击而对身体产生的冲击。

那么这个令人震惊的概念意味着什么？也许它表明一些客体，无论是点火保险丝，管道、桥梁弯曲，安全气囊爆炸，还是人类跳舞或做出音乐手势，实际上都非常相似。加速度计不会将机器与人体区分开来，因为两者都产生相似的物理结果。相反，重要的是了解其尺度和环境，并正确解读传感器捕获的数据。[23]

# 第2章
# "你就是控制器"

**岩田聪**
任天堂公司前首席执行官

今天，如果你不了解控制器，你就无法享受电子游戏。

2006 年年底，任天堂发布了新主机 Wii，由于带有新型手持控制器，众多狂热的电子游戏玩家都沉迷其中。他们可以通过身体动作与屏幕上的虚拟角色实时互动，轻松挥动虚拟球棒或高尔夫球杆，滚动虚拟保龄球，或在想象的柔道比赛中弹跳。他们紧张地投入游戏中，但令人意想不到的是，他们手中的控制器竟然具有"暗器"特性。

由于手心和手指出了很多的汗，该设备很容易突然从使用它的人类玩家手中脱落，最终撞到昂贵的液晶屏幕，破坏其表面，或者砸在兄弟姐妹的脸上，甚至砸碎客厅窗户的玻璃后散落在草坪上。直到今天，互联网上仍然充斥着用户在玩游戏时失去控制，他们的控制器变成危险"暗器"的视频。

该游戏控制器的成功不仅仅给电视、玻璃窗和客厅灯具带了损害。在21 世纪初期，在专业医学期刊上，开始有很多论文描述与使用该游戏控制器直接相关的身体伤害，从标准伤害（如手部撕裂、瘀伤和肌腱损伤）到不常见的伤害（如锁骨骨折）等。[1]

发明这种控制器的日本游戏公司任天堂将它称为 Wii Remote 或 Wii Mote，由于被大量诉讼所困扰，该公司最终在其网站上发出警告："在玩游戏时请在你周围留出足够的空间，并至少距离电视机 1 米远。"[2]

一直以来，该公司都急于用新的"增强型"安全带替换 Wii Mote 经常断裂的安全带。

旨在将 Wii Mote 控制器安全地拴在玩家手中但非常容易断裂的安全带，并不是该控制器频频砸碎世界各地电视机屏幕的唯一原因。更深层的原因——也可以说是 Wii 的成功之处，在于更小的东西：嵌入遥控器中的 4 毫米 ×4 毫米 ×1.45 毫米加速度计。[3]

Wii Mote 于 2006 年 11 月 19 日在北美首次亮相时，一夜之间轰动了全球。它为广大的电子游戏玩家提供了一个新的身体参与游戏的平台（图 2-1），而在这之前，这个平台仅靠一个手柄和摇杆接口，只能锻炼拇指和手部。从 2006 年起至 2013 年停产，任天堂以 249.99 美元的价格售出了超过 1 亿台 Wii 游戏机。[4]

图 2-1 玩家在使用 Wii 控制器进行游戏

Wii 是一款通过感知玩家的动作，然后将其解码为机器命令，实现了全新玩家体验的游戏机和控制器，在商业上取得了极大成功。但它的意义其实还不止于此，2010 年《纽约时报》一篇题为《运动，敏感》（*Motion, Sensitive*）的文章暗示了感知人体运动这一更大趋势对游戏的更深层次的文化影响。

新一代的游戏控制器《激情演奏：六弦飞舞》（*Power Gig: Rise of the Six String*）是对大获成功的《吉他英雄》（*Guitar Hero*）游戏的改进。《激情演奏：六弦飞舞》与其他使用简化形式吉他控制器进行演奏的游戏作品不同，它采用了与真正的吉他一样拥有 6 根琴弦的仿真控制器，已成功弥合了"媒介与实际用户体验之间的差距"。[5]

Wii 就是这些新控制器之一。作为一种标志性设备，它代表了一种新的现实，即玩家的身体通过直接将物理世界的运动转化为屏幕动作，同时成为游戏控制器和接口。

这种转变不仅会推动游戏行业的发展，还会产生更广泛的影响。长期以来，这种转变不仅受到国际电子游戏巨头的追捧，还受到另一个更不可能的群体（前卫和实验艺术家、诗人、音乐家和思想家）的追捧。[6]

》》01《《

为游戏设计的传感器如何消除日常生活和艺术之间的鸿沟？为了回答这个问题，我们需要进行一些溯源调查工作，以了解为什么传感器最终会出现在家庭游戏控制器中。

尽管加速度计非常适合捕捉 Wii 控制器视频游戏所需的人体运动的快速变化，但它并不是第一个将游戏转变为人体运动感知机器的传感器。早在 20 世纪 80 年代，游戏控制器中的传感器就可以捕捉人体动作。从配备光传感器的 Zapper 光枪——用于 1984 年著名的《打鸭子》（*Duck Hunt*）游戏，到沙袋和舞蹈健身垫中的压力传感器，再到玩具邦戈鼓中的触摸传感器，传感技术已经在任天堂娱乐系统（Nintendo Entertainment System，NES）和其他游戏平台的开发中发挥了重要作用。

这些传感器带来的愿景就像是未来游戏的演示运行。1983 年，另一个日本电子游戏巨头世嘉（Sega）开发了最早期的运动控制传感器平台之一，称为 Activator（图 2-2）——这个系统的出现比 Wii 早了 11 年，只不过不太成功。

图 2-2　世嘉 Activator 盒子（大约 1983 年）

基于传感器的平台是为世嘉创世纪（Sega Genesis）控制台系统设计的，在该系统中，玩家将站在一个八角形环内，该环带有红外发射器，可以向天花板发射不可见光束。

Activator 基于以色列发明家和格斗专家阿萨夫·古尔纳（Asaf Gurner）的"光之竖琴"（light harp）的概念而成，古尔纳最终获得了他所谓的"光学仪器——该仪器具有音调信号生成装置，包括发射器和传感器装置以及用于产生音调信号的装置，以响应由传感器装置产生或传输的信号——的专利"。[7]

Activator 技术以类似的方式发挥作用。根据红外感应原理，当玩家中断不可见的红外光束时，系统应该会记录此次中断并使用该记录来驱动游戏参数。

1993 年，著名的音乐电视网（MTV）视频主持人（video jockey，VJ）阿兰·亨特（Alan Hunter）在拉斯维加斯的消费电子展（Consumer Electronics Show，CES）上描述了 Activator，这听起来更像是一种预感，而不是推销：

> 互动（interactivity）可以是任何一种新技术的流行语，例如互动视频、互动多媒体等。但是今天我们想给你一个令人难以置信的体验高峰，这将为"互动"或"交互"这样的词赋予新的含义。我经常听到朋友抱怨说，电子游戏中最缺少的东西，就是它们不能让身体得到足够的运动。如果你和这些朋友一样热爱运动，那么你在玩电子游戏时会想要大幅度地运动你的身体。这就是我们今天要向你展示的产品，非常注重身体和交互的东西。[8]

尽管有大量宣传视频展示了流畅的空手道动作，但该系统本质上是一个键盘，8 个红外光束中的每一个都像标准游戏控制器上的按钮一样工作。传感器并没有开启人体运动的表达能力。它们反而限制了它，将玩家的身体渲染成美化的电灯开关。

当然，Activator 在另一方面是当时最先进的（尽管它自己没有意识到）。Activator 平台被认为是难以安装的——这是一个合理的评估，因为玩家（很可能是圣诞节当天送出礼物的父母）必须执行一系列步骤来校准传感器。这对工程师来说不是难事，但是对玩家来说，却可能毫无头绪。

校准指的是在传感器上执行的调整过程，这样传感器就可以尽可能准确地响应它要测量的东西。传感器是工业制造的电子技术器件，总是会因组件故障、环境条件变化或制造错误而导致测量不准确。每个传感器都有所谓的参考标准（reference standard），你可以将它视为没有任何错误的理想测量。因此，人们使用了准确度（accuracy）的概念，在参考标准和传感器执行的任何新测量之间建立关系，两者之间的误差越小，传感器越准确。

我们总是假设技术（尤其是电子技术）是神奇且万无一失的，但实际上它很容易出错。让 Activator 正常工作所需的校准程序在当时一定让其用户感到非常麻木和无奈。它有一长串操作指令，比如："请注意，Activator 必须自行调整，以针对特定游戏区域实现最佳性能。请站在离 Activator 约 1 米远的地方，然后打开你的 Genesis 控制器。等待大约 20 秒，直到游戏标题出现在屏幕上。请记住遵循这些说明，否则你的 Activator 将无法正常工作。"

玩家每次打开或关闭平台，或插入新游戏卡带时都必须重新校准平台，这一现实导致许多玩家对此感到沮丧。[9]

即使如此，Activator 的使用说明中仍然声称自己的系统非常简单，这对那些怎么弄都搞不定的玩家来说，简直就是赤裸裸的嘲笑。[10]

虽然该设备在技术和体验方面还有很多不足之处，但世嘉的广告却遥遥领先于那个时代。它的标语和宣传词似乎都强调可以让玩家的身体带入游戏中，例如，其早期的一则广告大胆宣称："有些孩子看不到 Activator 的优势，然后被它击倒在地。"[11]

尽管在商业上失败了，但 Activator 在其广告宣传中的标语却预言了即将发生的事情："你就是控制器。"

## )) 02 ((

若干年前，另一个"你就是控制器"的愿景也已经出现。1989 年，美国游戏公司巨头美泰（Mattel）发布了一款广受好评的装有传感器的游戏设备——美泰 Power Glove 游戏手套（图 2-3）。该设备在营销方面具有未来主义色彩，但在外观上却像玩具。它类似于一个厚厚的塑料手套，旨在通过手势控制任天堂娱乐系统。它提到了一个尚未到来的明天，当时的广告声称，戴上 Power Glove，"你就戴上了未来的力量"。

图 2-3　美泰 Power Glove 游戏手套（1989 年）

总部位于纽约的娱乐公司 AGE 看到了新兴计算机接口——当时被称为外围设备（peripherals）的经济潜力，可以为用户提供更"具体化"的计算方法。拥有身在其中的感觉是此类游戏的核心特征。与计算机交互的整体体验即将被彻底重塑。

1981 年，所谓的个人计算机（personal computer，PC）迎来了它即将到来的命运。随着鼠标的商业引入，人机交互爆炸式增长，开创了计算机外围设备超越基于文本的接口的新时代。AGE 公司的工程师认为，一款更加奇特的外设——数据手套（Data Glove）尤其适合更广泛的游戏玩家（图 2-4）。这个价值 1 万美元的传感器设备是由硅谷虚拟现实公司 VPL 创建的，该公司由计算机工程师和音乐家杰伦·拉尼尔（Jaron Lanier）创立。[12]

图 2-4　VPL Research Eyephone 头戴式显示器和数据手套

VPL 活跃在硅谷的传说中。据说是拉尼尔创造了"虚拟现实"这个词，但这个表述的最早使用其实可以追溯到 20 世纪早期法国剧作家和演员安东尼·阿尔托（Antonin Artaud）。在 1932 年的一篇题为《剧院与炼金术》（*Theater and Alchemy*）的著名文章中，阿尔托认为剧院是一个现实场景的"替身"，是一种假装的双重现实，他称之为 realité virtuel，"所有真正的炼金术士都知道，炼金术不过是海市蜃楼，就像剧院是现实的海市蜃楼一样"。所谓"炼金术"（Alchemy），其实是西方中世纪的一种化学哲学思想，其主要目标是将贱金属转变为贵金属（例如黄金）。西方炼金术是参与者言之凿凿但最后不会有真实成果的一场空想（或者最终结果与其宣称的目标完全不是一回事），所以被讽为"海市蜃楼"。阿尔托在谈到这种妄图将贱金属变成贵金属的原始化学实践时写道，"在几乎所有与炼金术相关的书中都可以找到炼金术士到对炼出黄金的永恒信心，这应该被理解为一种特征（因为炼金术士们深谙其价值所在）"。[13]

戏剧就像炼金术一样，只是一种模拟。但是，在 1986 年，像数据手套这样的产品也颇有一点炼金术的味道。由 VPL 工程师托马斯·齐默尔曼（Thomas Zimmerman）和米奇·阿特曼（Mitch Altman）发明的带有氯丁橡胶手套的赛博朋克式设备可以感知手指和关节弯曲的角度。其昂贵的光纤穿过手套的手指，光纤的一端有一个 LED（光源），另一端有一个光电传感器，可以测量来自 LED 与其相互作用的光量。当用户弯曲手指时，由光纤弯曲引起的光束中断被光电传感器捕获，转换为电信号，并由计算机读取，以此计算手指弯曲的程度。[14]

该手套还可以通过使用由 Polhemus 公司制造的高端磁性跟踪传感器来确定佩戴者的手在空间中的位置。Polhemus 公司总部位于佛蒙特州乡村，远离受创新狂热驱动的硅谷。手套中价值 3000 美元的传感器在当时可谓是最先进的。[15]

Polhemus 的传感器最初开发用于跟踪军事飞行员的头部位置以控制武

器，它通过无线电频率向接收器发送电磁信号，根据发送器和接收器之间测量到的信号强度，可以使用 9 种不同的测量值来确定接收器（即手）的位置和方向。

Polhemus 系统具有跟踪人体运动的一项重大创新——六自由度测量，即测量向前、向后、上下、左右以及围绕三个轴（x 轴、y 轴和 z 轴）的旋转。因此，传感器可以更精确地定位在空间中移动的物体。这是该传感技术在如今的 VR 和 AR 商业头戴式显示器中使用激增的主要原因之一。

VPL 的 Data Glove 绕过了家庭娱乐室，最终进入了与美国军工复合体相关的研究机构，例如美国航空航天局（NASA）和麻省理工学院，以及远程医疗和机器人技术。但是，AGE 的创始人也看到了我们与机器交流的新方式所带来的市场潜力——这就是所谓的自然交互（natural interaction），在这种方式中，计算机会自然消失在使用的背景中。

自然交互的概念是开发涉及用户身体的外围设备和接口的驱动力。事实上，这个概念来自 VPL 所在总部加利福尼亚州红木城（Redwood City）的另一个硅谷孵化器：施乐复印机公司的研究实验室，称为施乐帕洛阿尔托研究中心（Palo Alto Research Center，PARC）。在发明计算机技术（图形用户界面、鼠标、以太网和激光打印机）的同时，施乐 PARC 还为与计算机交互的新模式奠定了基础。施乐的一位工程师，已故的计算机科学家马克·韦瑟（Mark Weiser），当时正在研究"未来的办公室"。韦瑟的愿景不仅是让计算机外围设备更加具体化，而且是试图让它们完全消失。韦瑟将他的概念称为泛在计算（ubiquitous computing），这表明计算机在使用过程中将越来越不可见。[16] 它们会从我们的直接注意力中移开，让我们的注意力回到他所谓的日常生活背景上。

在 1991 年《科学美国人》（Scientific American）杂志的一篇受欢迎的文章中，韦瑟写道："在树林中散步时，我们的指尖可以获得比在任何计算机系统中更多的信息，但人们在树林中散步是很放松的，而枯坐在计算机前则令人沮丧。"他借此向更广泛的公众而不仅仅是计算机科学家和工程师介绍了他的研究，他认为，应该"让机器适应人类环境，而不是强迫人类进入机器环境，使用计算机应像在树林里散步一样令人心旷神怡"。[17]

这种将自然"人类环境"考虑在内的计算自然化提出了一个强有力的思想，即与机器的交互不仅可以由文字或语言来实现，还可以由我们的身体来实现。[18]

泛在计算的自然交互概念无疑也影响了 Data Glove 的设计，因为它会影响未来的游戏愿景。Data Glove 的用户也会发现与这种奇怪的新外围设备的交互是"自然的"：他们会忘记它是人造机器的一部分，并开始将其视为他们身体的一部分，甚至是身体的延伸。

有点历史讽刺意味的是，Data Glove 在同一时期被定位为新兴的虚拟现实行业浪潮的产物。当时，VR 给市场描述了一个无实体模拟的未来，那是一个没有人类身体参与的充满线圈的世界。但是，没有身体的参与是不可能的，控制虚拟模拟的接口是物质性的，并且与物理世界紧密相连，我们仍可以看到沉重的头盔、带着计算机的背包，然后才是与戴在手上的氯丁橡胶 Data Glove 进行的自然交互。

AGE 公司设法获得了 Data Glove 许可证，以便与 Mattel 公司一起生产 Power Glove，但这需要对手套的高端传感器进行彻底改变。它的光纤被更便宜但不太可靠的导电和电阻墨水取代，作为一种新型的光学柔性传感器，而昂贵得令人望而却步的 Polhemus 追踪器则被更结实可靠的东西所取代，以承受游戏玩家不可避免的冲击和反复使用。

工程师们用更便宜的超声波传感器取代了昂贵的 Polhemus 系统。超声波传感器可以根据超声波的发送和接收来测量距离——超声波的频率超出了人类的听觉范围。手套上的两个超声波发射器可以向侦听的接收器或麦克风发送一系列高频超声波哔声，后者安装在游戏显示器（通常是标准电视屏幕）上方的条形物体中。

该系统使用了一种源自测量几何学的称为三角定位（triangulation）的方法，该方法可通过从两个远程点对其进行测量来定位一个物体。根据发出哔声的发射器与检测到哔声的接收器之间的时间差，Power Glove 可以奇迹般地找准自己在空中的位置。[19]

尽管它只是一个玩具，但 Power Glove 向人们描画了一个全新的世界，一个自然而直观的人机交互世界，一个可以通过传感来玩游戏的世界。"手套明白你的意思，"AGE 公司的一位合作伙伴宣称："你只要自然而然地行动，它就会自动将其转化为命令。"[20]

Mattel 公司从 AGE 公司获得了该产品的发行许可证，雄心勃勃地想要在第一年即售出 100 万个 Power Glove。但是，理想固然美好，现实却很骨感，售价 75 美元的 Power Glove 遭遇了巨大的失败。它只卖了 10 万台，只能用来控制两款游戏。它的寿命非常短：1 年。

## 》03《

Power Glove 虽然在商业上遭遇了挫折，但它在理念上留下了一些东西。例如，它所设想的运动控制可能性在接下来的几年里都深刻影响了游戏开发巨头的研发团队的想象力，Power Glove "将你和游戏合二为一" 的准精神宣言也在以后的营销演讲和工程任务中得到了大力推广。事实上，这也在一定程度上导致任天堂总裁岩田聪在 2002 年决定以一种新的游戏范式推进日益激烈的游戏机 "军备竞赛"，其代号为 "革命"（Revolution），旨在建立一个新的客户群。

Revolution（后来称为 Wii）设想的未来不仅仅是扩大任天堂的客户群。它还推出了一种使用传感器的新兴技术，将玩家和游戏的这种统一性提升到新的阶段。Wii 在游戏环境中催生了一个全新水平的感知机器。它通过使用新的传感器（加速度计）来帮助玩家从根本上重新思考游戏玩家与游戏本身之间的关系，并在此过程中重新调整我们对交互方式的理解，从而促进一种新颖的体验。在 Wii 推出后的一系列采访中，任天堂的研发总经理武田玄洋解释说，游戏控制器，即人类玩家和计算系统之间的名义上的交互设备，不应仅仅是鼠标的替代品，而可能是一些更深刻的东西："它可以是人和机器之间的中介，甚至是人类身体的延伸。"[21]

其他公司在通过技术来追赶梦想的道路上都失败了，那么任天堂又该如何通过它已经知道的东西来现实地使其梦想与技术的局限性保持一致呢？与认为在 Wii 中使用加速度计是一项从未经过测试的技术的想法相反，该公司一直在悄悄地积累使用它的经验。任天堂的方法是经济学家所说的路径依赖（path-dependent）——现在和未来的创新是由过去经验的积累所驱动的。[22]

不仅以前的历史经验很重要，技术变革也可以更具创新性。创新往往不是以有计划的方式按部就班发生的，而是由于随机事件或在特定局部条件下，侥幸或一次性取得成功，然后彻底成为唯一的选择。当然，它也可能因为以前的经验（失败教训）而使用特定的技术或过程发展出来。

任天堂观察到了竞争对手的失败，但是也看到了早期使用玩家身体进行运动控制的尝试所带来的价值，因此，实际上是玩家铺平了将 Wiimote 引入客厅的路径，任天堂敏锐地发现了这条路径，为游戏重新配置了新的传感器类型，并因此而大获成功。

任天堂研究工程师池田昭夫非常了解更新和更小的传感器技术在改变玩家体验方面的潜力。20 世纪初期，他在两款任天堂游戏中部署了加速度计：在日本发行的《耀西的万有引力》（*Yoshi no Banyu Inryoku*）和《星之卡比》（*Kirby Tilt 'n' Tumble*），这两款游戏都是为早期的掌上型游戏机 Game Boy Color 设计的。游戏将加速度计直接嵌入游戏卡带本身。由于 Game Boy Color 是手持的，因此玩家不必考虑如何使用传感器即可自然倾斜设备以在屏幕上移动角色。

任天堂大众市场加速度计的制造其实也是一个路径依赖，它依赖的是亚德诺（Analog Devices），这是一家美国东海岸的集成芯片和模拟信号处理设备制造商，也是在安全气囊监控行业中声名鹊起的微机电系统加速度计的主要发明者。

任天堂选择亚德诺并非偶然。亚德诺提供了一个早期的双轴（$x$ 轴和 $y$ 轴）芯片来驱动《星之卡比》游戏。在早期的新闻稿中，亚德诺宣称与任天堂的合作将创造"逼真的游戏体验"。它还表示，该公司拥有来自其他领域的工程专业知识，可用于开发游戏，这或许是为了向潜在的消费者保证其技术能力。"亚德诺提供了无与伦比的集成运动传感体验，以增强我们每天使用的产品的功能，"当时的一份新闻稿这样写道："无论是我们驾驶的汽车、使用的手机还是玩的游戏，都使用了亚德诺的设备。"[23]

Wii 的突破现在已经是众所周知了——说实话这有点令人惊讶，甚至任天堂本身也感到比较意外。它的商业成功如此耀眼，以至于该公司的主要竞争对手之一日本电子游戏巨头索尼也仅在 6 个月内，即在其用于 PlayStation 3 的 SIXAXIS 控制器中引入了加速度计，随后又推出了另一个运动感应系统 PlayStation Move，后者甚至还配备了一个可以按每秒 30 帧的速度跟踪用户动作的摄像头。

## )) 04 ((

然而，任天堂知道另一场"革命"正在酝酿之中。在 Wii 首次亮相 4 年后，微软凭借其 Kinect 系统提高了传感器玩家对游戏的期望。Kinect 是当时感知机器的典范。它被艺术家和业余技术人员不断地改造和重新设计，将彩色相机和称为互补金属氧化物半导体（complementary metal-oxide-semiconductor，CMOS）的专用传感器结合在一起。

该传感器可以通过与机器学习驱动的软件合作检测身体和物体之间的

距离，从而在 3D 环境中"看到"东西。其软件可以识别空间中不同的身体位置和方向——计算机科学家称之为姿态（pose）。事实上，在 2010 年购买并使用 Kinect 和微软 Xbox 360 游戏机的数百万消费者可能并不知道他们的身体正在被人工智能识别和跟踪。

对 Kinect 来说，仅靠你自己在镜头前的身体是不够的。为了识别不同的姿势，微软必须收集其他人的身体数据，以训练其算法能"看见"。该公司的雄厚财力使得它可以向全球 10 个家庭派出摄制组，记录了不同体型的家庭成员在他们的起居室中以各种方式组合的移动和玩耍姿态，从而为后续游戏开发提供图片素材。联网的计算机集群随后处理了这些图像，试图预测手臂、肘部和头部（玩家身体的不同部位）之间的差异，然后存储大量数据以供后期的游戏核心调用。

2010 年，Kinect 的技术机器完成了一项惊人的壮举。微软公司组织了一些新鲜出炉的技术来推进其身体游戏的范式，这包括：红外光投影、CMOS 传感器、深度检测、面部识别、身体跟踪、边缘检测、物体距离测量和物体识别等，所有这些技术都集成在一个 66 毫米 × 249 毫米 × 67 毫米大小的机顶盒中。

对微软来说，像 Wii 这样使用动作进行感应的技术也是似曾相识的，毕竟公司的技术底蕴就在那里。1988 年，通过与计算机外围设备制造商罗技的合作，它开始涉足基于传感器的控制器，开发了 SideWinder Freestyle Pro 游戏手柄和 WingMan Gamepad Extreme 控制器，两者都配备了双向倾斜运动传感器，与任天堂早期控制器中使用的亚德诺 ADXL202 两轴加速度计是一样的。

Wii 要求用户在 21 世纪仍然拿着在 20 世纪 50 年代的客厅就已经出现的类似遥控器的设备，而 Kinect 传感器则不需要这样的设备。它放弃了所有试图通过玩家手中的物体进行控制的尝试。身体与背景、游戏与现实之间的区别将消失。玩家所在的房间和游戏世界之间不会有任何分离。游戏空间就是在 Kinect 摄像头正前方的空间，不存在什么外面和里面（图 2-5）。

**图 2-5**　玩家在微软 Kinect 传感器前玩游戏

微软不失时机地与投资者、媒体和公众分享了这些顿悟心得。随着 Kinect 的推出，时任微软首席执行官的史蒂夫·鲍尔默（Steve Ballmer）在一份声明中宣称："我们已经进入了一个所谓自然用户接口（natural user interface）的新时代，人机交互将变得像触摸、说话、打手势、手写和直接看见那样自然。"[24]

自然交互由此再次登上了舞台。玩家在游戏中的动作是接口和体验的合二为一。只要你开始移动，机器就会完成其余的工作。正如该交互系统的设计者宣称的那样，它是"无缝连接的"。

但人机交互并不是特别"自然"。玩游戏的手势、移动和动作不可避免地是通过学习得来的，正如鲍尔默所说的一系列自然交互（如手势、语言等）也是通过学习完成的。手势具有象征意义，表达了不同的文化和社会假设；语言不仅是在头脑中给出的，而且是由一个人的社会背景塑造的；视觉则是通过重复、环境中的运动、具体情况及其生理依赖性来学习的。

相同的学习规则也适用于人机交互。对机器进行编程就是学习人工语言的语法和语义。移动光标并不是人们生来就知道的。在视野受限的情况下移动到房间特定区域的光学传感器前跳舞与穿过森林的感知并不相同，尽管这两种活动都需要运动、步态和感觉动作。

# 》05《

通过仔细研究第一代 Kinect 的传感器和软件架构,可以发现对"自然交互"概念的更重要挑战。[25] 起初,这些细节可以被认为是纯技术性的。但实际上它们揭示了一些更深层次的东西,这不仅与微软在 Xbox 上的 Kinect 体感技术(相较于之前的游戏系统)的规模和复杂程度有关,而且还与该公司如何通过其技术想象玩家体验有关。他们预测了感知机器在不久的将来会走向何方。

为了重振"你就是控制器"这一理念,微软在其计算机科学研究部门利用了两个前沿领域:计算机视觉(computer vision,CV)和机器学习。

计算机视觉研究如何让计算机看到。它旨在让计算机以视觉方式理解我们人类可以看到的由人、动物、树木和建筑物组成的世界——对机器来说,这些都只是数字。机器用相机捕捉世界,并将其转化为计算的视觉语言——像素。然后,这些机器通过将其组成部分分解为原始线条、边缘、角落和斑点,分析像素分组,并对分组可能是什么对象进行有根据的概率性猜测或推断,以此来学习识别世界中的对象。

另一方面,在机器学习中,计算机将根据其"经验"提高识别事物的能力。但是计算机的经验与人类的经验完全不同。计算机的经验是从示例中学习,例如通过查看一千只猫的图像,然后在看到狗的图像时知道狗和猫之间的区别。传统的编程是由规则或条件语句驱动的,典型的就是"若 $x$,则 $y$",它们告诉系统如何对可能的情况做出反应。机器学习不是这样,它通过一台机器工作,该机器被提供上千个或数百万个现有示例,即训练集(training set)。然后,当机器以前从未见过的新数据出现时,它会尝试根据初始训练样例来对数据做出一个猜测。根据机器学习模型的好坏,猜测的准确率和误差程度会有所区别。

基于运动跟踪的游戏所依赖的计算机视觉研究的一个重点领域是让机器识别人体。身体识别是机器难以解决的问题，已经产生了数以万计的学术论文。但是，如果机器能够获得关于帧中某个移动物体和另一个移动物体之间差异的更真实的信息，那又会发生什么呢？

Kinect 通过将摄像头传感与计算机视觉和机器学习相结合解决了这个问题。[26] 首先，Kinect 的光学传感器有两种类型并执行两种不同的任务。第一组光学传感器将检测标准红色、绿色和蓝色（RGB）色彩，类似网络摄像头，能够"看到"身体在摄像头前的移动，并将该图像呈现在屏幕或游戏中。第二组光学传感器则会生成一个完全不同的身体的 3D 图像——这不是游戏玩家看到的，而是算法本身"看到"的。

第二组传感器生成普通相机无法生成的图像——在三个维度上区分物体的深度图（depth map）。使用小型投影仪，Kinect 会在场景上放射出只有第二组传感器才能看到的不可见红外点图案。[27] 这种在机器视觉研究中被称为结构光（structured light）。当物体移动时，覆盖在传感器视线中物体上的不可见点的大小和位置都会发生扭曲。然后，传感器根据对象移动的位置将原始的点图案与新的扭曲图案进行比较，并根据点图案的变化情况计算变化的深度。这个过程不会只发生一次，而是每秒 30 次。[28]

在 2010 年发布的 Kinect 第一版中，以色列初创公司 Prime Sense 提供的这种复杂的光学机械装置主要用于将移动中的身体与场景的背景区分开来。然而，Kinect 还利用深度图在其内存中构建游戏玩家身体的计算机模型。这不是一项简单的任务。如何将运动像素转换为接近人体的物体是计算机视觉领域长期以来的研究问题。

要手动编码一个身体做出的所有可能的姿势，几乎是不可能完成的任务，其计算量可能接近宇宙中的原子数量。因此，微软利用了其研究部门在物体识别和机器学习方面的学术知识，将游戏玩家的身体可以做出的姿势与其现有的全球摄制组拍摄的移动身体数据库相匹配。它的算法将人体分为 32 个不同的类别——手、前臂、肘部等，然后根据现有训练数据使用概率来猜测是哪个身体部位在动。

这确实是一个奇怪的现象。微软的传感器和算法之所以能够识别你的动作和手势，是因为它们经过训练，可以识别他人的手势和动作。因此，系统只能基于代表其他人的模型，通过识别和分类你的动作，将你的图像植入游戏中。换句话说，你的身体和微软的传感器和软件有不同的感知世界的方式。你在游戏中的瞬间移动体验是你的整个身体的一部分在参与，但对机器来说，你只是各个组成部分而不是一个整体，甚至只是一组数字和概率。

Kinect 还出现了另一个奇怪的现象。在 2010 年 11 月推出后不久，有报道称该设备的精密红外摄像头会歧视深色皮肤者。这是因为该设备的红外投影仪会将不可见光照射到物体（如身体和面部）上，并使用其 CMOS 传感器来检测从物体反射回来的光量，但是微软的工程师们似乎没有考虑到这样一个事实：深色表面反射的光要比浅色表面反射的光少。

当然，来自美国独立非营利组织消费者报告的广泛测试显示，这主要是因为传感器受到光照条件变化的影响，传感器需要足够的光线和对比度来确定玩家的面部特征，以便让他们登录到系统中并开始玩游戏。[29]

但是，我们想知道的是，既然微软拥有雄厚的财力，能够拍摄记录世界各地人们的身体运动，以训练其机器学习算法，适应新的游戏时代，那么它为什么不考虑用不同的肤色测试 Kinect 在不断变化的照明条件下的表现？这究竟是工程上的缺陷还是意识上的疏失？

## 》》06《《

Wii 和 Kinect 之间的区别在于人机交互中两种截然不同的范式：运动感

应与手势识别。Wii 部署的基于硬件的运动传感器是加速度计，它突出了运动和手势的时间方面，即它们随着时间的推移而发生改变这一事实。毕竟，加速度是衡量某个事物的速度变化或相对于时间的速度变化的度量。

相比之下，手势识别则表明已经存在要识别的手势或动作，从而使得机器软件中已经存在的预定手势库可以与新感应到的手势相匹配。虽然复杂运动传感或跟踪系统可以定位身体四肢的多个点，这可能会为调用现有模型的软件提供数据，但是，手势识别系统已经通过匹配理解了手势或身体运动的含义。

这种差异不仅仅是技术上的。它还提出了感知机器与人类之间关系的不同概念的世界观。与 Kinect 相比，Wiimote 并不知道玩家的身体是什么样的。[30]它既没有现成的身体库来匹配手势，也没有玩家身体的肤色模型。相反，Wii 的加速度计只是记录了物理世界与它接触时的物理量：摩擦力、速度、重力。为了正常有效地工作，控制器及其传感器需要在你跳跃、加速或快速倒地时成为你身体的一部分，这样它才能测量出重力变化、速度变化以及出现的冲击。所以，Wii 需要你将塑料包裹的传感器握在手中，表明该设备是你的身体的延伸。在传感器与身体发生物理接触之前，这个游戏世界并不存在。

Kinect 所需要的是设备的光学传感器和"大脑"来检测摄像头前的世界中的某些事物，并将其与存储在机器中的事物进行匹配。换句话说，Kinect 可以"看到"像素并运行以下过程：分解、过滤、记忆、分类、匹配和预测。物理世界经历了设备内置的过滤器和中介层，直至 Kinect "看到"的结果在统计上与存储在其内存中的游戏玩家的动作相匹配。对 Wii 来说，这个世界需要由加速度计来激活，以便机器感知某些东西；而对 Kinect 来说，这个世界已经存在，它只需要识别正确的像素组合。

需要说明的是，技术迭代日新月异，今天这两款控制器均已停产，它们已经变成了技术发展历史上的一页。除了它们之外，还有其他一些实验性和创新性的控制器，它们也配备了当时最新的传感器。这些控制器有的从一开始就没有进入市场，有的在上市时就失败了。例如，曾经出现的带有加速度计的钓鱼竿、塑料保龄球、忍者剑，以及脉搏血氧仪等。[31] 脉搏血氧仪号称 Wii "活力传感器"，它可以记录玩家的脉搏，以及玩家进行游戏时血液中的含氧量。然而，有报道称这种传感器在"看到"不同肤色方面确实存在问题。

当然，这些传感器控制器有没有正式发布上市的事实并不重要。重要的是，运动感应现在已经在游戏文化中根深蒂固。我们希望键盘、触控板、鼠标、遥控器和手持无线设备能够以尽可能透明的方式感知我们的运动，而我们不会意识到它们的存在。Wii 和 Kinect 都成功地消除了游戏中身体和像素之间的区别。

为什么这些在游戏中成功和失败的感知机器的历史是相关的？因为它们暗示了未来事物的加速形态。计算机游戏现在已经可以通过传感器来玩，但它也需要积累。更多的机器学习、更多的感知、更高的视听保真度，甚至更多的数据等都需要积累更多的经验。因此，传感器使游戏变得非常真实，而且越来越无形。

当然，游戏中的感知仍在试图实现透明化（即让玩家感受不到）的梦想。随着经验的不断累积，这些技术应该被置于后台，深度协调但不会造成玩家游戏体验的间断。无缝衔接和沉浸感已经成为现代玩家的需求，他们在对机器存在的认识和忘记它的存在之间摇摆不定。套用"偶发艺术"（Happenings）的发明者，美国艺术家阿伦·卡普罗（Allan Kaprow）的话就是，由于有了感知机器，游戏因此从生活般的艺术转向了艺术般的生活。[32]

# 沉浸

第 2 部分　PART2

# 第 3 章

# 无界世界

阿波利奈尔

（Apollinaire）

法国诗人

《醇酒集》

（*Alcools*）

最后，你厌倦了这个旧世界。

如果你乘坐日本东京湾附近的百合鸥（Yurikamome）高架地铁，则很快就会进入台场（Odaiba），这里有很多充满未来主义风格的酒店、娱乐中心和办公楼。在名为调色板城（Palette Town）购物区的丰田（Toyota）展厅中，有一座金属外壳的建筑——森大厦数字艺术博物馆（MORI Building Digital Art Museum）。如果从其单调而又朴实的外观来看，人们不会想到这里竟然潜藏着了不得的事物：东京艺术团队 teamLab 打造的无界美术馆。[1]

当我在 2019 年 3 月上旬参观时，这个占地面积约 10000 平方米的美术馆让我惊讶得瞠目结舌。入馆后，我进入了一个巨大的房间迷宫。每个表面、墙壁、地板和天花板都沐浴在由计算机生成的动画蝴蝶、瀑布、盛开的花朵和成群鸟类的投影中。一个名为"水晶世界"的带有镜面地板的空间充满了大约30万个LED的清晰线束，它们不断地出现脉冲、爆发和闪烁，产生令人着迷的光波（图3-1）。

**图 3-1** teamLab 打造的无界美术馆的一角

当我从一处走到另一处时，由于刺激量大，印象转瞬即逝。从每一个可能的方向，图像都超过了墙壁和地板。环绕式镜子将房间推向无限的感觉，让我们作为游客深感自身的渺小。

数百道螺旋形光束让人产生眩晕感。各种装置上的日文标题和英文译文试图传达无边框的整体媒介体验。在《人们聚集在水粒子宇宙的岩石上》中，一个巨大的动画瀑布和类似岩石的倾斜地板吞噬了游客。

在《超越边界的跳动的蝴蝶，人造的短暂的生命》中，成群的蝴蝶从墙壁上飞出并在房室之间飞翔。

新时代的电子合成器音乐伴随着不断变化的数字，落在真实建筑上。当我在喧嚣中发呆时，音乐从一首曲目无缝地融合到另一首曲目中，各种声音轰炸着我的耳朵。考虑到无界美术馆的总部设在东京——这个地方可能比世界上任何其他特大城市都注入了更多的人造声音——这种体验充满了各种视听效果。2019年（即运营的第一年），该沉浸式展厅的接待参观量达 230 万人次，可以说该项目取得了很大的成功。[2]

## ))01((

东京市中心的这种奇妙的媒体幻觉是如何产生的？

在其令人印象深刻的神奇背后，是实实在在的技术支持：520 台联网计算机、470 台爱普生视频投影仪和数百个传感器。[3] 数十台摄像机捕捉观众的动作并用它来部分触发视听事件。与标准的家庭安全系统类似，这些摄像头与只有摄像头才能看到的红外 LED 一起用作运动传感器，检测和跟踪访客散发的热量。这些摄像头就像长期以来在世界各地的机场迎接我们的那些摄像头，它们测量新到达游客的体温以检查他们是否有发烧。

触发的动画和效果使得参观者的沉浸式体验更加深入，将他们从被动的旁观者转变为主动的参与者。例如，如果我靠近墙壁或踩到地板的特定区域，摄像头会检测到这一点，然后反馈就来了：能够影响飞越空间表面的动画投影的质量、密度或动作。

为了让参观者能够影响媒体景观，无界美术馆的相机及其软件使用了源自计算机视觉的复杂技术。正如我们在讨论 Kinect 时所介绍的那样，计算机只能理解数字——而在使用计算机视觉技术的情况下，计算机可以理解一个像素如何比相邻像素更亮或更暗。通过搜索这些值，软件可以检测到更复杂的形状或图案。

想要让机器"看"到，其数据量会比较大。例如，运动跟踪（motion tracking）将使用相机和软件来计算视频帧之间像素颜色的差异，以了解运动如何随时间变化；斑点检测（blob detection）将在图像中寻找称为斑点（blob）的相似像素的分组，这些像素的大小或颜色与周围像素的大小或颜色不同。另外还有一种方法，称为边缘检测（edge detection），它可以通过像素亮度的急剧变化确定物体的边缘或角，从而识别出物体的边界。[4]

但是，有一件基本的事情是传感器不知道的：人体的重要性以及它能做什么。无界美术馆的相机拍摄的图像并非用于人类感知，而是用于软件算法。它感知到的东西忽略了与人类相关的大部分特征。当我们在无界美术馆的感官印象迷宫中迷失自我时，算法无法衡量我们体验到的快乐或迷惑的程度，它们不知道我们进入时和离开时的心情，不知道我们带着什么样的背景心态进入房间，不知道我们可能有什么样的身体疾病，也不知道我们的内心可能怀有什么样的情绪。不管参观者出于什么意图和目的进入，对这些摄像头传感器来说，他们只是由不断变化的帧组成的图像流中计算出的亮度较高或较低的像素分组。

## 》02《

像无界美术馆这样的无界世界实际上是作为感知机器兜售的艺术品。它将游客纳入设计中，扩展我们的感官，让我们在感到惊叹的同时又不为之动容。它试图给人一种印象，即我们可以作为一个代理（agent），积极地为他人和我们自己创造独特的个人体验。当我们移动时，计算机生成的蝴蝶在我们周围飞来飞去；当我们走进一个区域时，迎接我们的是展开的汉字和数字水彩画；当我们靠近城墙时，一队充满活力的战车跟随我们的影子。换句话说，捕捉我们的存在对机器来说是必要的，我们的参与将我们与它们紧密结合在一起。访客是专门设计的活动的新创造者。

尽管无界美术馆雄心勃勃地要给我们带来极致的体验，但仍然是有限制的——人类感官的限制。不可否认，无界美术馆环境的传感和计算技术是最先进的，它所策划的表演几乎达到了前所未有的无缝性和精确度，可与智慧城市或迪士尼乐园相媲美。用于创造 teamLab 奇观的电子传感器和计算机的数量多得数不清，但具有讽刺意味的是，我们脆弱的人体感官仅需要更小的空间即可处理这一切。

像无界美术馆这样的艺术体验只有通过传感器和计算机才能实现，但它的成功完全依赖于我们人类的感官体验，这并不奇怪。媒体学者马歇尔·麦克卢汉（Marshall McLuhan）在他 1964 年的著作《理解媒介：论人的延伸》中提出"技术是感觉的延伸"。麦克卢汉认为，感觉本质上可以被视为技术，反之亦然。"技术的影响不会发生在意见或概念的层面上，"他说，"技术可以在没有任何阻力的情况下稳定地改变感觉的比率或感知的模式。严肃的艺术家是唯一能够不受惩罚地接触技术的人，这仅仅是因为他是一位了解感官和知觉变化的专家。"[5]

虽然艺术（尤其是 20 世纪的艺术）一直都在处理感官和知觉，但麦克卢汉认为，当前的技术条件（当时是 20 世纪 60 年代）意味着计算机和网络的技术转变足以扩展神经系统，从而产生新的感官知觉。这种全新的参与类型将通过内在体验而不是外在来显现，并将迅速流行。

在同一时期，美国视觉艺术家阿伦·卡普罗试图通过他的名为"偶发艺术"的基于时间的艺术活动来消除艺术对象和观众之间的区别。[6] 卡普罗将沉浸式艺术与绘画和雕塑艺术区分开来，他曾对"偶发艺术"下过一个定义，即"在超过一个时间和一个地点的情况下，去表演或理解一些事件的集合。它的物质环境，是直接运用或者由稍加改动就可以利用的东西来构成的；就其各种活动而言，可以是有点创造性的，也可以是很平常的。偶发艺术不像舞台演出，它可以在超市里出现，在奔驰的公路上出现，甚至在垃圾堆里出现；它可以立即出现，也可以陆续出现。偶发艺术是按照计划表演的，但是没有排练，没有观众，也没有重复。它是一种更接近生活的艺术。"卡普罗强调了艺术的参与性，他号召观众"参与进去而不只是旁观"。[7]

大约 60 年后，沉浸式艺术不仅是一种技术，而且成为一个品牌，一种不断更新的景观文化的新颖的运营方式，它跨越了艺术博物馆、购物中心、剧院表演和现场游戏环境等多种形式。艺术品不再由墙上的物体组成，而是变成如同音乐家布赖恩·伊诺（Brian Eno）所说的那样，重在"触发体验"。[8]

## 》03《

无界美术馆完美地证明，通过感知机器实现的沉浸式体验和艺术参与之间的相互作用可以创造一种新的文化常态。与 teamLab 一样，类似的沉浸式体验艺术公司正在由国际创意组织进行评估，它们包括来自美国新墨西哥州圣达菲的 Meow Wolf、虚拟现实初创公司 Dreamscape Immersive、总部位于蒙特利尔的 Moment Factory 艺术工作室、英国伦敦的 Marshmallow Laser Feast、魁北克的 Phenomena、迈阿密的 Superblue 和英国的 Punchdrunk 等。[9] 无论是否意识到，这些新组织都采用了众所周知的玩法和策略。

在 1998 年 7 月的《哈佛商业评论》（Harvard Business Review）上发表的一篇题为《欢迎来到体验经济》（Welcome to the Experience Economy）的开创性文章中，商业顾问约瑟夫·派恩（Joseph Pine）和詹姆斯·吉尔摩（James Gilmore）首次介绍了体验经济，他们认为，企业可以为客户安排一些新颖的令人难忘的事件，而记忆本身——体验——则可以是产品。[10]

派恩和吉尔摩将城市体验经济追溯到华特·迪士尼（Walt Disney），他在 20 世纪中叶垂直整合了米老鼠、唐纳德、白雪公主和其他卡通人物，使它们出现在电影、电视、玩具、主题公园、电子游戏、百老汇音乐剧，甚至是以加勒比海某岛屿为目的地的游轮中。

掌握体验经济规则的新创意开发者建立了基于位置的娱乐盛会的概念，这些盛会模糊了艺术和娱乐之间的界限，并迅速用计算机辅助交互取代了旧的景观文化形式（如电影或电视）。现在，沉浸式的目标是通过产生一种体验的形式来让游客感到震撼，在这种体验中，几乎不可能梳理出现实与技术精心策划的幻想之间的区别。"当它感觉如此真实时，你认为它是虚拟的还是现实的？”由迪士尼幻想工程专家和瑞士虚拟现实技术专家组建的初创公司 Dreamscape Immersive 曾对此发问。它使用了“加入其中，戴上设备，深入体验”（team up，gear on，leap in）这 3 个短语来描述其社交场景的虚拟现实体验。[11]

2016 年，Dreamscape Immersive 在洛杉矶一家高档购物中心将运动平台、人造风和喷水等主题公园效果与电影级 VR 相结合，创造了其首个实景娱乐（LBE）体验，名为《异星动物园》（Alien Zoo）。《异星动物园》一次有 6 名观众参与，他们将进行 40 分钟的 VR 体验，这群人被带到一个由动画生物组成的外星球，穿越《侏罗纪公园》（Jurassic Park）和《海底总动员》（Finding Nemo）所虚构出来的世界。

《异星动物园》并不满足于仅在洛杉矶实施该项目，现在其特许经营也已经扩展到了其他很多城市。

Meow Wolf 紧随其后。这家总部位于美国新墨西哥州圣达菲的艺术团体已成为一家娱乐集团，成功打造了 20000 平方英尺（约 1858 平方米）的永久性沉浸式互动环境，名为“永恒之家”（House of No Return）。该项目采用了艺术装置、视频、音乐以及虚拟现实内容等手段，旨在将各个年龄段的观众带入梦幻般的故事世界和探索之旅。

Meow Wolf 最初由一群充满激情的创意人士创建，但是现在这群曾经贫穷的艺术家已经是 AREA15 的主要租户，后者是一个位于拉斯维加斯的“沉浸式体验零售设计”综合体，旨在重塑沉浸式参与愿景。

Meow Wolf 还计划在丹佛和华盛顿特区开设更多的永久性设施，并将其迷人的体验带到华盛顿特区和亚利桑那州凤凰城。

Meow Wolf 将艺术、沉浸感和商业结合在一起，也招致了一些策展人的批评。[12]

那么我们如何理解这些现象呢？模糊沉浸、艺术、零售和体验之间的界限并非易事。这完全取决于灌输这样一种信念，即游客（迪士尼所说的

"客人")与环境并不分离，但与环境的运作密不可分。使用位置、触摸和运动传感器数据来提供基于计算机的交互并为有针对性的广告收集有价值的用户数据，这也不难看出为什么传感系统对于这些新的沉浸式形式如此必要。它们可以帮助将人类访客的存在编织成一组计算机指令，这些指令旨在打开和关闭访客的感官体验，实现从俏皮活泼的、异想天开的到令人恐惧的空间和访客身体之间的巨大循环。在这样的循环中，感知以公众为痛点，提高了媒体的强度。

## 》04《

虽然无界美术馆是使用最新的数字投影仪和计算机创建的，但它实际上也可以找到一些历史根源。它让人回想起一种叫作幻影（phantasmagoria）的古老形式的表演，这是一种 18 世纪末在欧洲和美国出现的展演概念。幻影的特色是通过当时的新技术——幻灯（magic lantern），将隐约出现的幻影投射到黑暗房间的墙壁上产生的视觉错觉。幻灯是早期电影的前身，由一个带有灯的容器和类似镜头的光圈组成，用于将彩绘幻灯片、玻璃或（后来的）胶片上的图像投影和放大到某些表面上。幻影绝非纯粹的视觉表演。它还会伴随着由钟声、风声、耳语声和雷声等组成的配乐。

但幻影并不是 teamLab 的唯一参考。事实上，该团体在世界各地的博物馆装置中广泛借鉴了沉浸式景观和表演的历史：用技术手段创造的人工环境，其目的是通过媒介包围并充满我们的感官。例如，由一百多块玻璃屏风构成的房间明显是受到 19 世纪佩珀（Pepper）的幻象技术的启发，以创造移动生物漂浮的印象；从地板到天花板的投影则让人想起早期的环绕 IMAX 电影和以前的世界博览会的情景。它还借鉴了日本艺术家草间弥生（Yayoi Kusama）最著名和最受欢迎的作品《无限镜屋》（*Infinity Mirror Room*），后者布置得满是镜子的房间可以给人一种"无限空间"的感觉。[13]

换句话说，虽然在规模和技术实现方面令人印象深刻，但 Borderless 并不完全是新鲜事物。早在 20 世纪初，欧洲以及后来的美洲、亚洲和南美洲各行各业的艺术家和创作者就为一百多年后 teamLab 的创意实现奠定了基础。他们想象着人工设计的表演环境将消除访客的被动欣赏和沉浸式参与之间的界限，而他们那个时代的新机器——飞机、铁路、收音机、液压机和电影屏幕等——都是他们的辅助工具。

当然，这些愿景中的绝大多数对他们来说都只是梦想。构成今天的感知机器的电子传感器和人工智能技术在当时还不存在，艺术家们还得再等50 年，技术手段才能实现他们的梦想。但这并不是说艺术家手中的感知机器是不可想象的。在 1938 年巴黎美术画廊举办的国际超现实主义博览会上，备受争议的艺术家马塞尔·杜尚（Marcel Duchamp）作为早期的策展人兼展览设计师参与了该活动，他设想使用"魔法"或"电子"的眼睛来提高观众的感知眩晕感。杜尚希望通过仅用传感器触发灯光来揭开展览中的画作（原本处于黑暗之中），以此打破传统的只能远距离观看的方式，但这一想法最终并未实现。[14]

杜尚认为，艺术品作为一件独立作品乃是艺术家、观众和不可预测的偶然行为的共同产物，因此，从其艺术创作逻辑的起点上出发，他一向反对"视网膜艺术"，在国际超现实主义博览会上的那次尝试以及后来作出的一些努力都是为了解决他所批评的"视网膜艺术"占主导地位的问题。当然，杜尚的艺术观念也为后世借他之名招摇过市的艺术骗子提供了所谓的"合理"理由。

德国魏玛的艺术家和设计师也设想了感知机器，特别是包豪斯（Bauhaus）艺术家，如匈牙利出生的拉兹洛·莫霍利 - 纳吉（László Moholy-Nagy）。除了著名的摄影和平面设计，莫霍利·纳吉还在 20 世纪 20 年代担任舞台设计师，构想了多感官剧院的新形式。在 1924 年的一个名为"机械怪人剧场"（theater of the mechanical eccentric）的未实现概念中，莫霍利·纳吉提出了一种新的"整体剧场"，利用最新的技术机器创造了他所说的"形式、运动、声音、光（颜色）和气味的综合体"。莫霍利·纳吉通过让人类演员服从技术力量来寻求机器和有机体的新融合。他希望通过使用动态的灯光、声音和"电子身体"来创造他所称的"媒体大冲撞聚集或堆积"，从而使观众与舞台上某一个充满激情的狂喜时刻融为一体。[15]

## 》05《

一些艺术家为什么会如此有远见？第一次世界大战后的欧洲，即使经济状况极其严峻、政治气候混沌不明，创作者仍通过他们那个时代的工具寻求美学和精神上的救赎。最特别的是，他们还设想了在天空或移动的、类似机器的剧院空间中进行的投影，但是，当时的技术和经济状况都无法支撑艺术家的这种想象。[16]

在创作者手中，技术不仅是仪器，还是一种变革性的工具。"人类进入了工业化大发展的时代，"艺术家柳博夫·波波娃（Lyubov Popova）写道，"随之而来的是，对于艺术元素的组织也必须应用于日常生活中物质元素的设计，即应用于工业或所谓的生产。"[17]

当然，沉浸式艺术还有另一个目标。它们被视为一种可以使精神探索进入神秘的意识改变状态的有效手段，因此有人认为，只有通过新的互动和沉浸形式才能实现这种探索，即创造一种让人感觉到自身参与其中并变成表演世界的一部分，而不是一个单纯旁观者的极端审美体验。法国演员和后来的戏剧理论家安东尼·阿尔托（Antonin Artaud）在 1932 年倡导"残酷戏剧"时即对此有非常清晰的表述，他主张用一些神秘的表演，如呻吟、尖叫、冷热灯光效应、异常的舞台木偶和道具等来震撼观众。所谓的"残酷戏剧"，就是一种"通过感官直接而深刻地作用于观众感觉"的新型剧场。"在这样的剧场中，取消了舞台和礼堂。观众被置于演员的中间，被表演吞没并且在身体上受到直接的影响。"[18]

就这样，在革命和即将到来的世界大战之前，盛大且最终未实现的乌托邦形式的精神觉醒开始出现。俄国作曲家亚历山大·尼古拉耶维奇·斯克里亚宾（Aleksandr Nikolajevič Skrjabin）在其作品中，试图将音乐、舞蹈、戏剧和建筑与所有感官融合在一起，以实现一个为期 7 天的完整体验，但这最终并未实现。

通过机器和环境的延伸，模糊观众通过感官欣赏和沉浸式参与之间的界限，这一愿景也有其另一面。在欧洲爆发第二次世界大战之前，20 世纪的德国文化评论家瓦尔特·本雅明（Walter Benjamin）对于新技术带来的感官知觉的激烈转变做出了反应。1935 年，本雅明在其著作《机械复制时代的艺术作品》（*The work of art in the age of mechanical reproduction*）中写道："人类感官知觉的组织方式和实现的媒介，不仅由自然决定，而且也由历史环境决定。"[19] 本雅明所指的历史环境其实就是电影的出现，在这种媒介中，感官与技术生活不再存在分离。

胶卷相机可以被视为本雅明时代的传感器。他以一种近乎万物有灵的方式描述了这一技术，相机捕捉并揭示了一个人类视觉忽略的或无法看到的隐藏世界。这项技术的"无意识光学"将捕捉现代生活的数据，揭露"人们所熟悉的物体的隐藏细节"，扩展空间和运动的概念，并通过慢动作打破时间体验。摄影机为大众创造了一种新的政治艺术形式，同时还有一个同样经过转变的观察者，这种艺术的现实则由新技术决定。[20]

最终，这种无与伦比的媒介技术体验在电影的诞生和城市生活的工业化转型中变得令人震惊。在一个"技术已经对人类感官进行了复杂的训练"的时代，本雅明认为，对如此大量的感官输入的唯一反应就是关闭它。他在对技术复制时代的艺术品进行 4 年分析后写道："在特定的印象中，冲击因素所占的份额越大，意识就越需要时刻保持警觉，作为抵御刺激的屏障；这样做的效率越高，这些印象对体验的侵入就越少。"[21]

# 》06《

第二次世界大战前的现代主义欧洲先锋派敏锐地意识到，在感官沉浸艺术的背景下，感知机器与政治权力形式交织在一起，它们是超越审美的。在冷战主导的技术科学时代，第二次世界大战前想象的一些技术开始实现，并且发生了转变，其中传感器发挥了越来越大的作用。[22]

第二次世界大战之后，沉浸和参与的文化想象是在两种看似无关但相互关联的转变的背景下发生的：一是对基于计算机的系统的不懈推动，将创新作为关键因素；二是反主流文化的出现，艺术家试图通过这些相同的机器来完成对自我转变（self-transformation）和自我改变（self-alteration）的精神追求。曾经是数学家和工程师的新技术术语——如信息、反馈、通信、控制、行为和交互等——进入了艺术家的词典，他们迅速寻求在普罗大众中试验与这些概念相关的技术。

越来越多的国际概念艺术运动促使艺术家们通过人机交互寻找新的"被解放的观众"，这是他们20世纪早期的先辈们梦寐以求的。[23]早在20世纪50年代，就出现了所谓的"受控制的艺术"（韩国艺术家白南准）、可编程艺术（Arte Programmata）和杰克·博纳姆（Jack Burnham）倡导的"系统美学"（Systems Esthetics）。[24]

其时的艺术品不再被设想为安放在墙壁和基座上的静态物体。它们将重生到新的多感官空间中，这些艺术依赖于原始传感器捕捉到的观察者的运动和存在，以引起这些空间的变化。这些艺术和一些更为盛大的反主流文化很快就变成一个巨大的实验室，旨在使用新技术来创造艺术对象、其观察者和环境之间的相互作用和反馈关系。

当然，通过新出现的电子技术建立这些相互作用的关系并非易事。在20世纪50年代中期，电子技术仍然粗糙且昂贵得令人望而却步，将电子设备压缩到硅芯片上的集成电路直到1958年才发明出来，而便携式计算机则更是在几十年之后才能出现。

其时艺术品中使用的传感器和基本电子设备非常不稳定——多半都是成捆的裸露电线和元器件，它们在参加意大利威尼斯双年展（Venice Biennale）和德国卡塞尔文献展（Kassel Documenta）等著名国际艺术节的展览时常会缠绕起来，并且往往在开幕前几分钟才能排除故障。但是，即使有这些限制，艺术家群体对使用传感器作为他们工作的基础仍抱有极大的兴趣，这几乎变成了一种狂热。

通过传感器实现审美自我改变的愿望可谓根深蒂固。视觉和表演艺术家们以及工程师都在竭尽所能地制作新的"互动"艺术作品。例如，有一个名为 Gruppo T 的意大利艺术团体被戏称为"作品永远在完成中"（works in becoming）。这些新兴艺术体验的目标是通过使用一些简单的检测设备（通常是用于发现物体存在的传感器）来实现一些变化，从而创造出开放式的、"完成中"的作品。

在此类作品中，参观者的动作本质上就像是一个电灯开关，会阻塞传感器和接收器之间的路径，从而改变传感器的电压。然后，这种变化将直接在硬件中"解释"并导致触发媒介：打开或关闭灯，旋转电机以转动镜子或棱镜以改变空间中的颜色，或启动某些声音效果，所有这些都旨在给人一种该艺术作品是对参观者的"回应"的感觉。

传感器不仅让艺术家们能够了解他们新奇的"装置"中正在发生的事情——这些装置充满了迷幻的灯光图案、奇怪的声音和移动部件，而且还使观众能够体验到他们如何成为所居住的人工环境（有时是自然环境）中更大的反馈过程系统的一部分。

美国艺术家罗伯特·劳森伯格（Robert Rauschenberg）开创了"反应性环境"的新时代，在美国，他是帮助重新构想在感知机器影响下的艺术体验的领导者之一。到 20 世纪 60 年代中期，劳森伯格已经凭借他的"组合"（混淆了绘画和雕塑之间界限的拼贴式混合媒体作品）成为领先的视觉艺家。在纽约市中心曼哈顿，每星期都要扔掉上百吨废品，劳森伯格将那些在他看来有价值的废物（如硬纸板、沥青、栅栏、破伞、镜子、明信片、罐头盒、轮胎、石头等）作为艺术素材，然后将它们重新粘贴在画作上，再涂抹上各种颜色，有的尺寸很大，还可构成立体雕塑。劳森伯格将此称为"混合艺术"。

劳森伯格长期以来一直对将参观者的存在和感知融入他的作品中很感兴趣。1962 年到 1969 年，劳森伯格与出生于瑞典的贝尔电话实验室新泽西研究中心的电气工程师比利·克鲁弗（Billy Klüver）合作，开发了 4 个房间大小的混合媒体环境，这些环境"可以对天气、观察它的人、交通、噪声和灯光作出反应"。[25]

劳森伯格的作品《声测》（Soundings，1968）直接探索了由传感器激活的技术在揭示和混淆自我形象方面的潜力（图 3-2）。观众面前是一堵多层有机玻璃面板墙，前面的玻璃有一面镜子，较小的玻璃则展示了一把椅子的不同丝网印刷的图像。观众首先瞥见了构成第一层的镜面。劳森伯格通过悬挂的声控麦克风充当传感器，鼓励参观者通过喊叫、唱歌和说话的方式对作品做出反应——他称之为一对一的反应。

图 3-2　罗伯特·劳森伯格的作品《声测》（1968），镜面有机玻璃和其上的丝网印刷油墨，隐藏有电灯和电子元件，尺寸约为 243.8 厘米 ×1097.3 厘米 ×137.2 厘米

如果参观者在展览空间保持安静，那么他们只会看到自己的镜像。但是，只要有人说话或发出声音，就会激活灯光，使椅子的不同图像可见。因此，这种所谓的视觉反应环境（visual reactive environment）实际上体现的还是观众参与的概念。

在 1968~1971 年的项目《泥浆缪斯》（Mud Muse）中，由洛杉矶县艺术博物馆（Los Angeles County Museum of Art，LACMA）及其年轻的策展人莫里斯·塔其曼（Maurice Tuchman）和简·利文斯顿（Jane Livingston）组织的实验性"艺术和科技"计划的赞助下，劳森伯格才得以实现他渴望创造的最终互动环境，"这也将对观众管辖范围之外的力量做出反应。"[26]

该艺术家的新作品《泥浆缪斯》，完全摒弃了观众的在场，同时继续扩大艺术作品作为面向系统的传感和反馈机器的概念。劳森伯格与来自洛杉矶航空航天工业制造公司泰里达因（Teledyne）的工程师合作者们一起创造了一个巨大的封闭环境：一个 2.74 米 ×3.65 米的玻璃罐，里面装满了 1000加仑（约 3785 升）钻井泥浆，并内置复杂的、定制设计的一系列声控气动泵，可以使泥浆像间歇性喷泉一样沸腾和爆裂，并对它自己的行为做出反应。

《泥浆缪斯》对劳森伯格来说是一件有趣的作品。这是他第二个费时三年以上的艺术和技术项目，当时有一组奇怪的艺术家合作者：来自企业研究环境的工程师。泰里达因公司是劳森伯格在《泥浆缪斯》项目上的工程合作者，他通过 LACMA "艺术和科技"计划与之建立了联系，但在 20 世纪 60 年代越南战争时期的反文化氛围中，这家公司可不是具有社会政治良知的创作者的合作首选。泰里达因是一家体量庞大的技术集团，其名字的意思是"来自远方的力量"，泰里达因作为主要的国防承包商，在越南开发了一些用于轰炸任务的第一批无人驾驶无人机，并在 20 世纪 70 年代中期率先回购自己的股票以拉抬其不断下跌的股价。[27]

回想起来，LACMA "艺术和科技"计划本身似乎也是有问题的。它最初是由塔其曼和利文斯顿设计的一种新模式，通过直接拉拢艺术家和公司之间的关系来支持新兴的艺术和技术领域，但最终它的第一个艺术家名单是从 26 位知名艺术家中挑选出来的，所有人都是男性（涉嫌性别歧视），除了仅有的黑人雕塑家和工程师弗雷德里克·埃弗斯利（Frederick Eversley）之外，其余的都是白人艺术家（涉嫌种族歧视），如安迪·沃霍尔（Andy Warhol）、詹姆斯·李·拜尔斯（James Lee Byars）和克拉斯·奥尔登堡（Claes Oldenburg）等。

"艺术和科技"计划也以审美创新的名义与企业共舞。泰里达因与该计划的其他 40 家参与公司合作良好，它们主要来自位于洛杉矶的军工复合体，[28] 其中包括鼎鼎大名的兰德公司（RAND，它最初只是道格拉斯飞机公司的一个研究项目，其唯一客户就是美国空军，后来成为私人智囊团）、喷气推进实验室（Jet Propulsion Laboratory）、惠普公司（Hewlett–Packard）、罗克韦尔公司（Rockwell）、洛克希德公司（Lockheed）、盖瑞特公司（Garrett Corporation）和立顿工业公司（Litton Industries）等。

正是通过与工程师比利·克鲁弗的合作，劳森伯格确立了他与另一家主要企业合作者（贝尔实验室）的关系。当时的贝尔实验室忙于研究和发明 20 世纪的数字工具——包括比特、语音识别、晶体管、蜂窝电话技术，以及一种称为快速傅里叶变换（fast Fourier transform，FFT）的数学公式，该公式最终将被纳入我们家中的每一个数字技术设备中。比利·克鲁弗和一群有点"不务正业"的工程师还与劳森伯格和艺术家罗伯特·惠特曼（Robert Whitman）合作开发了一个激进的艺术项目。

"9 夜：戏剧与工程"（Nine Evenings of Theater and Engineering）是一个著名的实验性艺术项目，它将纽约市一些新兴和成熟的表演艺术家（与"艺术和科技"计划不同，其女性艺术家的占例更高）连接在一起，如伊冯娜·雷纳（Yvonne Rainer）、露辛达·查尔斯（Lucinda Childs）和黛博拉·海伊（Deborah Hay），以及约翰·凯奇（John Cage）、大卫·图多尔

（David Tudor）、阿里克斯·海伊（Alex Hay）和罗伯特·惠特曼（Robert Whitman）等，另外还有来自贝尔实验室新泽西总部的大约 30 名工程师，他们使用最先进的研究技术创造了基于戏剧、舞蹈和视觉艺术的创新表演。

该项目最初是为一个失败的瑞典"艺术和科技节"而组织的，但后来艺术家们和比利·克鲁弗的团队最终花费了一年半时间打造了一系列的表演作品。[29]

1966 年 10 月，一万多名观众涌入纽约市公园大道军械库大楼，见证这个表演艺术的未来。"9 夜：戏剧与工程"实际上是一系列刚刚发明的传感技术和以前卫实验的名义部署的电子小玩意儿的表演。其普遍意义上的目标是双重的：一是通过艺术家与工程师的合作创造新的美学领域，二是通过将刚性的、定量的和基于控制的工程技术框架置于有趣的环境中来使非人性化的手段人性化。

极简主义编舞家露辛达·查尔斯的一个项目使用了基于多普勒声呐（Doppler sonar）的技术来检测舞者和物体的随机运动，并使用这些信息来控制光和声音的动作，而无需艺术家直接编写脚本。

劳森伯格的大型 Open Score 表演使用了重新设计的网球拍，配备无线 FM 发射器和红外敏感的电视摄像机，可以在黑暗中感知 500 名表演者。在英文中，Score 名称具有双关含义，它既可以是指比赛的积分，又可以是指音乐的音符。其实际表演分为两部分，也暗含了这两个寓意。在第一部分，由两位表演者在舞台中央的网球场上打网球。球拍经过改装，可以拾取球撞击球拍的声音，传送到半导体接收器，并通过现场的扬声器播放出来。同时，每次击球的声音都会触发一个自动装置，关闭天花板上的一盏灯。等到灯光全灭，整个场馆陷入黑暗之中，网球比赛停止，第一部分表演也随之结束。在黑暗中，一直播放网球撞击球拍的录音，直到第二部分开始。第二部分有将近 500 位表演者在舞台上集中，按照指令做出动作。现场由标有数字的纸板和灯光闪烁发出信号来通知表演者。在二楼的观众席上设置了红外线摄像机，可以拍摄这些黑暗中的表演者。拍摄出来的图像投射在表演者前面的三块屏幕上。按劳森伯格自己的话说，他的表演旨在"摧毁观众对于实况表演的惯性反应，带他们进入感官错觉的场景中"。

约翰·凯奇的音乐活动"多样性之七"（Variations VII）准备了一整套的听觉体验，这些复杂的声音来自多达 50 种不同的声源，例如，果汁搅拌机、风扇烤面包机、电台广播、电视频道、盖革计数器（Geiger counter）、振荡器、脉冲产生器；另外还有 10 条开放电话线连接到纽约市的不同地点（如饭店、动物园、发电站、出版社、舞蹈工作室等），旨在捕捉"表演时空气中的所有声音"。整个项目的过程希望能够尽可能地减少作者意愿的影响，营造一个没有预设形象和控制的环境。[30]

劳森伯格对艺术和科技的个人尝试，以及他与克鲁弗、惠特曼和工程师弗里德·沃尔德豪尔（Fred Waldhauer）一起成立的长期非营利组织"艺术与科技实验"（Experiments in Art and Technology，E.A.T）尤其适合以人文主义为中心的艺术世界，也迎合了 20 世纪 60 年代将艺术和科技相结合的潮流。

不过，也有评论家认为，劳森伯格的作品《声测》将人类的主体性简化到本质上只是一个"开关"（不同的喧闹程度可以看到不同的图像）——随着传感技术迅速融入艺术作品，这种批评不断地被持否定态度的视觉艺术评论家抛出。[31] 这些评论家担心传统的艺术体验正在被削弱，因为它使观众作为整体审美体验的一部分变得越来越必要。

## ))》 07 《((

如果说主流艺术评论家有一种声音将"9 夜：戏剧与工程"这样的项目标记为"一场灾难"，或者将 LACMA "艺术和科技"计划标记为"价值百万美元的智商税"，那么这些事件其实也揭示了更深层次的焦虑。

但更引人注目的批评则来自美国灯光艺术家詹姆斯·特瑞尔（James Turrell）。特瑞尔的作品涉及真实和人造光，意图创造出对大脑和眼睛的欺骗。他早期曾经与视觉艺术家罗伯特·欧文（Robert Irwin）以及盖瑞特公司的心理学家爱德华·沃茨（Edward Wortz）合作，开展一个未实现的LACMA"艺术和科技"计划，以探索他们所称的"感知的感觉"（sense of sensing）。[32]

特瑞尔、欧文和沃茨的研究旨在创造一个感觉空间，它试图通过结合心理物理学研究中使用的两种实验设置来直接操纵访客的意识状态。其中一种设置是消声室（anechoic chamber），这是一个经过声学处理的房间，消除了声学反射；另外一个设置则是甘兹菲尔德效应（Ganzfeld effect，也称为全域效应），它是指当视野中的所有颜色和亮度相同时，视觉系统将关闭。在浓雾中航行的飞行员通常会遇到甘兹菲尔德效应，这是由于科学家所谓的"感官剥夺"而发生的，此时在感知者的视野中不存在边界或边缘。

后来消声室的想法逐渐被放弃，但特瑞尔和欧文的项目并没有放弃对通过感知和反馈来转变自我的兴趣。艺术家和沃茨开始了一系列"阿尔法波"调节实验——测量脑电波以使受试者进入冥想和改变的意识状态。该项目很快就付诸东流。特瑞尔退出了，而欧文和沃茨则在多年后继续从事其他艺术和科学合作。但根据特瑞尔的说法，使用先进技术进行自我改造的整个艰苦努力是低水平的做法，充其量就是："我们有设备、传感器、阿尔法调节机，技术只是我们思想的体现。"[33]

其时有一些艺术家相信，自我转变可以通过巴甫洛夫式的技术（使用传感器来测量和调节自我转变）来实现，但特瑞尔的评论似乎为这种潮流按下了暂停键。[34]这些技术远非创造新的自我形式，而是打着艺术的幌子将游客变成了心理豚鼠。当然，这些批评既没有终结"感知机器会带来转变"这一信念，也没有终结"通过反馈技术来完成转变"的渴望。

## 》08《

作为我们当前日常生活中无处不在的自动化和全天候（每天 24 小时 ×
每周 7 天）饱和科技的一部分，teamLab（在本章开始时有介绍）通过在无
界美术馆中的沉浸式感官转变开启了一种想象体验的新篇章。然而，相比
之下，在 20 世纪 60 年代中期，则出现了对沉浸和参与的另一种截然不同
的理解和愿景。1965 年，开创性的女权主义戏剧导演琼·利特尔伍德（Joan
Littlewood）与一位名叫塞德里克·普莱斯（Cedric Price）的实验性前卫建筑
师和比较另类的心理学家兼工程师戈登·帕斯克（Gordon Pask）合作，创
造了一种新的感知机器，他们称之为"欢乐宫"（Fun Palace）。

20 世纪 60 年代的伦敦出现了很多叛逆年轻人，琼·利特尔伍德就是其
中之一。她经常在街道上表演左派即兴戏剧，内容和形式都非常激进。后
来，她不满足于单纯的挑衅和发泄，而决定采取更为彻底的"反叛"，探索
一种崭新的公共教育形式，让劳工阶级从根本上脱离低品质生活状态。利
特尔伍德认为戏剧或广义的娱乐拥有启发心智、介入社会议题的能力，因
此她的方式就是建造一座开放式的情境剧院：人们在其中不再是被动接受
的观众，而是在情境中主动探索的参与者。这种体验近似于角色扮演游戏，
而游戏的主题通常与合作、知识或者纯粹的身心放松有关。利特尔伍德希
望这种迥异于日常生活的体验能激发人们心中的自主意识，充实他们的业
余时间。更确切地说，它就像是一个寓教于乐的"街道大学"。

为了建造创意团队所说的"快乐实验室"，"欢乐宫"需要成为一个巨大
而灵活的建筑结构。在利特尔伍德的设想中，它应该是一个可以经常变动，
没有功能同时也意味有无数功能的建筑。她希望创造一个由自动人行道、
自动扶梯和临时建筑材料（如蒸汽和光幕）组成的多层次环境，这些材料
能够根据内部发生的事件而不断地自我重组。

不得不说，帕斯克是一名理想的合作者，他完成了从设计感知机器

（例如一种称为 MusiColour 的未来主义乐器，它可以产生与电子音调相关的颜色）到构思教学机器和化学计算机之类的诸多任务。[35] 他的工作使得利特尔伍德和普莱斯可以通过新兴的控制论（Cybernetic）、博弈论和电子计算机技术，将他们有趣的愿景付诸实践。

普莱斯没有将建筑看作是仅搭建一个供人容身的空间，他认为建筑存在的目的是人的持续性对话，即建筑作为一种人造环境，应该对人类行为及其心理的促进和塑造承担应有责任。因此，普莱斯不仅仅满足于硬件设计（也就是通常意义上的建筑物），更是在软件设计（辅助建筑环境与使用者发生互动的控制系统）上投入了大量精力，而处理复杂系统中动态互动的控制论无疑成为一种合适的方法。

感知机器可以通过反馈的自适应循环创造一种新的自我，这一信念并不是凭空而来的。在当时，反馈是新兴的控制论跨学科的核心概念，帕斯克即深受此概念的启发，这也给了普莱斯打造一座互动式动态建筑的信心，他将"欢乐宫"视作因使用者的参与而不断变化的事物，建筑物的各个部分可以随着使用者的行为而即时变动。

控制论的创始人美国数学家诺伯特·维纳（Norbert Wiener）将"反馈"定义为"将系统的输出返回到输入端并以某种方式改变输入，进而影响系统功能的过程"。[36] 控制论旨在研究系统（无论是生物的还是机械的）通过感知和影响（即改变）其外部环境而产生的反馈回路来控制自身行为的能力。系统组件之间发送的信息和消息将建立起组织结构，并使系统能够在不受外部影响或控制的情况下组织和自我调节其行为。

控制论不仅使企业在信号处理、机器自动化和机器人技术等领域实现了科技突破，也很快被应用于非科学领域，如经济运行、城市设计和艺术制作等。[37]

由于维纳将控制论建模在传感和影响系统的神经生理学上，这些系统可以通过反馈来调整其行为，因此其反馈和响应框架为帕斯克等科学家提供了创造新型感知机器的概念和技术工具。但控制论也提供了一种在自由与控制之间微妙平衡的环境。以"欢乐宫"这个项目而论，其哲学上所暗示的是审美解放，但它在真实生活中围绕着治理和监管问题的解决方案却是控制论。

帕斯克与利特尔伍德和普莱斯密切合作，根据传感、反馈、控制、自我调节和学习等核心控制论原则，将"欢乐宫"开发为拥有建筑同等规模的巨型机器。帕斯克为该项目带来了有关反馈建模、控制系统、博弈论和运筹学等方面的诸多知识，这些知识将用于创建"欢乐宫"的游戏和测试，而这是心理学家和电子工程师为工业或战争服务而设计的。[38] 更重要的是，帕斯克认为该项目所带来的不仅仅是欢乐，这将是一个更深刻的试图用技术完成个体解放与赋权的超越既有社会模式的环境。[39]

在帕斯克的合作下，"欢乐宫"项目被重新考虑，从响应式建筑环境转变为算法建模系统。传感器被设想用来捕捉游客的流动模式、群体运动，甚至是"可能引起快乐的东西"。当时的模糊数学学科，例如决策理论和预测建模，将对这些数据进行建模。其反馈周期是可靠的。如果说其输入是"未改变的人"（unmodified people），则系统的输出将更加不同寻常："改变后的人"（modified people）。[40]

"欢乐宫"中的欢乐和通过技术实现的控制不会只是简单地齐头并进。它们将成为全新的和激进的体验形式的必要伙伴，而"欢乐宫"试图为公众提供的则是审美愉悦和社会变革的感知机器。

正如你可以想见的那样，"欢乐宫"项目从未实现过。尽管已经获得了融资并确定了位于伦敦市中心的场地，但这样一个持续多年的项目衍生的不可避免的复杂性最终使其无法真正落地。虽然建筑师理查德·罗杰斯（Richard Rogers）和伦佐·皮亚诺（Renzo Piano）声称，他们在巴黎的有争议的 1975 蓬皮杜中心（Centre Pompidou）直接受到了利特尔伍德、普莱斯和帕斯克的愿景的启发，但这种相似性其实是很小的。蓬皮杜只是一个标准的博物馆，而"欢乐宫"则被认为是一个更加雄心勃勃的东西：一种新的社会有机体，它会根据其居民进行适应和变化，为他们带来快乐，同时监测和量化他们，就像我们今天使用感知机器的体验一样。

换言之，"欢乐宫"强化了一个非凡而又具有历史基础的理念，即没有相应的控制和监管，则沉浸和参与就不可能存在。与艺术家可以通过将设计用于测量和治理的系统置于艺术环境中来使系统人性化的信念相反，正是这些感知、反馈、决策建模和预测的过程将沉浸式艺术体验深刻地转变为一种微妙而强大的社会控制形式。为战争设计的数学计算和建模可以按一种或多或少无摩擦的方式转移到艺术中，而美学上的满足则几乎不受干扰。事实上，这在当时和现在似乎都是完美组合：社会控制与感官刺激相结合。

## 》09 《

那么我们又该如何看待这两个相隔近半个世纪的愿景：无界美术馆的精密感知机器和"欢乐宫"所设想的建筑呢？相较而言，"欢乐宫"是一项从未真正实现的发明，而无界美术馆则是真实存在的。它是一个物质化的东西，你可以进入其中并直接用你的身体去体验，其规模和受欢迎的程度是"欢乐宫"团队梦寐以求的。

与此同时，"欢乐宫"所追求的还有另外的东西：一个被称为"超越既有社会模式"（transcending the familiar）的深刻变革，以一种解放的方式，让政治和审美相遇。戈登·帕斯克的设想是，通过算法规则"诱发快乐"，以行为矫正的方式刺激多巴胺。而当时的利特尔伍德和普莱斯也对即将成为"社会控制装置"的"欢乐宫"持乐观的态度，因为他们认为整个系统可以足够自主且透明，允许使用者自行控制。但是今天，正如无界美术馆所揭示的那样，控制和反馈似乎不再重要。访客深深地沉浸在当代艺术体验中，以至于我们甚至不再考虑它们曾经激进的想法——"欢乐宫"不仅试图改变空间，而且要改变穿过空间的人——"尝试新的和不可预见的生活方式。"[41]

以任何必要的方式沉浸其中，而不是进行社会转型，是传感器和计算机支持的新艺术形式的当前和未来目标。在无界美术馆中，你就是一个社会个体，你通过传感器与环境进行的交互只是一种体验，而不是一种功能。该装置的成功源于它的定位就是一种艺术惊险之旅，相当于一个感官过山车。参观者因其行为而影响空间的能力几乎是 teamLab 后来才想到的。无界美术馆的想象最终是一个社会个体的现实——这与"欢乐宫"的集体现实完全不同。

马歇尔·麦克卢汉认为，艺术家对即将到来的技术变革可以起到"遥远的预警系统"的作用。艺术成为一个警告信号并不奇怪。20 世纪和 21 世纪的沉浸式体验，从视觉艺术和沉浸式戏剧到虚拟现实游戏和 teamLab，已经证明了麦克卢汉的观点。这些新的沉浸式和参与式体验被认为是一种令人惊奇的环境，因为它们通过机器自动化和传感基础设施实现了人类感官从里到外的翻转。

作为一种以感知机器和计算机技术为基础打造的沉浸式体验环境，无界美术馆完美地证明了人类感官与机器传感环境之间的界限将变得越来越模糊。构成当代体验文化的沉浸式和参与式空间的感知机器不再只是我们人类身体的延伸，通过传感器，它们甚至可以感知自身，这也强化了机器感知我们只是为了通过它们自己的感知方式创造无缝和彻底转变的信念。但是对人类来说，结局会是什么？

# 第4章
# 会唱歌的机器人

卡雷尔·恰佩克

（Karel Capek）

捷克作家

剧本《罗素姆万能机器人》

（*Rossum's Universal Robots*）

人最陌生的就是自己的形象。

乐队指挥举起指挥棒，轻轻地向下摆动，音乐开始了。小提琴手拉着琴弦，发出舒缓的旋律。随后，更强烈的重音通过吹奏和打击乐器发出，与不断爆发的钢琴节奏一起出现。

不寻常的事情发生了。乐队指挥之前一直在用富有表现力的周期性动作来标记时间，但现在他突然转向观众并开始歌唱！这是一种与人类歌手有明显区别的声音，颇似幼儿的咿呀学语。这种不可思议的、让人惊讶的混合音乐在将近五分钟的表演时间里慢慢地达到了高潮，直到音乐和指挥突然毫无征兆地停了下来。

这位乐队指挥是一个机器人，一个具有人类形态的移动机器人。这个机器人是由一个团队设计的，该团队的核心是两位著名的、独特的日本科学家：一位是机器人学家石黑浩（Hiroshi Ishiguro），他最为著名的是制造了一个名为双子座（Geminoid）的机器人替身；另一位是物理学家池上隆（Takashi Ikegami），他创造了表现出栩栩如生的行为的机器人的硬件和软件。

该机器人的名字是 Alter（意思是"改变"），它当然只是一个恰当的绰号，尤其是在这种奇怪的音乐表演中，它指挥着由人类演奏者组成的管弦乐队，同时用只有它自己能听懂的语言歌唱。Alter 这个名字既意味着一种意识状态的改变，也意味着一种具有"另类的、非人类思维"的机器。[1]

Alter 由活塞、塑料、硅树脂、金属、液压装置和计算机代码构成，带有一张像小孩一样的只完成了一半的面部，其他的就是传感器了。Alter 可以像人一样做动作，这些动作并非事先编排好的，而是对世界做出的反应，有时候显得有点诡异。它的脸部也会不断移位，做出各种表情，发出令人不安的声音，有时候还会混乱地抽搐，这不由得让人想起 20 世纪 80 年代女性学者唐娜·哈拉维（Donna Haraway）提出的一个经典问题：为什么我们的机器看起来"令人不安的活泼"，而我们作为人类却显得"可怕得无动于衷"。[2]

大多数实验机器人通常都会被弃置在大学研究实验室，但 Alter 不同。它开启了自己的指挥和表演事业，一部名为《惊悚美人》（*Scary Beauty*）的"机器人歌剧"，由池上隆的长期合作者日本当代作曲家涩谷敬一郎（Keiichiro Shibuya）创作。这部歌剧于 2018 年夏季在东京首演，而我则于 2019 年春在东京的一场小型新闻发布会中观看了 Alter 的表演。

大阪大学石黑浩的智能机器人实验室创造了 Alter 的机械身体，东京大学的池上隆小组设计了 Alter 的"神经"和"大脑"。[3]受到神经科学、机器学习、生物学和化学的启发和塑造，Alter 的相互关联的算法驱动了机器人的物理动作（图 4-1）。更令人吃惊的是，该机器人使用的是新一代的感知机器，因为它们的传感器和算法使 Alter 能够开发以前只有人类才具有的激进属性：从其创造者那里获得自主权。[4]

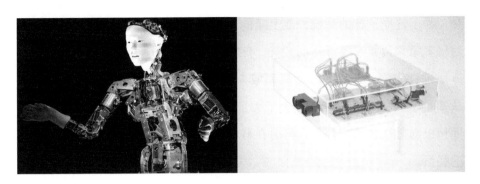

**图 4-1** 正在指挥"惊悚美人"（左）的 Alter（右）

)) **01** ((

　　池上隆是设计这种机器的理想人选。池上隆是一名训练有素的物理学家，在东京大学任教和做研究，在一个名为人工生命（artificial life，A-Life）的跨学科研究领域工作了 20 多年。在智能机器和人工智能时代，"人工生命"听起来也很新鲜，但它的概念其实已经存在了 40 年。[5] 该概念最初由美国生物学家克里斯托弗·朗顿（Christopher Langton）于 1986 年命名，这一跨学科探索模拟生命或自然系统，以及这些系统如何表现出栩栩如生的特征。"人工生命"汇集了从计算机科学、化学、生物学和数学到机器人技术，甚至艺术、建筑和设计的一切学科成就。[6]

　　在肇始于 20 世纪 80 年代的第一个历史阶段，"人工生命"主要关注如何模拟生活，但这主要发生在电脑屏幕上。现在池上隆的实验室正致力于"在现实世界中构建人工生命"，这是"人工生命"进化的下一步。[7]

　　池上隆希望构建能够在物理世界的嘈杂和不稳定中生存并表现出自主性、自组织、有感官意识、适应性好和结构高度耦合的人工系统。这些都是在"人工生命"辩论中使用的复杂概念，一般认为，只有具备了这些特征才可将某物视为有生命的客体。

为了建立这样的系统，池上隆的实验室以跨学科的方式进行研究，这对科学家来说具有不寻常的意义。该实验室在生物学、计算机和机器等多方面进行实验，并在多个学科领域（包括计算机科学、生物学、心理学、认知科学和神经科学等）发表了大量文章。池上隆本人也是一名艺术家，他积极与其他艺术家合作，努力在科学和文化机构中建立艺术与科学之间的联系。

2019 年，我在东京观看了 Alter 的表演。池上隆受邀与我和我的研究生合作，共同举办一个关于人工智能的过去、现在和未来的巡回展览，该展览名为"人工智能：超越人类之旅"（*AI: More Than Human*），在世界上最大的文化中心之一伦敦巴比肯艺术中心进行。我们有兴趣与池上隆和他的学生合作，开发新的软件来控制数千个 LED 的行为和动作，使之成为一件艺术品。[8]

巴比肯艺术中心的项目促进了我和池上隆的持续合作，我们将共同探索建筑感知机器的本质及其影响。

## )) 02 ((

设计一个自主的机器人绝非易事。即使是"自主性"（autonomy）的定义在人工生命研究人员之间也引起了激烈的争论。我们通常从政治的角度来考虑自主性，即独立且不受干扰的独立行动的能力。但在人工生命的语境中，自主性有不同的含义。它松散地提出了两个想法。第一个是哲学家所谓的自治（self-governance）的潜力，即在没有持续的外部干预的情况下在环境中进行交互，并实现甚至产生一系列目标。根据研究自主系统创造的人工生命研究人员的说法，满足这些特性通常是机器人的主要设计目标。[9]

自主性的第二个概念在概念上更复杂，但也更有趣，这就是我们说 Alter 确实是一种特殊机器人的原因。自主性意味着自我构成（selfconstitution），即一个生物体产生了重建其自身结构的能力的机制。这个思想被术语"自创生"（autopoiesis）所捕捉——从字面上来解释，就是自我创造（self-make）。"自创生"最初由智利生物学家汉波托·马图拉纳（Humberto Maturana）和弗兰西斯科·瓦雷拉（Francisco Varela）提出，描述了代谢（即细胞）系统如何不仅能够复制自身，而且能够复制其机制和组件，这使得它们能够一次又一次地复制自身，完成生命的繁衍。[10]

自创生系统的关键在于它是一个封闭的系统。它的行为是由它的内部结构决定的，而不是由外部因素决定的。马图拉纳和瓦雷拉说，该系统在运作上对世界是封闭的。这意味着当一个实体通过其传感器在其环境中进行交互时，来自外部世界的信息会进入它并扰乱其内部感觉动力：神经、肌肉和大脑。但这些信息并没有直接告诉该实体需要做些什么，不存在一对一的对应关系。相反，它的行为变成了瓦雷拉所说的与环境进行结构耦合（structural coupling）的行为。池上隆举了一个例子来说明这种结构耦合的含义：

> 结构耦合不同于仅仅拥有一个传感器，传感器的信息来自外部，进入内部，然后被处理和输出，最后做出反应。结构耦合更像是下面这样：
>
> 如果你去涩谷（其商业发达、人流密集，被视为日本时尚潮流中心之一）跑来跑去，你真的不知道正在发生什么，你也不知道会发生什么事情。你只是体验这个熙熙攘攘、人来人往的城市景观。有时你会意识到正在发生的事情，有时你不知道自己在做什么。但所有这些都被混合在一起，创造了印象和记忆。因此，内部和外部之间并没有明确的界限。这种感觉更复杂。有时你会立即从传感器获取信息，但有时你需要几个小时才能了解正在发生的事情。你需要消化吸收（将新信息与已有的理解相结合）才

能适应所处的环境。[11] 〞

池上隆追求 Alter 的两种自主性形式：无需人工干预即可感知环境并与环境交互的能力，以及通过自身内部动态适应力与环境的结构耦合。换句话说，自主性涵盖的是世界和实体之间的关系，这两者之间不是分离和独立的。随着时间的推移，Alter 会根据与环境的耦合来学习动作和行为，而无需通过编程。

对池上隆这样的人工生命研究人员来说，活力这个词也有非常特殊的含义。它表示系统随着时间变化和适应的能力。正如他告诉我的，活力是生命系统的关键特征之一，因为生命系统是有限的"像图灵机器这样的抽象计算机有无限的时间来解决问题，因为它们不必着急。但是现实生活中实际存在的动物则必须快一点，因为留给它们反应的时间是有限的。有限时间是生命系统的核心。因此，我们试图了解生命系统中的自然计算是什么，这些系统中的时间是什么，而时间又是如何组织和重组的。"[12]

## 》03《

像许多机器人一样，Alter 也是一种人为的奇迹。石黑浩和池上隆的研究团队花了数个月的时间夜以继日地工作，为机器人提供了一个复杂的传感器运动系统。他们用金属和塑料构造了 Alter 的身体，用硅胶制成正面的脸部，并通过控制电机和液压系统的精密计算机网络使 Alter 能够做出脸部表情，移动其手臂（完成音乐指挥的动作）。其中大部分都堪称复杂工程，但对机器人生产而言仍只能算是一般标准，特别是对石黑浩来说更是如此，他的双子座（Geminoid）机器人长期以来一直在全球流行媒体的新闻中出现。在日本，双子座机器人已经可以担任导游和候诊室服务员，并已在日本办公室以及全球第一家由机器人经营的酒店工作。[13]

尽管有这些技术成就，池上隆仍认为这些机器人太简单了。它们完全符合捷克语 robota 的原意——捷克作家卡雷尔·恰佩克在其剧本《罗素姆万能机器人》中描写了一个科技可能使人失去人性的警示故事。正是该剧本首次将"机器人"（Robot）一词引入了现代世界。该词本身来源于捷克语 robota，意为由农奴从事的强迫劳动。池上隆认为：

> 日本各地都有很多这样的机器人。例如，日本电装公司（Denso company）的机器人可以为你从冰箱里拿啤酒。但那又如何？这太简单了。我对这种愚蠢的能力检测并不满意。反过来，如果我说："你能帮我拿瓶啤酒吗？"它回答："不，没好处的事情我不干。"那样才会更有趣，才会更接近生命系统。

真正让人眼前一亮的是 Alter 的传感器和软件，这也是池上隆实验室最拿手的地方。池上隆使用了一个复杂的、相互连接的传感器网络为机器人提供声音、视觉和其他感官。例如，用于听觉的麦克风、用于感受湿度或冷热变化的温度和湿度传感器、用于区分黑暗与明亮的光传感器，另外还有接近传感器，以了解某人或某物何时靠近或远离它们。这些传感器提供了让机器人感知周围环境的关键信息。

传感器对于 Alter 了解外部世界至关重要，但它们只是 Alter 迈向自主性的第一步。为了创造条件让 Alter 拥有自主的内部动态适应力来处理它们所感知的内容，池上隆利用了听起来像是来自另一个宇宙的数学和统计模型：脉冲神经网络（spiking neural network）、基于神经可塑性和刺激回避的学习模型（learning model based on neural plasticity and stimulus avoidance）、混沌模式生成器（chaotic pattern generator）和反应扩散方程（reaction-diffusion equation）等。

对池上隆来说，创造人工生命需要这么多不同的技术也只是其标准操作程序。他称其为极繁主义方法（maximalist approach）："极繁主义方法就像日本南部的久留米拉面。久留米拉面里面什么都有——猪肉、紫菜、生姜等。当你品尝它时，它不仅仅是一种简单的叠加。当你将所有食材放在一起时甚至能获得一些新的感觉。这是对想要简化一切的物理学家的回应。也许我们可以做到这一点，尝试一些新的东西——把各种各样的东西放在一个真实的场景中。"

当池上隆向我展示机器人软件的复杂流程图时，可以明显看到极繁主义方法的痕迹。那些互相连接和交织在一起的矩形框、线条和环形的复杂图示表明，一切都在折叠自身，并与系统中的其他组件连接起来（图4-2）。似乎每个组件都会影响其他组件。

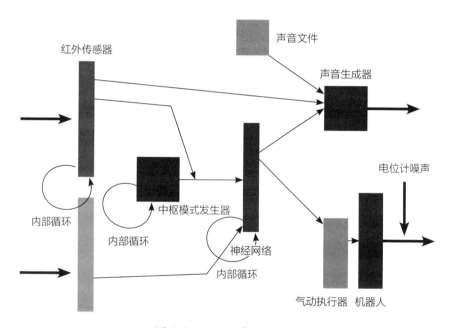

图 4-2  Alter 的感知示意图

以 Alter 的传感器为例，由不同的接近度、温度、湿度和其他传感器获取的数据并不能直接告诉机器人如何移动以响应它所感知的内容。取而代之的是，数据被发送到一组数学方程中，从而在不同传感器本身之间创建一种新的动态适应力类型。换句话说，Alter 的传感器网络也是以自主方式运行的。这里采用的并不是简单的输入–输出模型。

在 Alter 之前，池上隆和他的研究生已经研究了如何使用传感器来尝试和理解可供性（affordance）。所谓"可供性"，就是环境（事物）能够提供的行为可能。例如，如果我们看到一个门锁，旁边有一把钥匙，则很自然地就会想到可以将钥匙插入门锁中以打开它；如果我们看到一片沼泽地，有经验的人知道必须绕路通过，而没经验的人则可能贸然进入而陷身其中。因此，理解可供性有助于 Alter 感知环境中正在发生的事情的特征。[14] 池上隆想要研究人工生命系统在一个真实的、开放的、不断变化的环境中的行为方式，这里所指的变化包括短期和长期的环境变化，以及人类行为的变化。[15]

这些科学家称之为自主传感器网络（autonomous sensor network）的模型来自现代计算机的创始人之一：数学家艾伦·图灵（Alan Turing）。图灵以他在第二次世界大战期间破解恩尼格玛密码机（Enigma machine）的密码学工作以及他的理想计算机（即图灵机）的数学模型而闻名，但他后来在生物学方面的研究鲜为人知——特别是一个称为形态发生（morphogenesis）的领域，该领域主要研究生命系统中形态的进化。

图灵着迷于他称之为形态发生素（morphogens）的某些化学物质组，它们能够通过类似组织的介质发生反应和扩散，这可能是活细胞本身发育的关键因素。他着手将这种想法转化为量化的形式，使用一组称为反应扩散（reaction-diffusion）的方程。反应扩散方程已被用于解释模式的形成。例如，某些类型的模式——它们已被命名为图灵模式（Turing Pattern），如斑马条纹或叶子上的静脉结构——是如何在生命系统中传播的。[16]

这里的基本概念是，两个不同的化学物质相互作用并相互影响可以产生稳定的重复模式。

池上隆已将这些反应扩散方程应用于他的自主传感器网络中的传感器数据，以创建一种人工化学物质，该化学物质将影响 Alter 传感器数据的不同流如何相互反应。这个虚拟化学网络会影响采样率（即传感器将传入的数据数字化的速度），并影响各个传感器读数如何相互作用（图 4-3）。

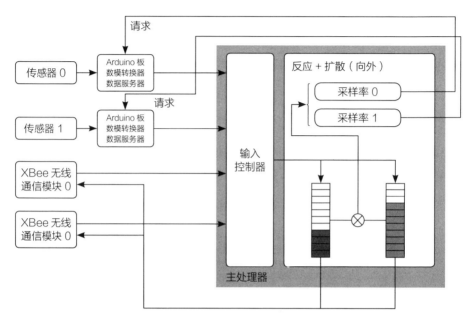

**图 4-3**　自主传感器的网络示意图

与 Alter 的自主性发展关系最大的是，所有这些对传感器数据的调节和操作都是在没有程序员明确指示应该做什么或如何做的情况下完成的。反应扩散方程能够在不同的传感器数据流之间形成模式，就好像不同的感官变得高度耦合，并且能够以未知的和潜在的戏剧性方式相互影响。

但是，这个传感器数据究竟会发生什么样的作用？对于这个问题，池上隆有一个很简单的答案，它构成了 Alter 自主性的真正秘密："举个例子来说，当有几个人聚集在 Alter 面前时，距离传感器会接收到许多输入。正如人类会将这种外部刺激转化为神经元模式一样，Alter 也是如此。然后，从传感器网络发送的信息会改变 Alter 的神经细胞网络。"[17]

Alter 有一组自主传感器，它们不直接提供感知数据，而是提供不同的预处理组合和数据规模。但是，由金属和电子设备制成的机器是如何形成神经细胞网络的呢？

## 》04《

机器人听到、看到和感觉到的东西被它们的传感器捕捉到，被数字化，然后被输入到另一个数学模型中，为机器人的动作和响应人或事件创造了可能性。这个数学概念，也就是广为人知的人工神经网络（artificial neural network，ANN），已有一个多世纪的历史。池上隆也为 Alter 使用了人工神经网络，但他采用了与大多数计算机科学家不同的方法。要理解这一点，我们需要先做一个简短的历史回顾来理解 Alter 的"思想"背后的基本原理。

神经网络已经成为让我们当前的这个世界正常运转的计算实体之一。它是谷歌的搜索引擎、脸书的新闻提要、奈飞的电影推荐和声田（Spotify）的偏好模型等的基础，它使这些商业公司的视频和音频系统能够"了解我们"，从而提供不断更新的定制化内容。人们也越来越担心这些网络的某些种类（但不是全部）不够公平——算法结构中直接存在固有的种族和性别偏见，更重要的是训练它们的数据集可能有问题。[18]

尽管有这样的名字，但人工神经网络并不是一个生物实体。它是对生物过程的数学解释，是有关大脑中神经元如何运作的极其简化的模型。与在其他神经元之间发送电和化学信号的真实神经元不同，人造神经元只发送数字。[19]

这个概念早在 1903 年就已经出现在心理学家西格蒙德·弗洛伊德（Sigmund Freud）的著作中，他试图解释"神经能量"在他所谓的大脑内神经元网络（networks of neurons）中的循环流动。[20]但其实际数学证明则必须等到 40 年后，心理学家沃伦·麦卡洛克（Warren McCulloch）和逻辑学家沃尔特·皮茨（Walter Pitts）在 1943 年发表的一篇颇具影响力的科学论文中定量描述了这些神经元。麦卡洛克和皮茨声称，神经元具有全有或全无的特性：它们要么激发，产生"脉冲"或"动作电位"，向其他神经元发送电流和化学物质（全有），要么就什么也不做（全无）。

生物神经元主要做三件事。它从另一个神经元——称为树突（dendrite）获取输入信号，在其细胞结构——称为体细胞（soma）中处理该信号，并根据某些条件，在激发时将输出发送到其他神经元——称为轴突（axon）。神经元之间的连接就是所谓的突触（synapse）。突触有两种不同的类型：化学突触和电突触。

因此，接收、处理和发送这三个原则足以让麦卡洛克和皮茨将神经元重新想象为不是有血有肉的生物实体，而是一台小型计算机：一台"逻辑机器"。麦卡洛克是一位训练有素的心理学家和精神病学家，长期以来一直在寻找神经系统的内部逻辑，最后他终于找到了，那就是将生物神经元视为可以产生二进制输出的抽象计算机，即神经元的输出可以是：0 或 1，是或否，真或假。

因为这些所谓的布尔运算符被认为是当代逻辑的基础，麦卡洛克和皮茨采取了下一步，声称单个神经元可以产生一个逻辑命题，即一个真或假的陈述。[21] 因此，神经信号可以被证明相当于逻辑命题。

在今天的数字电路中，这一概念是通过所谓的逻辑门（logic gate）来设计的——它有一个简单的组件，可以获取两个输入，然后使用与、或、非三种逻辑运算符来比较它们，根据比较结果来决定输出信号，从而将信号传递给网络中的下一个组件（图 4-4）。

麦卡洛克和皮茨认为，如果这些逻辑计算机在神经元网络中连接在一起，则它们就可以用来将不同的逻辑命题连接在一起，以解决更复杂的问题。他们那篇著名论文的标题为《神经活动中内在思想的逻辑演算》（A Logical Calculus of the Ideas Immanent in Nervous Activity），表明神经元确实可以掌握和计算概念或思想。该论文被视为人工神经网络的开端，两人提出的人工神经元计算模型开辟了计算智能和认知科学的新时代。不过可惜的

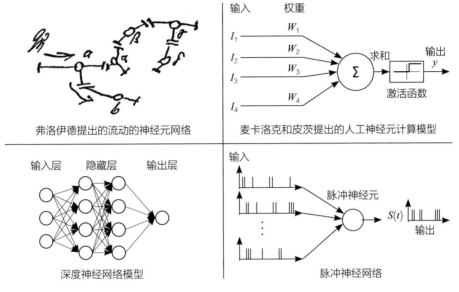

图 4-4　不同的神经网络

是，他们的学术生涯很快就中断了。

在麦卡洛克和皮茨的模型之后仅仅 9 年，神经网络的另一个早期公式发表了，这一次的作者更加不同寻常。奥地利政治哲学家和后来获得诺贝尔奖的经济学家弗里德里希·奥古斯特·冯·哈耶克（Friedrich August von Hayek）写了一本非传统的书，名为《感觉的秩序》（*The Sensory Order*）。[22] 在该书中，哈耶克试图解释一个长期以来困扰神经科学家和心理学家的问题：心外世界和内心世界之间的关系是什么？[23]

具体来说，哈耶克想知道大脑是如何决定不同感觉品质（sensory quality）之间的区别的——换句话说，我们的神经系统如何区分一种刺激（比如声音）和另一种刺激（比如光），以便我们有不同的感觉体验？为了解决这个问题，哈耶克详尽地着手追踪我们感觉的结构，从它们起源于世界上的物理刺激到神经元中的脉冲，最终到大脑本身。他提出了他所谓的感觉的秩序，并声称这种感觉秩序由三层组成：

（1）外部世界的物理秩序及其物理刺激（stimuli）；

（2）神经纤维的顺序以及这些纤维中出现的不同生理冲动或电脉冲（electrical spikes）；

（3）心理思想（mental thought）、意象（image）和感觉（sensation）的心理、现象或感觉的秩序。[24]

哈耶克的核心目标是要解释这三种秩序如何相互作用。

哈耶克将区分一种感觉和另一种感觉的能力命名为分类（classification），这表示神经系统将一个事物或物体从其他事物或物体中提取出来进行单独归类（categorize）的能力。这样，感知的意义就变成了一种解释，即为什么要将某物置于一类或几类对象中。[25] 我们可以将整个感知理解为一个有序的系统。

这种将刺激分为构成感觉秩序的不同类别的过程实际上发生在哪里？哈耶克认为，它发生在神经系统的组织中，"通过连接系统，脉冲可以从一个神经元传递到另一个神经元"。[26]

不同配置的神经元可以对不同的感觉刺激进行分类，因此感觉的秩序，我们所有的心理或现象体验，都是基于这个不同神经元网络之间连接变化的系统。

但是，根据不同的神经连接模式对不同的刺激进行分类只是哈耶克知觉理论中的第一个要素。另一个关键部分则是记忆。我们对环境事件的经验是由哈耶克所说的过去联系（past linkage）形成的。感觉经验依赖于积累知识（accumulated knowledge）的储备，即"基于过去同时发生的感觉冲动的后天顺序"。从根本上说，感觉经验并不是心智的产物，反过来说也一样：心智（mind）是不断变化的神经连接的重构，是我们的经验的产物（product of our experience）。换句话说，感觉先于心智。

我们现在的感觉经验是基于以前的经验，这一事实造成了一个难题，因为我们所知道的东西有一部分实际上并不是从我们的直接经验中学习到的，而是过去经验的结果。我们的经验是"由前感觉联系（pre-sensory linkage）建立的分类装置的顺序决定的"。[27]

这样的表述不容忽视，这不仅是因为哈耶克对感觉秩序的动态概念，也是因为更广义的问题，即我们如何通过人类感官来了解我们所知道的东西。因为我们的经验是依赖于路径的——基于先前的经验——这一事实表明，并非所有的感觉都对我们的直接经验开放。与其他复杂的秩序（如成群的鸟类自发出现的模式或金融市场的复杂行为）一样，我们无法直接体验到心智的动态关系和相互作用。[28]

正如哈耶克所说，解释有其局限性，这是仅就我们所能知道的而言；自组织的复杂性和有序性，让我们根本无法掌握其整体运作的能力。[29]

如果我们考虑一下大脑的结构和其工作方式，就会发现这是有道理的。我们知道，人类大脑有数百亿个神经元以某种方式相互连接，神经元的触发与我们的听觉、视觉、触觉、嗅觉和味觉相关，但我们无法清晰地了解这种神经秩序及其动态如何导致更高层次的心理状态（也就是所谓的感觉经验）。对感知机器的复杂底层结构来说也是如此。

重要的是，哈耶克将心智（或者说我们人类的大脑）描述为进行分类的机器，其具有自下而上、自发和自组织的结构，提前 20 年预告了神经网络的范式，特别是联结主义（connectionism）的思想。联结主义也被称为并行分布式处理（parallel distributed processing），描述了一种"从大量中央处理单元的交互中产生"的思维和智能模型。[30] 该模型构成了现代神经网络概念的基础。

联结主义范式中的智能和意义建构不是从抽象的规则或符号开始的。它们从简单的计算单元开始，这些计算单元被其他类似单元激活和抑制，并且"在适当连接时，具有体现和表达所寻求的认知能力的有趣的全局属性"。[31]

智能基于系统的连接性而出现，"这与它的转型历史密不可分"。用哈耶克的话来说，思想是基于先前编码在神经元网络中的联系和经验而自发出现的。

自20世纪40年代以来，神经网络的计算能力和复杂性都提高了若干个数量级——但在许多方面，它们的基本属性与麦卡洛克、皮茨和哈耶克想象的一样：数学单元进行计算并将这些数字发送到其他互连的神经元（基于它们之间的连接强度）。如果所谓的阈值（threshold）或激活函数（activation function）满足一组特定条件，神经元就会触发，也就是说，它会将其数字发送到与其相连的下一个神经元。

与麦卡洛克和皮茨的模型以及哈耶克的更多理论思想相比，在当前的深度学习网络中，不同的神经元组在多个层中处理不同的特征，这包括输入层、隐藏层和输出层。隐藏层由许多相互连接的神经元组成。当图像之类的模式或语音之类基于时间的信号通过输入层呈现给网络时，信号会输出到一个或多个隐藏层，在隐藏层中，实际处理是通过类似于突触的连接系统完成的。在处理完这些数据后，隐藏层将它们的数字发送到最终输出层，输出网络计算的结果。

最重要的是，许多神经网络都可以通过所谓的学习规则（learning rule）随着时间的推移而适应。它们可以根据神经元接收的输入模式来调整不同神经元之间的连接强度或权重（weight），这是加拿大心理学家唐纳德·赫布（Donald Hebb）在1949年提出的概念。赫布学习理论在数学上描述了突触可塑性的基本原理，即突触前神经元向突触后神经元的持续重复的刺激，可以导致突触传递效能的增加，"一起触发的神经元，连接在一起"。该规则规定了两个神经元之间的连接权重应该与其激活的乘积成正比递增或递减，而这正是神经元如何随时间学习不同类型的输入模式的关键思想。在后来的作品中，赫布本人也承认了其理论受到哈耶克的启发，而诺贝尔奖得主、神经科学家杰拉尔德·埃德尔曼（Gerald Edelman）则承认他同时受到了哈耶克和赫布的影响。[32]

》**05**《

令人惊讶的是，在我与池上隆的讨论中，哈耶克的名字出现了。这位物理学家和复杂系统领域的科学家似乎读过哈耶克的《感觉的秩序》一书。不仅如此，池上隆还受到哈耶克对感觉的秩序三层描述的启发，即大脑外部世界的刺激、大脑内部神经组织的放电以及由此产生的心理概念或意象。从这个意义上说，Alter 的大脑和神经也是由人工神经网络组成的，只不过这些网络既不像麦卡洛克和皮茨的网络，也不像谷歌或脸书的深度学习网络。

受哈耶克的感觉秩序概念和结构的启发，池上隆的团队编写了软件来使用所谓的脉冲神经网络（也称为尖峰神经网络）。脉冲神经元也不是生物性质的。就像麦卡洛克和皮茨的小型逻辑计算机一样，它们也使用了数学表示，也就是模拟。但是脉冲神经元与其他人工神经网络有一个关键区别：它们产生时间。

神经元的数学模型是如何产生时间的？脉冲神经元发出的数字序列代表离散的爆发，这些爆发突然可以上升、达到峰值，然后重新回到初始值，在几毫秒之后，它们又可能执行相同的动作。这些爆发 / 脉冲在时间上并不是孤立的，而是以复杂的模式和顺序出现的。脉冲模型不仅在概念上与其他人工神经网络不同，而且在数学上也有区别。

池上隆使用了以俄罗斯数学家伊奇科维奇（Izhikevich）命名的脉冲模型（该数学家最先提出了脉冲神经元模型），它基于一个微分方程——这其实就是一个连续变化的量如何随时间变化的数学表示。[33]

该方程基本上模拟了生物神经元的结构（即其膜）的电位随着时间的推移而发生的变化，以及发出的脉冲信号。生物神经元只有在超过神经元内的电学和化学阈值时才会触发，伊奇科维奇的微分方程以相对简单的数学形式呈现了这些复杂的生理动态适应力。

但是，为什么要如此费力地在神经网络之上使用这些脉冲神经元呢？这些神经网络不是已经有效地证明了它们可以识别从猫狗图像（视觉）到各种语音（听觉）的所有东西吗？池上隆对此有明确的答案："神经网络的逻辑很少考虑时间因素，而我对时间很感兴趣，因为这是生命系统的关键。这里所说的时间就是你大脑中出现脉冲模式的时候。计时是脉冲神经元中的一个关键问题，如果你想将大脑理解为一个时间生成机器，则计时是必要的。"

那么，Alter 的传感器与其脉冲神经元之间的联系是什么？在生物系统中，感觉刺激会触发感觉器官中的不同感觉受体以不同的脉冲模式发射，然后发送到大脑做进一步的处理。Alter 来自其自主传感器网络的"已经改变的"感知数据也会将这些数据发送到它们的数学脉冲神经元，并且这些数据会改变神经元之间的连接强度。这就是 Alter 学会对环境中的事物做出反应的一种方式。

当然，像所有机器人的组件一样，感觉数据并没有简单地直接路由到脉冲神经元模型中。相反，池上隆还构建了另一款模拟生物系统的软件：一组七个中央模式发生器或振荡器，它们将产生不可预测的节奏行为并影响机器人的运动。这七个振荡器将接收脉冲模式，然后将命令发送到 Alter 头部和手臂的不同电机中。这样，Alter 产生的动作就不会显得僵硬和机械，它们是振荡的和连续的。

"机器人通常使用稳定的振荡器，而我们使用的则是表现略显混乱的振荡器；这意味着它们的周期性变为准周期性，也就是说，并不总是可预测的。我认为这是将生命系统视为由许多循环和反馈组成的一种非常自然的方式。我感兴趣的是创造一个不那么死板的机器人身体，而这需要耦合一个稍微有点混乱的过程。"

换句话说，模式生成器将自发地创建不同的节奏，而脉冲神经元则通过扰乱控制不同电机的模式生成器来产生这些节奏的变化。通过这种在反馈回路中添加另一组回路的方式，Alter 也受到外部信息的驱动，这些信息"可以在做出复杂动作的同时响应环境"。[34]

池上隆举了一个令人信服的例子，说明为什么 Alter 作为音乐指挥家需要这样的过程。在组成管弦乐队的复杂动态中，音乐指挥家被假定为计时员——以保持稳定的、周期性的节奏来协调和指挥演奏者：

> 我们让机器人指挥管弦乐队自有其意义。如果你把节拍器放在管弦乐队的前面，它确实会很稳定，但这并不意味着对管弦乐队的演奏有很大帮助。节拍器不够好的原因是它无法协调管弦乐队，反过来，节拍器始终需要管弦乐队的配合（跟上它的节奏）。什么样的协调会更好呢？Alter 不是一个稳定的节拍器，但它是一个更具适应性的节拍器，可以与管弦乐队产生更好的配合和共鸣。这就是为什么 Alter 的动作和其周期性并不是一个完美的节拍器。管弦乐队和机器人必须相互耦合和协调，才能产生共鸣。

## 》06《

Alter 由传感器、脉冲神经元和模式生成器组成的复杂网络为机器人提供了技术条件，以发展它们自己的内部和自主动态适应力，从而与周围世界互动。正如池上隆所说，"感觉数据通过这些神经网络，神经元有自己的自主活动和记忆。这就是为什么 Alter 更活泼，对人有反应。事实上，与 Alter 互动的人无法轻易预测机器人会做什么"。

Alter 的行为表现可以说是加入了自主性所必需的更重要的属性——所谓的意义建构（sense making）。这里所说的"意义建构"是指通过机器人与其环境之间的结构耦合来理解世界。换句话说，意义建构是对世界的积极参与，而不是被动地等待数据涌入。这就是为什么意义建构对于 Alter 的自主性如此重要。在该机器人的早期版本（已经有新版本）中，意义建构仍然相当粗糙。正如池上隆所说，"为了捕捉外部环境的复杂性，我们必须引入更丰富的传感器，因为更宏大的感觉会产生更有高度的认知"。

池上隆认为，每个传感器背后都有一个思想。就像哈耶克认为思想不先于经验一样，池上隆也认为思想不先于感觉，而是从不同的传感器和这些传感器感知的环境中出现。"如果你改变传感器的种类，就会出现不同种类的思想。我们必须小心选择传感器的类型——看看什么样的思想会自组织"。[35]

自组织是人造生命的另一个基石。这是系统的一种能力，这种能力是由于其本身的个体元素之间的集体交互结构和模式而获得的，而不是来自一个中心的、外部的权威。研究人员将此称为自下而上的方法（bottom-up approach）。这就好比是单位内部通过选举或自荐之类的方法产生出一个领导，而不需要外部空降。通过自组织，我们可能会看到 Alter 作为一种新型感知机器的真正意义。

# 》07《

自 2018 年 Alter 在《惊悚美人》演出中首次亮相以来，该机器人一直很忙，在各种国际展览和德国机器人节的表演中担任主角。2019 年夏天，它在伦敦巴比肯中心的"人工智能：超越人类之旅"（AI：More Than Human）展览中为超过 10 万观众奉献了精彩的表演。它甚至还拍摄一部与害怕跳舞的主题相关的加拿大电影。[36]

池上隆说像 Alter 这样的"新物种"主要在文化和艺术领域进行它们的首次公开曝光和表演，这是有道理的。正如我们从沉浸式环境和参与式艺术的历史中所看到的那样，艺术是科学家和艺术家的想象可以自由支配的安全场所。

但是 Alter 也证明，一个人工实体（其感官由电气、机械和软件组件的连锁组合构成）同样可以了解环境的固有空间和时间特征、可供性，以便在内部塑造它们的感知和行动。[37]

机器人可以基于其传感器与环境的耦合来获得自主性。由于机器人和环境相互作用，因此我们可以说，Alter 根据它自己的定位和意义构建过程产生了一个世界（意义构建过程是这个世界的一部分）。按照池上隆的说法，对像 Alter 这样的实体来说，赋予其特定的动态适应力的不同时间-空间行为也将改变这种准生命可能出现的思想类型和经验。例如，将 Alter 放到舞台上，它可以是一位称职的音乐指挥和歌手；放到教室中，它可能是一名颇有耐心的教师；放到餐厅，它可能是一个很有趣的服务员。总之，在它的世界中，其意义构建是根据环境和互动变化的。

# 工程

# 第5章
# 车轮上的感应

埃隆·马斯克

（Elon Musk）

特斯拉公司创始人

> 它的安全性要比人类驾驶高一个数量级。事实上，在遥远的未来，我认为人类可能会被禁止驾驶车辆，因为这太危险了。你不能让一个人驾驶两吨重的死亡机器。

1986 年，一位名不见经传的德国航空工程师研制出一种影响深远的感知机器。恩斯特·迪克曼斯（Ernst Dickmanns）曾在德国联邦国防军大学工作，这是一所由德国武装部队联邦国防军创立的研究机构，负责培养军事学生和军官。迪克曼斯已经厌倦了他早期的研究设计系统——该系统可以计算航天器重新进入地球大气层的轨迹，于是他将他的工程实力转向了一个更加有趣的移动物体：汽车。

迪克曼斯的新研究计划在工程实验室的受控环境中没有停留太久，它几乎注定要进入这个狂野而嘈杂的现实世界。靠着一点微不足道的资金，他很快购买并装备了一辆重达 5 吨的奔驰厢式货车，该车装有两个摄像头，安装在包含加速度计和惯性传感器的运动装置上，另外还有一台车载计算机和执行器（电机），用于控制转向、加速度和车辆的制动。这辆颇为笨重的货车有一个标识符 VaMorS，它其实是德文"自主移动和计算机视觉实验车辆"（Versuchsfahrzeug für autonome Mobilität und Rechnersehen）的首字母缩写，它在不知不觉中说出了对未来事物的愿景：自动驾驶汽车。

在进行这项研究之前，迪克曼斯曾经从不同的角度考虑问题。他最初对教计算机"观察"东西的可能性产生了兴趣，但这有一个硬件条件的问题。在 20 世纪 80 年代，计算机分析的仍只是静态二维（2D）图像，并且这是一个以蜗牛般的速度运行的过程，因此几乎不可能在现实世界中使用——现实世界中物体的大小和形状是 3D 的，并且会随着时间的推移而变化（具体取决于相机的视角）。当时的计算机"观察"2D 图像的过程需要10~20 秒，非常缓慢，因为研究人员一次只能分析一张图像或一小部分图像以寻找许多特征，包括边缘、角落和一般性视觉特征等。

迪克曼斯对人类观察方式（尤其是当他们在移动中时）的理解，推动了他对机器视觉的特殊方法的研究。人眼不会持续处理到达视网膜的整个图像。相反，它最感兴趣的是那些在视野中发生变化的特征。换句话说，重要的不仅仅是图像的内容，"还应该包括移动和动作随着时间的推移而相对缓慢的发展"。[1]

迪克曼斯和他的研究生以人类视觉的这一基本原理为基础，使用了相机和市售计算机来分析物体在三维空间中的位置和运动及其发生的变化——迪克曼斯称之为 4D 方法（即三维加上时间维度）。

然而，在他们研究的早期阶段，该团队遇到了一个关键障碍。他们意识到相机看到的"外面"世界的 2D 图像与编程代码中该世界的内部表示之间没有内在联系。为了解决这个问题，工程师们因此在机器内部创建了一个内部世界，一个真实外部世界的完整 3D 模型。随后，他们使用了一系列数学和统计技术来预测模型中对象的特定特征如何随时间变化。机器中的3D 世界将不断与相机捕获的真实世界进行比较，并且随着时间的推移，模型中这些对象所在位置的预测将根据它们的实际位置进行更新。这种基于

时间进度理解不断变化的观察结果的系统被迪克曼斯赋予了一个很完美的
名称：动态视觉（图 5-1）。[2]

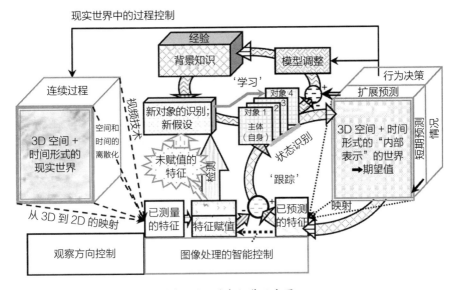

图 5-1 动态视觉示意图

## 》01《

在使用他的 5 吨重的厢式货车（图 5-2）做实验时，恩斯特·迪克曼斯
还意识到了其他一些事情。通过相机获得的视觉是不够的，它太慢了。由
于图像包含大量数据，因此在试图识别其中的事物时，即使是采用构成复
杂对象的边和角等简单形式，也会引入大约几秒的延迟——工程师称之为
时间延迟（time delay），简称"时延"。

在生物系统中也会出现时间延迟。我们不会只用眼睛观察整个世界。
视觉与其他感官是相关联的，例如平衡感、对空间位置的感知和对周围环
境的听觉感知等。所有这些不同的感觉系统在处理数据的方式上都有不同
的时间因素，有些系统比其他系统更快。为了补偿某一个感觉系统的滞后，

图 5-2　恩斯特·迪克曼斯的厢式货车

神经系统会整合或融合以不同空间和时间速率从其他感官传入的丰富数据，从而获得对世界全貌的理解。

机器则没有这样的能力。虽然它们可能有数十甚至数百个传感器，但它们不知道自己有这些感觉。因此，工程师们设计了一种技巧——也就是一种称为传感器融合（sensor fusion）的技术，该技术允许将多个传感器数据源汇总和组合在一起，以获得对于传感器所在环境的准确描述。

对于迪克曼斯的自动驾驶货车，传感器融合只有一个核心目标：减少现实世界中的不确定性。传感器的最终目标是提供对事物的测量，包括温度、加速度、振动或物体在 3D 空间中的大小和位置等。

在人类的感知系统中，时有不确定性出现，例如，突然进入一个黑暗环境中，或者当一种物体遮挡了另一种物体时，我们都会看不到。而对于传感器来说，如果传感器发生故障、空间或时间覆盖范围有限、产生的值不准确或测量值噪声较大时，都会出现不确定性。因此，传感器融合的主要前提是认识到有更多的传感器比只有一个传感器更好。

但是这里也有一个折中权衡的问题。单个传感器无法准确地为我们提供整个环境的测量值，因此我们必须尝试预测（也就是猜测）传感器融合的整体效果如何大于单个传感器本身。传感器融合技术中使用了一些比较有名的统计方法，如卡尔曼滤波（Kalman filter）和贝叶斯估计（Bayesian estimation）等，尝试进行一些有根据的猜测然后计算潜在的预测结果可能是什么，以此来消除这种不确定性。[3]

要让机器来驱动车辆——埃隆·马斯克所说的"两吨重的死亡机器"，视觉并不是唯一需要部署的感觉。迪克曼斯利用了许多传感器并融合了它们的数据，以了解当一台重达 5 吨的机器以 96 千米 / 时的速度在德国高速公路上疾驰而过时会发生什么。这需要感应速度、加速度、惯性（由重力导致）、倾斜和方向、声音，甚至是相机的振动，获得尽可能多的数据，以便系统能够对驾驶过程中遇到的不断变化的情况做出反应。

由此可见，与计算机视觉相比，动态视觉不仅与视觉有关，而且与感知作用于世界有关。

为了创造一个真正的感知机器，迪克曼斯还赋予了他的自动驾驶汽车一种人工设备所不具备的能力：对环境的感知。对于机器而言，感知具有特定的工程意义——通过传感器测量环境状态，然后估计该状态以决定如何对信息采取行动。心智哲学家和神经科学家将此过程称为感知-动作循环（perception-action cycle）："在朝向目标的以感官为引导的一系列动作过程中，在有机体与其环境之间发生的信息循环流动。"[4] 其直白解释就是：每个动作都会导致环境的变化，这是由有机体的感官处理的；然后，这会通过生物体的运动或效应系统产生作用，这些新动作又会引起新的变化，这些变化会再次被感知、分析并导致新的动作，不断循环。

可以说，迪克曼斯的车辆感知环境的能力赋予了机器有限的认知能力。事实上，在谷歌、优步（Uber）和 "DARPA 大挑战赛" 之前，迪克曼斯有关将汽车变成感知机器的早期研究就已经揭示了一个重要的事实：因为需要在现实世界中运行，所以汽车的复杂性要高一个量级。[5] 相比之下，乐器或游戏控制器中的加速度计、艺术装置中的相机，甚至 Kinect 的视觉传感器都是相对简单的传感系统。除了使用设备或移动身体的人类用户之外，这些传感器不会以任何整体方式感知环境。但自动驾驶汽车完全不一样，它有一个明确的目标（驾驶），因此必须在其时其地准确描述一组更复杂的空间和时间条件。最重要的是，还需要预测接下来该做什么。[6]

# )》02《

大约 34 年后，迪克曼斯对移动感知机器的设想已经在测试轨道上，甚至在世界各地的一些社区街道上都有试运行投放的车辆。与其他任何工业生产的消费品相比，传感技术不仅改变了汽车，还彻底改变了驾驶体验。如果某家汽车厂商给它的汽车贴上"终极驾驶机器"的标签，则它们可能很快就会被重新命名为"终极感知机器"。

1970 年，汽车中几乎没有传感器，但是到了 20 世纪 80 年代后期，汽车已经是传感器技术的第二大工业市场。[7]下线的新车配备了 60~100 个标准传感器，经济型车较少，豪华车较多，这表明自动化永远不会远离你的社会经济阶层。[8]

汽车传感行业是一个不断增长的市场，预计到 20 世纪 20 年代末，每辆汽车将拥有大约 200 种不同的传感器。将这个数字乘以每年生产的汽车数量（2020 年约为 2200 万辆），即可得到一个天文数字：仅 2020 年，新车上就安装了大约 44 亿个传感器。

汽车中的传感器不仅设计用于增强驾驶体验，硅谷的乌托邦愿景还试图取代人类驾驶员以应对道路的复杂性。这些传感器可以处理与汽车相关的几乎所有类型的日常任务，包括控制速度、监测轮胎压力、测量排气、管理转向和制动等。除了视频辅助倒车或闪烁的侧视镜（提醒你有另一辆车在接近）等一些明显的东西，汽车感应对我们人类来说基本上是不可见的幕后英雄。

但是，在汽车传感这一块还有一个新兴领域，它不仅影响汽车如何监控其自身的内部过程，还影响它如何以一种有形感觉的方式将我们直接带入其感知–动作反馈循环。这些感知系统设想对人类感知进行更彻底的转变——通过在驾驶汽车时增强我们的感知、情感和身体上的体验，使驾驶感知机器的人越来越成为关键元素。

我们只需要看一些有趣的研究项目，即可了解到为了实现汽车和我们身体之间这种互动的新形式，可能发生的事情。汽车已成为名副其实的车轮上的感官实验室。无论是经济型汽车还是豪华车辆，都越来越关注如何激发购买者的感官体验。从座椅的材质到实时调节的音频，再到新出现的气味系统（它甚至可以影响你的情绪），现在几乎每一家汽车厂商都需要从多方面考虑迎合客户的需要。[9]

这些研究项目无疑扩大了汽车行业的利润，但并没有减少驾驶对环境的最终有害影响。当然，使用传感技术来改善驾驶员的体验仍然具有一定的意义。令人难以置信的统计数据表明，2019 年仅美国人就在汽车中度过了约 700 亿小时，因此，将这种日常生活转变为一种新的感官享受之旅很有必要，不过，前提仍然是需要减轻持续的道路死亡灾难。[10]

## 》03《

以下三个核心领域明确证实了将汽车重新设想为感知机器如何从根本上改变驾驶员的情绪和身体体验：安全、情绪增强和压力管理。安全似乎是引领这一转变的主要力量之一。根据世界卫生组织（World Health Organization，WHO）的数据，全球每年约有 135 万人死于道路事故，其中 93% 的死亡事故发生在低收入和中等收入国家的道路上，尽管这些国家拥有的车辆数约占全球汽车保有量的 60%。[11]

在世界范围内，疲劳驾驶是车祸的主要原因之一。为了帮助缓解这种情况，汽车安全研究因此标记了一个重要领域，那就是将驾驶员的身体纳入感应–反馈–动作–感知循环（sensing-feedback-action-perception loop）。

这些安全系统已经在我们不知情的情况下在后台运行。摄像头和扫描雷达等标准传感器将不断检测和纠正由驾驶员引起的异常情况，例如偏离正确车道或汽车加速度突然增加等。此外还有一些更奇特的系统，例如，戴姆勒（德国奔驰的母公司）的注意力辅助系统、沃尔沃的驾驶员警报控制系统，它们都配备了基于方向盘的摄像头、加速度计和麦克风，以捕捉驾驶员闭眼或昏昏欲睡的情形。

当发现驾驶员有疲劳驾驶和瞌睡状况时，传感器、电子设备、执行器和微处理器的这种复杂组合会立即通过触发唤醒刺激（如警报声、嗡嗡声、哔哔声、冷空气或热空气以及气味等）通知可能入睡的驾驶员。国际商业机器公司（IBM）的一项研究甚至建议实施基于人工智能的"人工乘客"（artificial passenger），即当驾驶员表现出疲劳和昏睡迹象时，人工乘客主动和驾驶员对话，讲一些老生常谈的笑话，如果一切措施都失败了，甚至还可能直接从仪表板中喷出冷水。[12]

该项研究还讨论了如何使用触觉来在交通事故发生之前将驾驶员从昏昏欲睡的状态中惊醒。例如，以温和的振动发出警报、人工按摩、对身体进行低频"打击"等，这些形式都与强烈的触觉和振动刺激相关。甚至还有一种解决方案是让驾驶员穿上触觉夹克，这样他们在可能出现道路交通违规行为时便会感受到不同的振动模式。

一位日本研究人员的研究项目引起了丰田汽车公司的兴趣，他使用一种相当奇怪的所谓的前庭电刺激反应（galvanic vestibular stimulation，GVS）的技术设计了一种可穿戴设备。GVS 是 19 世纪晚期研究中出现的一种技术，它其实就是将少量电流直接应用于耳朵后面的乳突骨，从而扰乱通常由前庭系统（内耳感觉系统）调节的平衡感，而前庭系统将向大脑提供与我们的平衡、位置和方向相关的信息。

利用 GVS 原理，庆应义塾大学研究员稻见昌彦（Masahiko Inami）提出了一种前庭增强术，探索了一种称为前庭耳蜗神经（vestibulocochlear nerve）的特定神经（该神经将对我们的听觉和平衡感做出部分反应）的电刺激如何诱导我们的失衡和加速感。当时关于这项研究的文章标题清楚地表明了汽车和保险业高管在看到该设备时的震撼感："震动世界：前庭电刺激将作为一种新颖的感觉接口。"[13]

为什么汽车制造商会对一项使人失去平衡感并可能导致晕车的技术感兴趣？毕竟，这在驾驶汽车时并不是什么很好的生理感觉。事实上，这是在实验室的驾驶员模拟培训系统中使用的，工程师有时会尝试人为地诱导我们的加速感或前庭混乱的感觉，而这种感觉正是在车祸中可能会体验到的。当然，也不排除在实际驾驶场景中实施这种技术，作为直接的身体刺激让一个马上就要在方向盘上睡着的司机来一次突然惊吓，从而意识到危险，在接下来的驾驶中采取正确的步骤。

汽车制造商还迫切希望使用复杂的自动传感器系统来关闭驾驶员和汽车之间的感知–动作循环，这些系统可以在碰撞中接管或提前警告驾驶员即将发生事故。例如，在所谓的高级驾驶员辅助系统（advanced driver assistant system，ADAS）中，人与汽车 / 机器之间的自动化配置会在接近危急情况时增强或完全接管人类驾驶员的控制。此类系统已用于停车或倒车等非紧急场景中。

与蝙蝠通过回声定位进行测向类似，汽车使用超声波将高频声波从车辆后面或前面的潜在障碍物上反射回来，以提醒驾驶员这些障碍物的存在。同样，汽车通过自动制动系统的车轮速度和旋转传感器来检测速度和扭矩，再加上雷达，可以降低追尾的可能性。目前在丰田和福特等汽车品牌中实施的技术使用了红外和立体摄像头视觉，如果检测到突然出现的障碍物，则直接控制油门踏板，从而使汽车减速并降低加速度的影响。[14]

这些自动传感控制系统仍然专注于研究人员故弄玄虚地称之为"自我

意识车辆"（ego vehicle）的东西——所谓"自我意识车辆"，就是指该汽车具有了自我概念，可以自主控制，是与其他车辆分隔开的单一的第一人称实体。但是，接下来也有很多研究计划正在重新构想自我意识车辆。他们认为汽车只是其他传感器网络中的一个元素。汽车不仅是传感器的集合，也是其他传感器中的一分子，这一想法导致一位宝马公司前高级副总裁宣布汽车将不再被视为驾驶机器，而是被视为"媒体中心"。[15]

欧盟和韩国等地的研究人员正在推进所谓的智能汽车传感器网络（smart car sensor network，SCSN）的研发工作，该网络可用于更准确的道路环境监测。这种网络背后的原理是，将汽车重新设想为与其他汽车通信的传感器——利用汽车现有的传感器将其转变为"道路环境监测节点的扩散网络"。[16]

例如，一组意大利研究人员提议使用标准的车间（inter-vehicle）汽车传感系统，如加速度计、陀螺仪、温度、湿度和压力设备等，作为隐性的车内（intra-vehicle）传感器，与其他汽车就它们的状态进行通信。这种隐式传感意味着不需要安装新的传感器。取而代之的是，系统利用现有传感器的数据，这包括一些普通数据（如监测到的外部温度），也包括一些不常见的数据（如感应辅助灯何时打开，这有助于了解汽车何时驶入浓雾）。

例如，在突然出现大雾的环境中，一辆车可以提醒相同道路上另一辆车的驾驶员注意大雾的存在，以便驾驶员在驶入雾中并与看不见的车辆发生碰撞之前做出反应。

就汽车文化而言，这种传感器网络比较容易取得进展，因为这听起来像是一个互助网络，例如，在非常拥挤的城市提醒司机某个地方有空的停车位。此类应用程序的一个中心部署地点位于旧金山。[17]旧金山在 8200 个停车位上安装了大量无线传感器，以实时通知司机哪里有空车位。[18]

## 》04《

显然，安全是将汽车转变为现代感知机器的核心因素。而另一个领域，也就是所谓的情绪增强（mood enhancement），则以某种更微妙但同样市场化的方式将驾驶员带入机器感知-动作反馈循环。

长期以来，汽车传感技术的目标之一就是增强我们在驾驶时的声音体验。[19] 塑造汽车的声学环境以减少车内和车外的噪声，以此提高驾驶员的警觉性和愉悦感，这已成为汽车行业的一项主要任务。传感器有助于引领这种潮流。

以标准汽车音响为例。久负盛名的德国汽车收音机制造商蓝宝（Blaupunkt）公司早在 20 世纪 80 年代就通过其高端的柏林（Berlin）立体声磁带卡座模型构想了对汽车内部的实时声学控制，这是一种不忌讳宣示其百里挑一精英地位的设备。Berlin 是德国制造商保时捷的旗舰跑车卡雷拉 Carrera 911 的标准配置，并被标榜为"世界上最昂贵的汽车收音机"（Das teuerste Autoradio der Welt），它的广告语还声称"终有一天绝大多数驾驶员都将享受到这种精致的汽车音响，但目前只有 Blaupunkt 的客户才能做到"（图 5-3）。[20]

Berlin 的极简主义设计是汽车发烧友的崇拜对象。除了仪表板上的收音机 / 录音机之外，Berlin 还配备了一个未来派的调谐器和音量控制装置，安装在一个灵活的鹅颈杆上，可以面向驾驶员或乘客并通过触摸进行操作。最重要的是，这款顶级音乐播放设备已经实现了汽车内部的声学自动化愿景：Berlin 可以根据声音环境水平传感器（sound ambient level sensor，SALS）来提高和降低音量。SALS 实际上是一个小型麦克风，可以监控汽车内部不断变化的声音状况。[21]

这种不同寻常的传感器概念有助于将汽车变成理想的聆听环境，因此很快在其他制造商中得到了普及。美国博士（Bose）扬声器公司是在定制

# Das teuerste Autoradio der Welt.

Mit dem Berlin 8000 Super-Arimat stellt Blaupunkt eine neue Kombination aus Tuner, Verstärker und Cassetten-
maschine vor, deren Eigenschaften ähnlich ungewöhnlich sind wie – zugegebenermaßen – ihr Preis. Um zu zeigen,
was klang- und bedientechnisch im Auto heute möglich und für den besonders anspruchsvollen Musikliebhaber
sicherlich auch sinnvoll ist:

Ein Übertragungsbereich von 40 bis 15.000 Hertz zum Beispiel. Ein besonders impulstreuer Verstärker mit 4 x 20 Watt
Musik, 4 x 15 Watt Sinus. Eine schaltbare Loudness (voller Klang auch bei geringer Lautstärke), Bandsorten-Umschal-
tung und Dolby®*-NR-System.

Der hochwertigen Musikwiedergabe entspricht die komfortable Bedienung: SALS® (Störgeräusch-Abhängige-Lautstärke-
Steuerung), eine Weltneuheit von Blaupunkt, macht das häufige Nachregeln der Lautstärke überflüssig. SALS® paßt
ständig die Lautstärke dem Geräuschpegel im Wageninnenraum an. Automatisch.

Autoreverse-System (Cassettenumdrehen überflüssig). LED-Funktionsanzeigen für SALS® Loudness, Dolby®-NR,
CrO₂, Bandlaufrichtung. Blendfrei beleuchteter Cassettenschacht, blendfrei beleuchtete Regler-Bezeichnungen.

Das Steuergerät am Schwanenhals dicht neben dem Lenkrad gewinnt nicht nur Design-Preise, sondern gestaltet auch
die Programmwahl äußerst zeitsparend: Ein Fingerdruck, und der elektronische Sendersuchlauf oder die Stations-
speicher tun den Rest. Ein Blaupunkt Super-Arimat stellt bei Cassettenmusik oder ganz leise geregeltem Radio auf
Wunsch Verkehrsmeldungen durch.

Der neue Berlin 8000 Super-Arimat paßt in jedes Armaturenbrett mit DIN-Radiofach. Ein Fachhändler in Ihrer Nähe
baut Ihnen den Berlin gerne ein.

*Dolby ist ein eingetragenes Warenzeichen der Dolby Laboratories, Inc.

*Blaupunkt. Die Nr. 1 in Deutschlands Automobilen.*
*Jedes zweite Autoradio ist ein Blaupunkt.*

 **BLAUPUNKT**
BOSCH Gruppe
13

图 5-3 蓝宝公司的广告，大约发布于 1983 年

汽车音响环境设计中率先使用心理声学（Psychoacoustics）原理的公司之一。心理声学是一门研究我们如何聆听的科学，使用源自心理物理学、知觉心理学和声学的方法。[22]

塑造汽车声学环境的主要方法之一是从心理声学中汲取灵感来改变所谓的频谱。频谱（frequency spectrum）由信号（在这里指的就是音频）中包含的频率范围和幅度（即频率的强度或音量）组成。Bose 工程师使用假人头（一种传统的测试设备，本质上是一个人体模型，耳朵位置内嵌有两个麦克风）测量汽车中不同坐姿的不同频率响应，努力为每个座位上的人设计所谓的平衡频率均衡（balanced frequency equalization）。换言之，就是该音响系统在所有座位上的效果听起来都不错。[23]

今天的实时频谱分析（实时测量汽车内部不断变化的声学频率）已成为大多数中型汽车和几乎所有豪华汽车的标准功能，沉浸式音频系统还配备多个扬声器、自动均衡和实时噪声消除。例如，在 2019 年，Bose 推出了已激活 QuietComfort 传感器的新噪声消除系统，该系统可使用加速度计测量汽车轮胎和车轴上不需要的振动程度，以"通过电子方式控制不需要的声音"。这些加速度计信号由专有的频率分析算法实时计算，该算法立即产生反噪声，然后在汽车内部播放。[24]

音频控制技术还可以创建完全虚构的声音。例如，宝马公司使用其音频系统播放与当前行驶车辆的转速和速度水平相匹配的不同发动机声音样本，以欺骗驾驶员，使其误认为当前发动机的马达比实际更大。保时捷公司则在这种小伎俩的基础上又向前推进了一步，它创建了一个机电噪声诱导系统，称为声浪传导装置（sound symposer），有意让驾驶员对发动机的声音产生更深的、听觉上的情感依恋。声浪传导装置技术通过使用管状亥姆霍兹共振器（Helmholtz resonator）来监测汽车节气门和空气过滤器之间的进气振动。亥姆霍兹共振器是一种由一个中空的容器组成的装置，可以放大特定频率。在保时捷系统中，只需按一下打开阀门的按钮，那么当驾驶员踩下油门时，发动机舱的声浪就会被放大并传到驾驶舱内，产生悦耳的轰鸣声。结果就是驾驶员和其汽车之间建立了一种新的声学关系——"直接的声学迷恋"。[25]

## 》05《

修改现有声音或将全新声音引入汽车内部以塑造驾驶员的情绪反应，只是传感系统设计的策略之一。该设计的目标是监控甚至改变驾驶员的情绪状态。驾驶员的情绪（mood）被定义为随着时间的推移而出现的一种感觉上的状态或质量，长期以来一直是汽车制造商渴望了解的，他们希望知道客户在驾乘汽车时的一些体验。

早在 21 世纪初期，汽车媒体上就充斥着丰田与索尼合作试验"情绪感应"汽车的新闻——这种汽车可以直接"延伸"驾驶员的感受。但是，最后我们所看到的东西与预期并不一致。丰田的专利实际上的描述是"一种用于检测车辆乘员状况的设备"，以及将驾驶员的感受直接转化为汽车"表情"的技术。[26]

该系统中的传感器将运行以检测汽车的间隔、方向角和速度。然后，这些数据将直接转换为拟人化的表达方式，显示在汽车的外部。其模糊表达汽车驾驶员情绪状态的能力被认为远远超出了喇叭或转向信号灯之类的有限手段。该系统将车进行拟人化，使得汽车也能表达自身的感觉。例如，车头灯可以被视为车辆的眼睛，轮胎被视为车辆的手脚，天线柱被视为车辆的尾巴。组合使用它们可以表达包括喜怒哀乐等在内的 10 多种感情。例如，当驾驶员靠近时，它会表现出"欢迎"的表情。对在十字路口突然冲出的车会表示"惊讶"，有时也会"生气"。没有燃油时会显示"伤心"等。[27]

在这个媒体上每天都充斥着"传感器跟踪我们的一举一动"的报道的时代，丰田的早期愿景几乎可以用"天真无邪"来形容。[28]

旨在读取驾驶员情绪以改变他们在汽车胶囊状环境中的情绪的研究更具侵入性。从捷豹到丰田，多家汽车制造商都在部署备受争议的面部识别技术，并结合基于人工智能的检测来读取驾驶员的面部表情，并调整诸如温度控制、通风、照明、媒体播放甚至气味之类的元素，以将汽车改造成"宁静的心灵港湾"。[29]

捷豹（Jaguar）是英国的一家轿车和豪华越野车制造商，该公司的情绪检测系统利用了其所称的"车载人工智能心理学家"，旨在了解驾驶员及其乘客的偏好，并且可以根据他们的心情提出相应的建议。

由于相对容易部署，面部识别技术有望在汽车使用中呈现爆炸式增长——当然，这也包括它众所周知的针对非白人肤色的偏见编码形式。[30] 众多公司的名称，如 Affectiva、Guardian Optical Technologies、Eyeris、Smart Eye、Seeing Machines、B-Secure、EyeSight、Nuance Automotive、BeyondVerbal 和 Sensay 等都展示了人与机器传感和控制之间的界限如何越来越模糊，以及这些技术在传感中的复杂作用，它们可以在司机和乘客坐下时对其进行跟踪、扫描和监控，几乎形同软禁在车内。[31]

美国 5 大科技巨头 FAANG 中的一些公司，以及微软公司，都在汽车传感领域发力，这已经不是什么秘密了。例如，苹果公司已经申请了使用面部识别技术来识别驾驶员以解锁汽车的专利，而宝马等其他高端制造商则正在探索使驾驶员能够"用眼睛导航车辆"。

这家总部位于慕尼黑的汽车制造商还设想通过面部识别技术（再次）重振在 20 世纪 80 年代全盛时期发展起来的古老的自然交互（natural interaction）概念，在驾驶领域创造一种新的技术方法。

宝马的自然交互的理念不仅包括关注道路交通和其他汽车情况，而且考虑了乘客安全和人体工程学舒适性方面的问题。它还涉及自动检测面部表情，以分析你开车时可能会看到哪些广告牌、餐馆或商店，并为你的订购、交付和运送提供方便。[32]

这些"技术人性化"的持续努力促使对情绪调节感兴趣的研究人员和汽车制造商探索每一个可能的角度。通过各种传感器，驾驶员日常的驾驶情况和实时生理信号会被记录下来。座椅的调节、方向盘的操作、车速和心率等，越来越多地与神经网络配对以预测驾驶员的情绪状态。

借助所谓的实时情绪自适应驾驶技术，韩国汽车制造商起亚走得更远。自适应驾驶旨在通过读取乘客生物信号并将其与机器学习相结合来调节车辆内部空气质量、温度、照明，甚至窗户的不透明度，从而"放大你的快乐"。

光、颜色和声音是这种传感器驱动的情绪增强中使用的主要媒介，但气味也很快被纳入考虑范围。一家名为 Moodify 的以色列初创公司开发了一种"移情汽车系统"（empathic car system），它致力于提供"功能性香水，以提高安全性和幸福感"。[33] 它没有像其他研究项目设想的那样，用最新的声音环境、闪烁的灯光和振动等混合方式来安抚驾驶员的情绪，Moodify 使用人脸识别和人工智能旨在做相反的事情：突然用难闻的气味唤醒昏昏欲睡的司机。

Moodify 的创始人，一位名叫伊加尔·沙龙（Yigal Sharon）的以色列气味研究员声称，气味——尤其是令人不快的气味——在进入鼻腔后，鼻腔内的嗅觉上皮含有数百万种识别气味的化学受体，这些气味受体神经元可以检测到气味并将神经信号发送至嗅球。这些信号通过嗅球传导到大脑的嗅觉皮层，嗅觉皮层将识别和感知气味。嗅觉皮层位于大脑的颞叶，它同时也是大脑边缘系统（limbic system）的组成部分。嗅觉皮层与其他边缘系统结构如杏仁核、海马体和下丘脑也有联系。边缘系统是大脑最古老、最原始的部分，也是情感的所在地。边缘系统可以将气味与我们的记忆和情感联系起来。气味会引起强烈的情绪反应，这不仅包括对气味本身的感觉，还包括与这些气味相关的经验和情感联想。因此，对于难闻的气味这样的刺激，人类很快（不到 1 秒）便可做出反应。

该公司的"车辆嗅觉"系统仍处于起步阶段,但它完美地填补了愉悦和安全这两种汽车感官增强愿景的空白。这种传感器–人工智能耦合技术很可能首先出现在高端汽车中,这意味着你的雪佛兰甚至智能汽车都不会很快看到这些情绪增强系统。但事实上,汽车驾驶员情绪变化研究有很大一部分动机也是由试图规避风险的保险业所驱动的——他们想要以此来避免疲劳驾驶导致的事故赔偿。这也可能使得以安全和保护为名的传感器增强的情绪捕捉技术以比我们想象更快的速度在低价汽车中实现。

## 》06《

所谓"情绪增强"(mood enhancement),不仅仅是在你开车时将你的情绪转变为积极的情绪,其最终目的是管理和减少驾驶本身的压力。如果说开车打瞌睡是汽车事故的主要原因之一,那么攻击性驾驶——也就是众所周知的路怒症(road rage),也会造成无法估量的伤害。2004 年,美国交通部国家公路交通安全管理局的一项研究将攻击性驾驶(aggressive driving)定义为"以危害或可能危害人员或财产的方式操作机动车辆"。[34]

驾驶过程中的路怒症可以因多种压力而激发出来:手机铃响、交通延误、天气变化、噪声、随行乘客的言语表现以及其他司机的攻击性驾驶等。因此,很难想象汽车中的传感器如何减少所有这些压力的影响,以应对路怒症这一现象。研究表明,在 2006 年至 2015 年的十年间,仅在美国的攻击性驾驶案例就经历了近 500% 的增长。如果该结论成立的话,那么作为感知机器的汽车将很快承担起一项新的、必要的任务:减轻驾驶员在驾驶过程中的压力。

压力的定义来自医生汉斯·塞里(Hans Selye),他将"压力"(stress)描述为"身体对任何改变需求的非特异性反应"。[35]

由于"非特异性"(nonspecific)这一概念的模糊性以及压力以生理和

情感方式出现的事实，因此感知它是一件很困难的事情。

在实践中，压力通常通过特定的生理测量来检测，例如心率变异性（heart rate variability，HRV）、肌肉张力、呼吸频率和产生出汗的交感神经系统的唤醒等。这些生理信号中的每一个都被称为生物信号，因为它具有生物来源，并且每个信号都具有可以接收它的特定传感器技术。皮肤电反应（galvanic skin response，GSR）传感器可以测量皮肤电传导变化或皮肤电活动（electrodermal activity，EDA），该活动将因自主神经系统触发的唤醒产生的汗水而发生变化。同样，这种唤醒也可以通过肌电图（electromyogram，EMG）传感器检测到，该传感器可以测量当你移动或拉紧肌肉时发生的电活动变化。

现在考虑这样一个事实，即这些传感器接收到的生理变化只说明了问题的一半，然后你还必须将它们的解读与潜在条件联系起来。例如，皮肤电反应传感器固然可以指示影响皮肤电活动的皮肤温度发生了变化，然而，要推断出这种出汗是真的表明存在压力，还是由于兴奋或其他一些因素，则要困难得多。

正如恩斯特·迪克曼斯的自动驾驶汽车需要许多不同的传感器来感知其环境一样，压力检测也依赖于多种感觉通道（sensing modality）来获得正在手掌方向盘的驾驶员的准确生理画像。由此可见，我们需要了解感知发生的环境，这个因素对于准确感知任何现象至关重要。换句话说，感知环境决定了我们对测量到的数据内容和形成原因的解读。

感知血流、呼吸频率和皮肤电传导变化的生理传感器还有一个很大的缺点：它们都必须接触皮肤才能测量这些生理信号，因此需要佩戴。驾驶环境使得这种感知身体状况的做法相当不切实际、困难、耗时且昂贵。

因此，研究人员正在着手开发新的技术，通过所谓的无传感器传感以侵入性较小的方式检测驾驶员压力，并致力于使用这些数据来改变可能会导致车内压力的环境。

有一种技术是从所谓的非侵入性技术中捕获压力标记，例如相机、汽车座椅或其他基础设施元素，如方向盘或油门踏板，它们不断与驾驶员交互，但是不必直接与驾驶员的身体接触。例如，摄像头就是一个明显的数据来源，可以作为"不显眼"的传感器安装，并且可以从驾驶员那里收集到大量信息，包括瞳孔放大、不断眨眼等，另外还可能会有一些意想不到的信号，例如面部温度变化、眼睛睁开的比例（瞌睡时容易眯眼）等。

更多的实验也正在开展。例如，斯坦福大学的计算机科学家正在用"重新利用嵌入在现代汽车中的现有基础设施"来测量当一个人以不同角度握住方向盘时肌肉张力的变化。[36] 在实验室中，研究人员的做法是通过播放 Spotify（知名音乐流媒体平台）播放列表中的重金属音乐，引发受试者不同程度的压力。他们将受试者模拟为机器，将手臂肌肉张力计算为一组弹簧，并根据他们抓握方向盘的力度和角度，检查这种张力是如何变化的。

还有其他一些技术则似乎来自健身房跑步机的灵感：在汽车座椅、方向盘甚至安全带上安装感应电极，以收集有关驾驶员脉搏和心率的心电图（electrocardiogram，ECG）数据，从而对压力进行分类。

但是，这些技术仍然没有解决一个关键且看似不好回答的问题：从这些传感器中收集的数据实际上有什么作用，如何才能使用它们来缓解压力？如果像许多工程师（更不用说敏感的图形设计师）一样，突然看到自己的生理学生命体征在汽车仪表板上以彩色图形显示，那么这很可能会给驾驶员带来更大的压力。想象一下，当你在密集的车流中做机动穿行时，看到你的心率像小火苗一样上下窜动，你是不是会更加恼火？

因此，研究人员正在寻找可以让不断变化的生理条件数据以更微妙、更贴近环境的方式发挥作用的方法。就像艺术家使用观众的运动数据来改变周围环境中的媒体一样，感知工程师也在探索如何在你驾驶时利用你的生理条件数据巧妙而有效地改变汽车的媒体环境——以及随之而来的驾驶本身的功能。他们甚至给它起了一个听起来就让人感到放松的名字：环境舒缓（environment soothing）。[37]

这种舒缓实际上需要做些什么？一方面，汽车现在可以成为一种自动疗愈设备，在你的内部心理世界和汽车的世界之间有一条几乎完美连接的舒缓路径。传感器将检测你的压力水平，然后通过预先训练的机器学习算法对数据进行梳理，以对你的压力水平进行分类并将其与适当的输出相匹配。紧随其后的则是调整汽车内部环境的媒体。例如，光的颜色会发生变化，声音也会自行调整，气候控制会调节到合适的温度。这些转变都是为了加强你和你操纵的汽车之间的感知–动作循环。

另一方面，一个德国研究小组正在与宝马公司合作，将汽车重新设想为一种新的"情感反馈伴侣"，在其内部部署一个"完善的无处不在的传感环境"，以创建一个成熟的传感和反馈回路。通过佩戴传感器的标准方法收集驾驶员的"心理–生理"传感数据（包括用于情绪检测的脑电波和心率传感数据），然后使用这些数据作为输入，在驾驶员与环境光的颜色和强度之间建立更大的反馈回路。车内灯光可以在蓝色和橙色之间切换，这些颜色会给人带来不同的感觉。[38]

环境舒缓也可能导致你在开车时接受来自座位的轻柔按摩——这是一种 21 世纪版本的按摩椅——早在 20 世纪六七十年代，投币式按摩床在北美的中级酒店和汽车旅馆中就已经无处不在。在汽车座椅中，当检测到不健康的压力水平时，可以在同一位置释放舒缓的振动和温暖的热量。这项技术目前正被研究用于另一种人造舱室——飞机客舱的座椅，2019 年全球约有 45 亿人在其中度过了一段时间。[39]

## 》07《

利用普遍的传感技术能够应对日常通勤的压力和焦虑吗？这一想法可能会让人觉得未免过于天真，还不如倡导人们健康出行，减少破坏气候和环境的驾驶行为，这样可能更实际一点。但是，工程师们并没有因此而气馁，他们的想象力丝毫没有减弱的迹象。环境舒缓涉及完全重新思考我们在驾驶时在汽车中所做的事情。斯坦福大学负责方向盘压力测量的研究人员正在努力为疗愈车辆（therapeutic car）定义一个新概念：即时（just-in-time，JIT）减压。顾名思义，这表示它是"当场"缓解压力的解决方案。[40]

想象一下，现在你被堵在路上了。其他恼怒的司机的喇叭交响乐开始响起。你的血压在升高，呼吸在加快，这是不是得立即减压，当场解决问题？

现在来考虑一下斯坦福团队的方法，它强调"正念减压"（mindful stress reduction），并提出了"微妙、不引人注目、易于参与和脱离"的干预措施。换句话说，驾驶也可以成为一种冥想课程。你的不规则呼吸、血压升高和出汗增多都会被生理传感器检测到。在它们检测到你生命体征的这些变化后，座椅就会开始振动。但它不只是像你的手机一样嗡嗡作响。分布在整个座椅上的精密马达开始为你按摩，试图影响你呼吸的速度和扩张。触觉引导系统将由语音补充，语音以苹果计算机中十几个语音样本之一的合成语音发出命令。当你开始以与座椅振动相同的节奏呼吸时，有一个轻柔的提示音会告诉你："吸气。好，呼气。"

将汽车重新设想为冥想环境可能有点走得太远了。目前，这些愿景和技术仍停留在研究实验室，但它们可能很快就会进入大多数汽车。这些来自电气工程师、计算机科学家和设计师的研究想象不应被忽视。他们已经充分证明，即使是日常驾驶也可以转化为一种新的审美体验——一种驾驶员与汽车环境之间极端互动的形式，这可能会导致意识的轻微改变，甚至可能导致另一种自我感觉，因为我们意识到我们并没有与（人工）环境分离。这些愿景表明，将汽车改造成感知机器不仅与驾驶有关，还也与创建工程体验的另一个出口相关，这包括对我们的身体和自我的持续不间断的监控。

　　未来的车辆可能会在任何地方装上传感器，所有乘员都可能会受到影响。通过这种方式，汽车将成为计算机增强感知和行动的新领域，自恩斯特·迪克曼斯提出自动驾驶汽车的愿景以来，通过动态视觉在现实世界导航的理想已经发生了巨大的变化。它不再是简单地将我们从 A 点带到 B 点的驾驶机器。凭借感知周围环境并采取行动的能力，汽车已经从运载工具摇身一变而成为真正由感知机器组成的沉浸式环境，你可以将它视为疗愈中心、办公室、俱乐部等。

马克·吐温

（Mark Twain）

美国作家

味觉是制造出来的，而不是天生的。

20 世纪 90 年代，一位名不见经传的日本工程师都甲洁（Kiyoshi Toko）在担任研究助理时吃了一顿饭，正是这顿饭改变了他的人生。他不太喜欢吃胡萝卜，但他的妻子因为看见他过度劳累而担心他的健康，于是将胡萝卜切碎（甚至看不出是胡萝卜），然后塞到汉堡中间的肉饼中。工程师在吃完之后突然想知道为什么一块普通的汉堡牛排可以"如此美味"，在得到妻子的答案之后，他瞬间觉得自己发现了"味道的奥秘"。[1]

都甲洁的研究揭开了一个不太寻常的事实。虽然有视觉（光和相机）、声音（麦克风）、触觉（压力和温度）和气味（气体）传感器，但当时还没有人开发出人工味觉技术，因为传统观念认为味觉基本上是一种主观体验，任何人工设备都无法复制它。都甲洁的工作是在日本南部九州大学管理五感设备研究与开发中心，在那顿饭之后，他开始挑战这一传统观念。他重新定义了这个问题，认为味觉偏好并不是由个体的基因和文化所培养形成的，而是一个神经工程问题：味觉是一组特定的神经反应。

都甲洁着手开发技术来模拟一种生物特性——它们实际上是一组化学传感器，当设备的传感器与不同的化学分子接触时，可以检测苦味、酸味或甜味。都甲洁的"电子舌"模拟了一种生物材料，一种脂质（lipid）——这是一种油性和蜡状物质，构成了活细胞的组成部分——以模拟味蕾接收食物（正常人进餐时，会通过舌头、上颚、牙齿和下巴的合作，将食物转化为流体）。

然而，都甲洁很快意识到，要感觉到味道并没有那么容易。味觉是由存在于味蕾中的味觉受体介导产生的，味觉受体可合成数百个不同的分子，但最终我们只有酸、甜、苦、咸和鲜这 5 种基本味感。我们人类的舌头不会分解复杂的味道（比如咖啡或巧克力），因此大脑实际上无法甄别这数百个分子中的单个分子。相反，我们只是将某种食物的味道判定为 5 种口味中的任何一种。

研究人员将这种现象称为选择性（selectivity）——将成百上千个分子归类为可单独识别的物质的能力。每个味蕾有大约 50~150 个受体细胞，食物分子与之结合并表示 5 种味道。换句话说，即使我们进食时进入口腔的化学物质数量惊人地多，但我们的口腔和大脑会相互合作，从混乱的分子中推断出 5 种基本味道。

都甲洁和他的研究团队由此得出结论，想要为每个味觉分子配备不同的传感器是不可能的。因此，只能通过开发表现出类似于人类生理行为的硬件和软件来解决这个选择性的问题。这里所谓的人类生理行为就是指我们将化学物质归类为 5 种味道的能力，或者他所谓的全局选择性（global selectivity）。[2]

这就是在构思如何将人类的味觉感知转化为机器方面，日本研究人员提出的一个重要观点。在传感器的机制中，高选择性（high selectivity）——区分单个分子——并不重要，拥有将数千个分子归类为 5 种基本味道的模式识别系统的软件才是关键。[3]

颇不寻常的是，都甲洁的电子舌是在 21 世纪头世纪初科学家发现味蕾中存在单个受体之前开发出来的。电子舌技术于 20 世纪 90 年代中期开始商业化，并在国际工业食品巨头的工厂中迅速普及，主要用于质量控制应用。但是，电子舌还表现出比检测食物变质这一简单功能更显著的能力。它们在经过训练之后，可以区分不同类型的咖啡和各种啤酒。这些传感器还可以检测到更奇特的、听起来就高度主观的味道，例如涩味。

电子舌的概念让人想起大卫·柯南伯格（David Cronenberg）的电影中一个怪诞的假肢生物的形象，但现实中的工业电子舌看起来跟它一点也不像。它们更像是小型机器人和食品加工机的混合体，而不是肉质的突变体形式。图 6-1 显示了美国农业部使用的电子舌，可以看到它配备了安装有传感器的手臂，该手臂被降低到旋转底座上的小杯子中，而这些杯子装的正是要"品尝"的液体样品。

图 6-1　美国农业部使用的电子舌

尽管电子舌的外观和人类舌头没有任何相似之处，但它们仍然开始取代人类品尝者的感官，尤其是在一些不太寻常的应用中。都甲洁的研究团队在 2014 年发现了如何检测人造甜味剂之间的差异，以及一个稍微奇怪的发现：电子舌可以品尝到不存在的味道。在一组实验中，电子舌基于两种基本味道的组合发现了一种隐藏的"第三种味道"。例如，用电子舌取样乌龙茶和碳酸水会表明它尝到了啤酒的味道，而将酸奶和豆腐组合在一起则可以获得日式芝士蛋糕的味道。

威士忌似乎也是味觉传感器最喜欢的饮料。都甲洁的研究促成了一种结合威士忌和苏打水的日本高球鸡尾酒的开发，该饮料随后在全日空航空公司得到了推广。

2019 年，英国格拉斯哥大学的一组研究人员创造了新一代的人造舌头：特定的纳米级传感器，可以按 99% 的准确率检测不同年份苏格兰威士忌之间的差异。虽然科学家们的初衷是这种纳米级技术可用于质量控制和安全方面的标准，但他们也提出该传感器还可用于控制假冒威士忌市场。

## 》)01《

2020 年 2 月中旬，在国际餐厅受新冠疫情影响而关闭之前，我和一位物理学家朋友参观了 Tickets——这是由西班牙厨艺大师费兰·阿德里亚（Ferran Adria）的兄弟阿尔伯特·阿德里亚（Albert Adria）开设的第一家巴塞罗那餐厅。费兰·阿德里亚有"分子厨艺之父"之称，他是世界名厨，也是巴塞罗那北部现已停业关闭的实验性 elBulli 餐厅的前创意总监。

Tickets 和都甲洁九州大学实验室的严谨环境相去甚远，这是可以想象的，因为两者的创建目的就不一样，Tickets 是一家专门提供现代主义美食（modernist cuisine）的小吃吧。在超过三个小时的用餐时间里，厨房里不断用推车推出一系列小菜：球形橄榄——实际上就是液体蛋黄，咬开蛋黄可以感受到橄榄的香味；"空心法式面包"——其实就是用一片西班牙西北部加利西亚火腿卷在空心迷你法棍上；带有芥末籽的精致土豆泡芙；一个烤鹌鹑，里面塞满了火腿和香草（图6-2）。[4]

图 6-2　Tickets 的味觉实验

　　大多数菜肴只包含片刻的味觉愉悦，然后它们就消失了。小瓶埃斯特雷拉（Estrella）啤酒不断出现，偶尔还会出现一对镊子，用来品尝像纸一样薄的剃过的鱿鱼和微小的海胆。在长达数小时的用餐过程中，我们在开放式厨房看到了阿尔伯特·阿德里亚。那天晚上他没有亲自操刀，而是专注地凝视着悬挂的液晶显示器——大概是在监督点菜、烹饪、完成和上菜的复杂编排过程。

　　几个小时的用餐结束之后，女服务员又把我们带往餐厅后面的秘密甜点吧。其提供的甜点包括柠檬草空心冰棒、用液氮冷冻的窄条冰激凌蛋筒、冰镇泡沫和榛子冰芝士蛋糕等。房间的装饰也很有特色，天花板上挂着大量的塑料水果，还有冰激凌车和糖果棒等。开放式的厨房允许顾客在吧台旁近距离观看甜点师傅们是怎样做出美味的甜点的，这也是一种享受。总之，这里提供的并不止美食。

　　电子舌似乎不可能"品尝"到从阿德里亚炼金术般的厨房散发出来的复杂的味觉乐趣。事实上，在所有感官中，味觉似乎最不可能被机器毫不费力地取代。它是深度进化的，与为了生存而养活自己的最原始生物冲动联系在一起——电子传感器和机器学习都不具备这种冲动。普利策奖获奖记者约翰·麦克奎德（John McQuaid）在他的研究《美味：我们吃什么的艺术与科学》（*Tasty: The Art and Science of What We Eat*）中写道："无论一个人的味觉多么挑剔或菜肴中的成分多么微妙，味道都会唤起来自过往深处的原始冲动，这呼应了进化的曲折历程和很久以前因食物而进行的生死斗争。"[5]

味觉是深刻的社会生物学指标。这就是研究人员所说的"多感觉通道"或"多模式"（multimodal），它容易被嗅觉、触觉和听觉等其他感官干扰或改变。

味觉可以通过文化和社会学习。例如，虽然我们对香菜味道的厌恶可以归因于基因结构和大脑的原始杏仁核部分，但我们选择放入口中的东西同样取决于我们居住在哪里以及是如何长大的——有的人就很喜欢吃香菜。

当舌头接触食物时，我们可以感知食物的味道，这是人的一项基本能力，但是这一感知对于机器来说却是很大的挑战，因为味道很难标准化并转化为机器可读的数字。尽管每个人的嘴都可以将食物分解成水状颗粒，从而将味蕾暴露在数千个分子中，让人能够区分西兰花和黑巧克力，但对于这些味道的感受并不是完全相同的，有些人视它们为美味，有些人则被其中的苦味劝退。

换句话说，味觉是一种以神秘方式运作的感觉。长期以来，味觉被认为完全由味蕾控制，但最新研究表明它有更丰富的复杂性。在舌头上有2000~10000个我们称为味蕾的感觉受体，配备了10~50个味觉受体细胞。这些受体中的每一个都有能够区分5种味道的蛋白质：甜味、酸味、苦味、咸味，以及最近被命名的第5种味道——鲜味。有些味蕾对甜食更敏感，而另一些味蕾则擅长识别咸味食物，但每个味蕾都配备了受体细胞来识别5种核心味道。

这些细胞将激活以化学方式分化分子组合的神经细胞群。最后，从这些神经细胞发出的信号被发送到大脑，然后大脑将它们归类为5类中的一个（有时也可能是多个）。味蕾对我们所吃的每样东西进行不断的分析，但永远不会感到疲倦，因为味蕾有一个特点：它们经常死亡，但每隔一两周就会重新生成一次。

刺激味蕾的分子并不是唯一负责品尝味道的实体。温度、纹理、密度，最重要的还有气味，它们是另一组分子，也会从根本上影响我们的味觉，这就是为什么我们称赞某菜品为美味时，往往会说它"色、香、味俱全"。研究食品风味的神经学基础的神经科学家戈登·谢帕德（Gordon Shepherd）提出了一个名为神经美食学（neurogastronomy）的新研究领域，根据他的说法，气味构成了（至少对大脑而言）我们称为味觉的大部分东西。值得一提的是，人类嗅食物的过程并不是只有吸气，还包括呼气，这个过程称为鼻后嗅觉（retronasal smelling），或简单称为口腔嗅觉（mouth-smell）。

还有另一个实体潜伏在嘴里，它也解释了味道。一条从下颌延伸到嘴巴的面神经（指三叉神经）也让我们能够品尝到经典的 5 种味觉层次中没有的东西。

## 》02《

味道与文明和文化，神经细胞和分子、生理化学和遗传密码交织在一起，使其成为一个特别重要的研究领域，但长期以来不仅被医学研究人员忽视，也被社会科学家忽视。当然，味觉正迅速成为通过传感器进行干预的新类别还有另一个原因：它在经济上有利可图。

全球食品加工行业因这一事实而面临生死攸关的选择。与其他任何行业相比，工业食品生产已将人工味觉和嗅觉工程转化为 27000 亿美元的年收入流。一些人工香料，如纽甜（neotame），这是一种比糖甜 8000 倍的甜味剂，或二乙酰（diacetyl），这是一种臭名昭著的致癌黄油味替代品，曾经在微波炉爆米花中大量应用，这些人工香料会混淆感官并让大脑认为它们是某些东西——然而它们并不是。

一般来说，构成"天然香料"的物质来源于植物或动物，如水果、肉类、鱼类、香辛料、草药、根茎、叶片、嫩芽或树皮等，这些物质经实验室蒸馏或发酵后，与美国超市货架上加工食品中约 90% 的人造味道物质相比，是根本不匹配的。[6]

然而，无论是天然的还是人工的，食品的风味都是一个模糊的概念。味道并不真正包含在事物中，它既不是食物，也不是分子，更不是味蕾的感觉细胞，但是，正如神经科学家戈登·谢帕德所认为的那样，味道存在于它们之间：在连接分子、鼻子、嘴巴和大脑的神经化学信息路径中。同时，一些感官人类学家（sensory anthropologist）——他们的专业知识现在已经扩展到将人类感官作为社会文化现象进行研究——指出，味道不仅是天生的，是基因和神经元的结果，而且也是制造出来的，是文化本身的产物。

这些科学争论都没有改变纯粹的经济现实：食品的风味是消费者购买一种品牌的食品而不购买另一种品牌的食品的主要原因。工业食品巨头在本地超市的战场上为我们的嘴巴和金钱进行了永久的"战争"，而风味则是他们的"弹药"。

毫无疑问，人造食品在色、香、味领域的不断创新压力是巨大的。加工食品生产商面临的是残酷市场，为了保持竞争优势而对我们所吃的食物进行侵入性干预，这已经导致了一场技术海啸，并因这些工程混合物（化学添加剂）而在全球范围内造成了破坏性的与健康相关的后果。[7]

仅在 2017 年，味觉调节剂（taste modulator）和利用口感（mouthfeel）的产品（这是风味工程的两个最先进的核心研究领域）市场估值就已接近 10 亿美元，并且每年都在增长。[8]

味觉调节剂实际上是添加到食品中的化学物质，用以改善或掩盖其味道的质量。例如，用更少的钠制成的"更健康"的盐和醋薯片可以神奇地尝起来更咸；像甜菊糖这样的代糖可以掩盖苦味，使其吃起来比真正的糖还甜。

通过精确调整食物的分子组成，化学又仿佛回到了它的炼金术起源。人造成分现在已经变成了新的贱金属，等待被转化为黄金。

被称为口感的研究领域更具革命性。口感是一种让我们觉得为什么一种薯片比另一种薯片更脆的感觉，或者是让我们能够区分不同品牌速溶布丁的奶油味程度的感觉。口感描述的是食物在口中的质地和感觉，口感让我们觉得食物的味道是稀烂的、黏稠的、厚实的、糊状的、酥脆的、丝滑的或有嚼劲的。

如果说味蕾和神经专注的是化学感觉，那么口感就是另外一回事了：这是一种纯粹的机械和听觉感觉，与我们自己的肉质压力传感器——舌头、上颚、牙齿和下巴如何咀嚼和加工放入嘴里的东西有关。[9]

基于调整蛋糕粉或奶油奶酪中的每一个分子的需要，人们毫不意外地加快了称为感官科学（sensory science）的平行研究领域的发展。感官科学早期也被称为感官评估（sensory evaluation），致力于味觉的定量测量。正如标准的教科书定义所言，感官科学"包括一套准确测量人类对食物反应的技术，并可以最大限度地减少品牌识别和其他信息对消费者感知影响的潜在偏差效应"。[10]

这种食品的人工工程从根本上与人类的味觉和嗅觉交织在一起。为了消除实验中的人为偏见，感官科学通常在实验室的严格范围内进行。在瑞士和美国新泽西郊区的由企业建立的风味研究组织中，或在美国费城神秘的莫奈尔化学感官中心（Monell Chemical Senses Center）等独立科研机构中，都有大量的心理学家、生理学家、生物化学家和心理物理学家等在研究如何计算气味和味道。[11]

这些实验必须是还原本质的。它们消除了可能影响口味的潜在因素，如标签颜色、品牌名称、包装盒上的声明和承诺等。他们的实验安排旨在阻断感官的参与。味觉测试人员被安置在封闭的隔间内，彼此保持社交距离。他们被蒙住眼睛或用棉花塞住耳朵，以消除声音和视觉干扰实验的可能性。口味样品装在仅标有数字 1、2、3、4 等的通用容器中（图 6-3）。

**图 6-3** 感官科学实验室的盲品测试

在这种情况下，味觉的愉悦被转化为数字类别，以便"在产品特性和人类感知之间建立合法和特定的关系"。[12] 这些关系被分析并从中得出结论，这些关系应该会产生潜在的新产品或对现有产品的调整。

感官科学是享乐主义和测量的理想组合，它正是心理物理学，这是古斯塔夫·费希纳在 19 世纪中叶发明的一门定量测量刺激的感知强度的学科要做的事情。将心理物理学应用于味觉和嗅觉评估，就拥有了对食品进行工业化加工生产的基石。因此，在我们与食物的相遇中让我们感到愉悦的一切都可以进行测量：巧克力的苦味、新饼干的质地、蛋黄酱乳液的稠度，或者脂肪在口中融化时的口感。

但是，这种测量味道的科学不仅是为了找到差异，也是为了保证从传送带上出来的某一批次食品的味道与其他批次完全一样。确保味觉标准化是世界上的一些工业食品生产集团——如雀巢、艾地盟（ADM）、嘉吉（Cargill）和百事可乐等——不断招聘感官科学家的原因之一。例如，嘉吉网站上是这样描述的："嘉吉在感官科学和技术方面的综合能力将帮助客户开发新产品，并可在现有产品中保持一致的质量和相同的口味。嘉吉公司现在提供了一种预测味觉的卓越能力，这种能力有助于识别风味成分中的天然分子，这些分子可以增强味觉，最终产生更具吸引力的消费品。"[13]

那么，感官科学如何进行它的研究？很简单，通过人类传感器——训练有素的品尝者和嗅探者的小组，他们使用自己精心调整的鼻子和味蕾来区分不同的样品；描述不同的可感知特征，如颜色、质地或味道大小（强度）；然后量化他们喜欢或不喜欢的程度，这就是所谓的对产品的情感质量进行评级。

这些人类传感器可以告诉金宝汤公司（Campbell Soup Company）——美国罐头汤生产商，它的新鸡汤需要更咸；但是，出于多种原因（例如技术进步或营造产品"天然"假象的需要），他们也将成为一种新的无形的、未被承认的劳动力。克里斯蒂·斯帕克曼（Christy Spackman）和雅各布·莱恩（Jacob Lahne）是两位研究食物对感官的影响的社会科学家，他们认为，人类传感器通过身体进行的这种感官工作成果到最后基本上都会被"抹去"。[14]

## 》03《

感官科学将人体视为其测量工具。最近的一本教科书比较直率，它提出人类测试者是"用于生成数据的异构工具"。[15] 加拿大人类学家大卫·豪斯（David Howes）是感官的社会文化背景方面的专家，他称这里面有一个悖论：一方面，感官科学行业的核心理念是没有机器可以取代人类的感官；另一方面，"人们认为，人类受试者的行为尽可能做到像科学仪器一样精确是很重要的"。[16]

但是，人类对工业生产的奥利奥和意大利面酱进行盲味测试的数量屈指可数。电子舌和其他新兴的感知机器正在迅速降低人类味觉测试者的地位。大规模自动化传感系统与统计和机器学习的计算能力相结合，也正在重塑工业食品生产和随之而来的品鉴方式。评估过程正在大规模自动化，使得人类品酒师被抹去的劳动更加无形。

工业食品生产中的传感器无处不在。它们连接在传送带上，安装在机械臂和飞行无人机检查器上，用于批处理，或者也可以由配备手持设备分析温度、流量、化学成分、质量和体积的装配线工人手动处理。

物理学的一个鲜为人知的分支流变学（rheology）对传感方面拥有先进的知识，该分支主要从应力、应变、温度和时间等方面来研究物质的变形和流动，有助于更好地理解番茄酱为什么会卡在瓶子里，或者面糊如何更好地粘在鱼条上。研究人员甚至使用计算机视觉和越来越多的机器学习来解决对世界上大多数人来说似乎完全无关紧要的食品技术问题。例如，2007 年，研究人员就使用了边缘检测（edge detection）计算机视觉技术来研究比萨面团的延展为什么会随着时间的推移而回缩。[17]

历史上，在食品加工行业中使用感知机器的重点是最大限度地提高质量控制和加工效率。番茄酱的发红或硬糖的光泽都已通过分光光度计和折光仪进行了测量。这些设备能够感应颜色反射率和光的散射，以检测物质的材料特性是否正确形成。红外温度计和热成像相机可使用天文学中的黑体辐射定律来处理图像，以监测白面包的温热所散发出的热辐射程度。超声波发射器可以计算可乐和啤酒中气泡破裂的速度。[18]

这些传感器中的大多数都基于早期的机电或声学技术。但这些设备即将被下一代所谓的生物传感器（Biosensor）所取代。生物传感器的传感元件，即它们的受体，更接近于真正的生物传感器——舌头和鼻子，或者嵌入我们皮肤的触觉传感器。这些有机传感元件，例如由酶甚至抗体等生物物质制成的材料，将连接到称为变送器（transducer）的电子元件，该装置可以将一种能量转换为计算机可以读取的电压。[19]

从抗原和抗体到化学反应和微生物检测，生物传感器在食品加工制造机器中的应用越来越广泛，就像它们要检测的细菌一样。

》**04**《

无论多么先进，传感技术在食品加工行业的出现相对较晚。根据 1997 年《纽约时报》的一篇文章，20 世纪 80 年代的自动化行业主要是为以前用于周期性或小型行业（如石油监测或造船）的机器寻找新市场。对曾经测量精炼油稠度的工业黏度传感器来说，像监测沙拉酱的奶油度这样的新应用根本就是大材小用。[20]

直到 20 世纪 90 年代，工业食品生产才试图大规模使用传感系统来取代以前人类的舌头和鼻子所做的事情。正如我们从它们的商业部署中看到的那样，电子舌传感器已经在雀巢或卡夫亨氏（Kraft Heinz）的工厂中进行嗅探和品尝，正如卡夫亨氏的一位工程师所说，"该行业正在从艺术转向食品制造科学"。[21]

电子鼻和电子舌是这一新食品科学的重要组成部分。然而，区分构成罐装浓缩橙汁或可喷雾奶酪的复杂化学混合物对机器而言并非易事。这种复杂性正是最近出现了扎堆开发检测气味和味道的传感器现象的一个核心原因。与对机械和电磁刺激作出反应的听觉、视觉和触觉不同，嗅觉和味觉是依赖于检测空气或口腔中的分子的化学感觉。

以电子鼻为例。电子鼻于 20 世纪 90 年代初在食品工业中开发出来，用于在低成本的情况下有效地监测味道。这些嗅觉分身由一堆传感元件和算法组成——小型化学传感器的集群或阵列，以及可以对传感器"闻到的气味"进行分类的微处理器和计算模型。[22]

电子鼻包含一组相互连接的气体传感器，用于检测分子。与人类的鼻子一样，它们通过检测——或科学家所谓的记录（register）——由混合气体产生的信号来分析香气，然后比较反应模式。[23]

但是，这些人造鼻子实际上是如何闻味的？因为检测分子是一个化学过程，所以人造鼻子具有被称为化学电阻器（chemoresistor）的特殊电子元件。这些元件与标准电子电阻器类似，可以基于传感器上或传感器周围发生的化学反应影响电路内的电流。[24]气味分子与这些元件相互作用，导致了电气变化，并且随后由软件记录下来。分子也由此成为机器的数据。

电子鼻还需要其他东西来分辨它们"闻到的气味"，那就是软件。对于分子所提供的现有数据，软件可以通过统计过程学习其中的模式，从而提取分子的特定特征，例如频率（它们振动的速度）、相位（振动开始和停止的时间）和振幅（振动的强度）等，这些特征可以告诉数学模型传感器闻到了什么。

数学模型可以使用一些复杂的统计分析过程，如分类（classification）、分割（segmentation）、回归（regression）和降维（dimensionality reduction）等来完成生物嗅觉系统天生就会做的事情：分离分子组以进行区分、分类和命名一种气味而不是另一种气味。当然，即使是这些计算工具也远不能与人类鼻子检测和分类多达10000种不同分子的能力相匹配，而嗅球中只有大约300多个受体。[25]

人的鼻子并不是工程师正在建模的唯一嗅觉器官。还有一些广泛的研究正在考虑结合昆虫和节肢动物的感觉器官来检测腐肉和变质牛奶的气味。节肢动物（如昆虫、蜘蛛、螃蟹、虾和千足虫/蜈蚣等）具有高度敏感的化学感受器官，研究人员正在重新设计并将它们直接连接到微电子阵列和处理器中。[26]人类长期以来设想的在电路中融合生物和电的未来已经真真切切地出现在我们面前。

事情正在朝我们越来越陌生的领域发展。高速第五代移动通信网络

（5G 网络）的出现将开启嗅觉和味觉传感机器的新时代。英语前缀 tele——希腊语中表示远距离的词——早就被用于标志感官知觉技术的革命了。例如，远距离的书信被称为电报（telegraph）、远距离的听觉被称为电话（telephone）、远距离的视觉被称为电视（television）。从历史上看，这些远距离的书写、言语、声音和视觉是压缩空间和缩短时间的主要感官媒介。根据分子美食物理学家埃尔维·蒂斯（Hervé This）的说法，很快气味和味觉也将作为远程感知加入。"还有哪些沟通领域有待征服？"蒂斯问道："由于设计了装有压电晶体的特殊手套来记录或施加压力，触觉刺激的传递现在已经被掌握了。但是气味和味道如何传递？远程动作和远程味觉的发展延迟确实是美食家们感到沮丧的原因。"[27]

## 》05《

所有这些味觉和嗅觉的人工感知会将我们引向何方？我们是否会通过与其他设备分担这些职责来改变味觉和嗅觉？我们是否需要开发品鉴机器，以在顾客实际用餐之前对食物的口味进行调整？电子舌可能已经决定了你购买的新微酿啤酒在进入你的嘴巴之前所具有的精确苦味量。当你最喜欢的软饮料改变其秘密配方时，可能你的舌头首先会发出粗略的判断，接着电子传感器阵列努力品尝软饮料并测试你的人工评估所揭示的结果。我们究竟是应该使用品鉴机器替代感官，还是让两者进行合作？

对于电子品尝器和嗅探器来说，味觉和嗅觉被重新定义为统计检测、分析和分类方法。人类拥有的用餐快感和胃里的饱足感对它们来说根本不存在。它们所做的，就是在数学上设置参数——百万分之几、声音的速度、辐射水平、扭矩、黏度、剪切应力和基材质量等。对于化学物质的量化及其分离以产生机器可读的模式，这就是对感知机器的味觉和嗅觉的重新发明。所谓的美食学（gastronomy），已经演变成了对"控制胃的规律"的研究，并且也已找到了它的科学精髓，[28] 那就是将它重新定义为数字和方程式。

当然，事物都有两面性，我们也可以乐观看待。例如，电子舌这种超越人类能力的机器实际上还是很有用的。想象一下，在不远的未来，我们可以将这些新兴的感知机器用作消费者武器，以对抗损害健康的食品加工巨头。举例来说，消费者在自家厨房里即可使用电子舌品尝一下已购买的食物和饮料，发现有害物质超标即可提出索赔，有效对抗那些刻意将生产车间变成化学调味室的食品加工企业。

感知机器可以快速识别食品中潜伏的化学危险，至少在北美，这些食品被标记为含有无害的"人造香料"，然而却没有给出其化学物质的具体细节。传感器可用于识别食源性疾病，据世界卫生组织称，这一领域每年导致约 42 万人死亡。[29]

电子舌可以在我们取样之前检测到变质或腐烂食物中的有毒物质，这使这些假体器官比我们脆弱的肉体凡胎更具有明显的优势。

已经有迹象表明，这种可能性很快就会出现在我们面前。通过使用以前仅由研究科学家掌握的不同传感技术，消费者将很快有能力在当地超市的农产品区进行自己的营养检测工作。智能手机大小的传感设备使用一种称为近红外显微光谱法（near-infrared microspectrometry）的技术，使设备的传感器能够吸收物体反射的光，因此可以立即分解这些信息以了解水果或蔬菜的化学成分，并将数据全部直接传送到手掌大小的工具上。

事实上，如果这些人工传感器已经超越了人类的某些味觉或嗅觉能力，那么为什么还要使用诸如"舌头"或"鼻子"之类的生物学术语呢？毕竟，电子舌和电子鼻对它们为什么要品尝或嗅探这些事情没有内在的理解。这是因为，这些概念与人类感知密切相关。基于嗅觉或味觉的记忆触发对人类体验至关重要，但对这些机器来说，为什么要品尝或闻一闻，如何品尝，何时品尝以及在哪里品尝或闻一闻的社会背景都不存在。

更重要的是，味觉和嗅觉是交织在一起的，如果因事故或遗传问题而失去一种感觉，则另一种感觉也会消失、突变或转变。一位英国威士忌专家对电子舌检测苏格兰威士忌差异的能力不屑一顾，他认为：

> 威士忌行业的风味评估是通过气味、味道和质地来完成的。在所有使用的感官中，嗅觉是最重要的。威士忌调酒师和质量评估员完全依赖气味。相比之下，我们的味觉则很粗糙。我们只有大约 9000 个味蕾，但是却有 5000 万到 1 亿个嗅觉受体，可以检测到百万分之几，有时是十亿分之几的微量香味，对于某些化学物质甚至可以达到万亿分之几。电子舌有这样的敏感度吗？我深表怀疑。[30]

# 监控

凯文·凯利

（Kevin Kelly）

美国作家

量化自我

（Quantified Self）

运动的联合创始人

某些事情除非可以测量，否则无从改进。因此，我们正在寻求收集尽可能多的个人工具，以帮助我们量化自己。我们欢迎帮助我们看清和理解身体与思想的工具，这样我们就可以弄清楚人类存在的目的。

　　2018 年 2 月 9 日这一天，出现了很多失望的 Spotify 用户，原因是这家瑞典音乐服务公司宣布其最受欢迎的服务之一 Running 将停止运行。Running 这个词在这里是一个双关语，它既可以指跑步，也可以指音乐的连续播放。Running 服务于 2015 年首次亮相，它是一项特殊功能，目标是在跑步者和他们的音乐之间建立无缝连接。Spotify 的算法由智能手机的加速度计和陀螺仪提供支持，可以搜索曲目以识别和播放"每首歌曲的高潮部分"，然后交叉淡入淡出到另一首，所有过程都没有中断。"当你还没来得及厌倦一首歌时，Spotify 已经开始转向下一首歌了。"[1]

　　对于 Spotify 停止提供 Running 服务的决定，粉丝们心有不甘。在线社

交新闻聚合平台红迪（Reddit）上对此充斥着各种抱怨，称停止该服务将是
"平台的重大损失"。一位 Running 的粉丝不无讽刺地解释说："是否要销毁
一个功能的唯一标准似乎是——如果它有用且有趣，能够提供更好的用户
体验，那么它就该被扔进垃圾箱。"还有人怀疑地问："他们为什么要开发这
样一个很酷的功能，然后在不给出任何理由的情况下将其关闭？"[2]

乍看之下，Spotify 的这种策略似乎是顺理成章的，因为公司就是要不断
停止让消费者沉迷其中的技术，Spotify 声称会有更好的事情发生，它将"把
我们的精力投入到为我们的用户创造最佳体验的新方式中"。它甚至还提供
了一个颇有"诚意"的选择："用户仍然可以使用 Spotify 标准播放列表作为
跑步伴侣进行锻炼。"

从字里行间看，这些 Spotify 用户的抱怨可能揭示了令他们感到失望的
其他一些东西——许多用户被他们的身体运动和音乐反应之间的直接耦合
所吸引。一位用户表示，该功能"在我的数次使用体验中都非常酷。在我
跑步时，音乐会发生相应的变化。例如，当它检测到我的步伐放慢时，音
乐会逐渐变得强烈和昂扬，鼓励我振作起来"。[3]

也许 Running 被停止运行是因为它只是一个测试案例，是 Spotify 推出
的一个实验。该公司有很大的雄心，它不满足于仅将自己定位为音乐放送
服务，而且要成为一家媒体生活方式公司，希望在音乐和用户的生理与情
绪状态之间建立新的情感联系。我们可以来看一下 2015 年至 2020 年 Spotify
专利申请的一些标题和简短描述：

"增强休闲体验的媒体内容系统"；

"增强对情绪性话语的响应能力的系统和方法"；

通过"运动、手/接近度或热传感器，检测用户何时将与设备交互"来
感知用户行为；

"基于媒体内容选择的生理控制"。

上述最后一项——"基于媒体内容选择的生理控制"——很可能就是

Running 背后的原始研究愿景。这些专利都涉及使用检测设备和机器学习来加载、缓冲、选择和播放音频。就生理控制专利而言，其目的描述得很明确："使媒体输出设备根据当前的生理测量结果来修改媒体内容项目的播放。"[4]

Running 首次亮相时，Spotify 的广告特别强调用户的情感将与他们的音乐合而为一。"你可以用 Spotify 为你的整个生活配乐。无论你在做什么或感受什么，我们都有音乐让它变得更美好。"换句话说，Running 不仅仅是 Spotify 的一项功能，它是一种在锻炼身体和媒体环境之间打造的新的互动体验的尝试。

对于 Running 来说，媒体环境就是指音乐，其实现手段就是嵌入标准智能手机中的扩展传感和算法能力。今天的手机已经变得与一个人的移动、活跃的身体密不可分。感知机器现在被重新想象为一个仲裁者，由它来判定你的健身和自我情感需要（图 7–1）。[5]

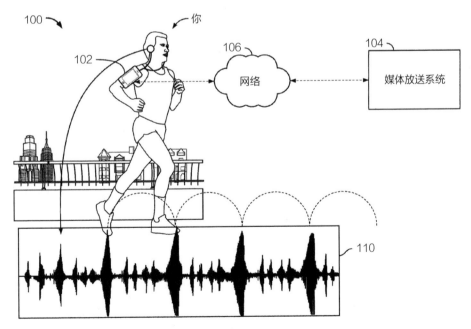

图 7-1　来自 Spotify 专利的心率测定和媒体内容选择系统示例图

# 》01《

Spotify 并没有发明锻炼者用媒体设备为他们的生活"配乐"的概念。这个概念可以追溯到 1979 年，当时索尼发布了一款名为"随身听"（Walkman）的小型便携式盒式磁带播放器。索尼取得了巨大的商业成功，因为有大量青少年使用"随身听"播放预先录制的盒式磁带，他们戴着耳机四处走动，陶醉在自己的音乐世界中，对外面的世界则充耳不闻。随着有氧运动时代的到来，这种便携式设备再次获得了广泛的关注，因为它满足了锻炼者在起居室挥洒汗水的同时拥有个人音乐伴侣的愿望。

尽管有无数种版本，但"随身听"及其电视继任者便携式电视机 Watchman 都没有传感器来监控你的运动。"随身听"并不知道你的锻炼情况，你跑到了哪里，或者你走了多少步。换句话说，锻炼的听众和他们设备的媒体播放之间的反馈循环是情绪化的，但并不是由传感器和软件直接驱动的。无论你跑得有多快或呼吸有多沉重，"随身听"的声音都将保持不变，该设备对外部世界是封闭的。

在今天，能够感知周围情况的机器（如可穿戴健身追踪器、智能手表和智能手机等）就像 20 世纪 80 年代的"随身听"一样司空见惯。部分原因是晶体管和电子产品的外形尺寸缩小，使得传感器的小型化成为可能。但这些便携式媒体设备也在等待一个新的文化时刻，它设想了一种与计算机相关的新颖、具体的方式。从手势到全面的心血管运动，运动中的身体将成为移动计算机和同样便携的媒体体验之间的新接口。

Spotify 的 Running 体现了这种思维。这是一个应用程序，它可以通过手机的加速度计和陀螺仪直接感应身体运动，并使用这些传感器数据实时无缝地选择、切换和交叉淡入淡出音乐。虽然 Running 只能基于跑步者手机中的算法启用的数字运算来运行，但用户的直接体验最终并不完全是量化的。这与简单地根据显示器上出现的数字（例如步数、今天和本周的活动或已经达成的目标等）来调整他们的锻炼行为在本质上是不同的。你可以说一个人的锻炼得到了改善，甚至优化，但看不到任何数字上的好处。

Spotify 不依靠数字，它了解感知的力量，可以在一个人的身体动作和媒体（在这种情况下，就是音乐）的情感力量之间产生情感共鸣。Running 推广了一种感知机器模型，在该模型中，运动的身体、传感器和所处的环境可以被想象为一个单一的交互系统。

数据科学家将驱动 Spotify 等系统的算法称为推荐系统。[6] 推荐系统其实是一个数学模型，它试图根据与特定系统的交互历史来预测用户偏好。其中一篇关于这些技术的核心科学文章将推荐系统的价值描述为：能够"在推荐者和寻求推荐者之间进行良好匹配"。[7]

在 Spotify 和其他服务中，系统会获取用户个人资料中的收听偏好以及相似用户的行为——这需要采用一种称为协同过滤（collaborative filtering）的技术，作为驱动推荐系统的输入因子。

通过使用数学来排序、过滤、选择和呈现可供聆听的选择，Running 无疑在算法管理的这一原则上发挥了作用。但这个 Spotify 现已停止运行的服务也提出了一个新的过程——一种通过算法驱动的感觉。在该过程中，音乐的情感共鸣和节拍也可以自动化，以匹配慢跑者随着时间的推移所经历的身体感觉的高峰和低谷。[8]

》02《

将传感器放入便携式通信设备以测量物理动作（哪怕是非常轻微的动作也可以测量到），这一思路源自一个不同寻常的背景。21 世纪初期，位于班加罗尔的印度科学研究所的一组计算机科学家试图"将穷人带入信息时代"。为了开发一种能够"弥合数字鸿沟"的低成本手持设备，他们为一台名为 Amida Simputer 的印度造机器设定了一个雄心勃勃的愿景——

据说 Simputer 这个名称是由简单（simple）、廉价（inexpensive）、多语言（multilingual）的计算机（computer）这些词组合而成。Simputer 敏锐地意识到印度信息科技的迅速发展与农村地区甚至连最基本的电信基础设施都缺乏这一矛盾，因此 Simputer 试图将电话和互联网功能整合到一个手持设备中。[9]

Simputer 使生活在农村的人也能够访问互联网并进行金融交易，通过电子邮件进行联系，甚至还可以通过称为 Dhvani 的定制设计的文本到语音（text-to-speech）系统进行交流，允许用户使用他们的本地语言。因此，语言"不再是使用计算机的障碍"。

Simputer 的愿景是制造"一种低成本的设备，帮助每个印度人——不分性别、语言、地理位置、文化程度等，都能进入信息高速公路"。[10]换句话说，发明者寻求的是计算设备在访问和使用方面的革命。

Simputer 引起了全球媒体的兴趣，其中包括科幻作家布鲁斯·斯特林（Bruce Sterling）。他在一篇文章中称该设备"非常受人欢迎，应该让史蒂夫·乔布斯（苹果公司联合创始人）来进行广告宣传"。[11]

Simputer 的愿景远远不只是销售移动电脑那样简单。该设备运行在开源平台 Linux 上，这使得它基本上具有当时小型个人计算机的计算潜力，并且该设备还具有手写识别功能以及智能卡，售价约为 230 美元。虽然比照印度贫困社区的工资水平，这一售价仍然高得令人望而却步，但其创始人已经为这些群体如何获得该设备设想了一个模式，那就是当地社区组织可以购买该设备并将其短期借给社区成员，而每个人都能够通过他们自己的个性化智能卡来使用 Simputer（图 7-2）。[12]

更令人惊讶的是，至少在 2004 年的商业版本中，Simputer 成为世界上第一款配备加速度计的手持通信设备。双轴加速度计（当时被称为"触发运动检测器"）确保了易用性，特别是对那些不太会操作菜单界面的人士来说，该设计更加贴心。正是由于该设计，识字不多的人士甚至是文盲也可

**图 7-2** Simputer 产品（左）及其核心团队的部分成员（右）

以学习通过图像、声音和触摸等方式使用通信设备。

让我们来梳理一下这个时间脉络。在苹果 iPhone 中的加速度计大张旗鼓出现之前约六年，一项主要为农业地区人口设计的印度发明已经促进了与便携式通信设备的新物理关系：它可以翻阅页面、将图像从横向更改为纵向、只需轻按屏幕即可缩放图像，甚至还可以玩一个名为 Golgoli 的简单游戏。

遗憾的是，由于印度政府和企业界的低接受率，Simputer 最终在商业上失败了。但是，计算机通过传感器以非语言交互方式直观地响应用户，这一创意的影响是深远的。传感器不仅仅是一个技术噱头。它以创建一个直观、易于使用的接口的名义实施，该接口不仅可以响应文本命令，还可以响应人体运动。

## 》03《

当然，将图像从横向变为纵向还达不到需要消耗体力的程度。不过，像 Simputer 这样的便携式感知机器所设想的直观物理接口却带来了其他东西。携带装有传感器的设备以提供与小型计算机的非语言和非文本交互，这一想法固然很超前，但在当时也并非个例。

例如，在 2004 年 Simputer 商业版本首次亮相的同一时期，日本电报电话公司和芬兰诺基亚等电信公司也开始将下一代加速度计集成到智能手机中。这些基于微机电系统的加速度计已经改变了汽车的安全性，并且也将从根本上重构视频游戏及其控制器。

与早期的单轴或双轴设备不同，新的 3D 加速度计具有三个轴，这使得它们非常适合感应三个维度（上 / 下、左 / 右、前 / 后）的运动，例如由步行这样的日常活动产生的运动。3D 加速度计很快被整合到所谓的惯性测量单元（inertial measurement unit，IMU）中。IMU 的特殊之处在于它不仅可以计算加速度，还可以计算角速度，这是设备不仅可以测量加速度，还可以测量位置和方向的关键功能。

新的三轴加速度计还推动了智能手机中传感器的使用，具体而言，就是通过实现一种也许可以追溯到罗马时代的设备（即所谓的计步器），来与锻炼中的身体建立进一步的联系。计步器可以通过计算一个人所走的步数来测量两点之间的距离。一些人认为计步器是罗马人发明的，他们有一个包含轮子的东西，称为轮转计（hodometer），用于在旋转时测量 1000 罗马步（mille passum，这是拉丁文短语，其中的 mille 就是"千"的意思，英语词根"mill"正源于此。英语中表示"英里"的单词 mile 也源自这个拉丁语）。还有一些人则认为是列奥纳多·达·芬奇（Leonardo da Vinci）发明了计步器，因为他的笔记本证明了这一点，其中显示了连接到一个小轮子上的类似杠杆装置的草图。据推测，当士兵移动时，会导致杠杆上下移动并转动轮子。该装置本身似乎是为了测量 15 世纪时士兵行走的距离而设计的。

还有一些人提到了托马斯·杰斐逊（Thomas Jefferson）的名字，据说他从巴黎带回了一个系在腰间的计步器，在巴黎时，他用它来计算他在历史古迹之间行走的距离。甚至连英国科学家罗伯特·胡克（Robert Hooke）都声称创造了第一个计步器（他称之为 pacing saddle），当然，该计步器主要由他本人使用，不是为了标记距离，而是为了出汗以缓解他的头痛、眩晕和恶心。[13]

尽管似乎起源于军事科学，但计步器在被步行爱好者所接受后，在 20 世纪初至中叶也获得了一种流行的地位。在 20 世纪 30 年代的美国，长途步行者将其称为 Hike-O-Meter。在 1964 年东京奥运会前夕，日本的步行俱乐部开始热情地购买一种叫作 manpo-kei 的设备，在日语中，它的字面意思就是"万步计"。

一万步的数字对健身爱好者来说是神奇的。它出现在几乎所有的健身追踪器广告、健康博客、在线健身新闻组和 Facebook 页面中。但事实上，这个数字是任意选择的。一位名叫吉城旗野（Yoshiro Hatano）的年轻日本身体健康科学研究人员，现在被认为是第一个将计步器与通过使用设备步行来鼓励锻炼身体的思路联系起来的人，他提出了这个神奇的数字。

随着人们越来越担心在战后经济繁荣中，日本男性越来越久坐，变得越来越肥胖，吉城旗野撰写了一篇研究论文，以证明健康的生活方式应该包括每天行走一万步（约五英里），这相当于在 24 小时内额外消耗掉 20% 左右的卡路里。这样一个"黄金数字"很快被日本山佐时计计器株式会社（Yamasa）用作吸引人的广告口号，该公司在 1965 年开发了一种计步器，并推向了日本市场。[14]

计步器在日本已广泛普及，许多老年人至少拥有两个此类设备，工业界也没有忽视计步器。38 年后的 2003 年，日本电话电报公司发布了第一款配备计步器的 Raku-Raku（意为"简单易用"）富士通手机，目标客户是既熟悉计步器又想要一个易用通信设备的老年人。

该手机中的计步器可以全天候（每天 24 小时，每周 7 天）以用户感知不到的独立模式运行。即使卡在口袋里或放在钱包里，它也可以持续运行。更有趣的是，该富士通手机还有一个集成的电子邮件应用程序，可以在每天的特定时间段向用户发送消息，以指示当天记录到的活动量和卡路里消耗量。

通过富士通手机，计步器实现了彻底的转变，从需要由用户打开和关闭的设备转变为可以持续监控用户活动，让用户感觉不到且越来越离不开的设备。因此，用户活动模式本身，而不仅仅是在离散时间点的个人行为，既可以用来揭示用户身体行为的有趣之处，也可以作为影响他们身体行为的催化剂。[15]

考虑到行为改变这一目标，在富士通手机推出仅仅三年后，芬兰公司诺基亚发布了一款竞争产品。诺基亚 5500 Sport 手机同样配备了 3D 加速度计。虽然计步功能在早期会导致很快耗尽了设备的电池寿命，但手机本身却为传感器呈现了一个面向未来的愿景，即它可以将那些移动的、具有积极生活方式的用户变成另一类的新消费者。

2006 年，比 Spotify Running 服务早 13 年多，诺基亚曾预计这款手机将成为健身的必备伴侣。例如，通过摇动设备，人们可以在上班途中、休闲散步、跑步锻炼或进行其他类似活动时选择自己喜欢的音乐。

凭借其手掌大小的外形、圆角带来的耐用性形象、橡胶轮廓和精心打造的将手机作为必要配件附在身体上的形象（该设备需要绑在腰部，以实现计步器功能），诺基亚 5500 Sport 进一步推进了将通信设备转变为生活方式管理系统的过程。

诺基亚手机还有另一项功能，即所谓的健身日记，它可以在屏幕上显示用户的身体活动，其中包含计划和目标等一系列项目。在仅仅四年的时间里，从计步设备或可穿戴设备到手机，再到身体和生活方式管理系统的转变似乎已然完成。

## 》 04 《

当然，在我们叙述的便携式设备与感知机器相结合以完成从简单计步器到生活方式管理系统的华丽变身故事中，其实还缺少了一部分。2010 年 4

月，美国《连线》（*Wired*）杂志的前编辑兼作家加里·沃尔夫（Gary Wolf）在《纽约时报杂志》（*New York Times Magazine*）上发表了一篇长文，指出了一种新的文化转变。在他看来，随着人们越来越多地跟踪、测量、分享和展示他们的日常活动，这种转变正在静悄悄地发生。他将这种转变称为数据驱动的生活（data-driven life）。[16]

沃尔夫列举了引领这种新数据化生活的四项关键技术发展：传感技术的小型化、智能手机的普及、社交媒体的共享文化，以及"云端的兴起"——最后这一说法或许有点滑稽。

他认为，智能手机中的传感器和当时出现的被称为健身追踪器（fitness tracker）的可穿戴设备所提供数据中的数字的力量正在带来一种新的"通过数字了解的自我"。沃尔夫随后提出了一个激进的主张。由于这些新技术的发展，我们正在进入一个新时代，在这个时代，我们对身体和我们自己的理解将由传感器塑造。"自动化传感器不仅可以为我们提供事实"，沃尔夫认为，"它们还提醒我们，我们的日常行为包含模糊的定量信号，一旦我们学会解读这些信号，即可用来引导我们的行为"。[17]

沃尔夫还多次描述了他和一位《连线》杂志前编辑凯文·凯利（Kevin Kelly）标记的"量化自我"的起源——这是一种试图为日益增长的自我追踪现象打上标签的尝试（图 7-3）。这种自我追踪现象是指人们记录和分享由他们的行为模式（如睡眠、锻炼）或以某种方式感受产生的数据。但他认为"通过数字的客观力量认识自己"这一理念是由传感器和云端引入的，

图 7-3 "量化自我"：聚会、氧气测量和 Fitbit 跟踪仪表板（2013 年）

这从历史脉络上来说未免有点短视。

其实，通过数字化和测量物理自我以获取自我认知的概念由来已久。很多人长期以来都有写日记和保留日记的习惯，但这些都是对他们经历的个性化的、特定和主观的描述。长期研究人们塑造自我方式的法国哲学家和社会历史学家米歇尔·福柯（Michel Foucault）声称，被称为斯多葛学派（Stoics）的古罗马哲学家试图通过自律来获得"自我控制"，并会交换详细的参与活动（如日常锻炼）的清单。[18]

当然，斯多葛学派的这些清单与个人的反思无关。相反，其设计目的是站在个人的自我之外，保持一种客观和距离感。换句话说，斯多葛学派哲学家使用了一种简单的技术——写作——来记录行为，以便与这些行为保持距离。

正如沃尔夫所指出的，正是传感器等新技术的力量创造了这种客观距离。因此，他对便携式传感、记录和跟踪技术的描述可以回溯到这段历史。当然，沃尔夫的文章介绍的是 Fitbit 等当时的新兴公司。Fitbit 最初是一家健身追踪公司，在 2021 年被谷歌收购后，现在正将自己重新定位为医疗保健平台。

但是，自动传感器真的给了我们关于我们自己的客观"事实"吗？为了构建他的论点，沃尔夫描述了一位名叫凯恩·法伊夫（Ken Fyfe）的加拿大机械工程教授的事迹，后者在 20 世纪 90 年代就已经是传感器的早期研究人员之一，他猜想传感器和身体的物理结合可能对双方都是有益的。法伊夫既是阿尔伯塔大学的教授，也是一名跑步爱好者，他花了很长时间开发了一种可穿戴设备，该设备使用可以连接到跑步鞋上的加速度计来测量速度和距离。法伊夫对设备的便携性很感兴趣，因为他想要让跑步者在跑步过程中就知道一些关键数字，例如速度和距离，而不必等到停下来休息之后才能了解。

法伊夫早在 20 世纪 70 年代就进行了对加速度计的研究（包括使用加

速度计捕捉人体运动的研究），并且在 20 世纪 80 年代中期申请了将传感器用作计步器和运动监测设备的专利，但是，法伊夫仍然发现某些东西是有缺失的。其差距不仅在于可以捕捉跑步者动作的传感硬件，更重要的还是软件方面的不足。因此，法伊夫利用了他在振动分析和称为步态分析（gait analysis）的工程领域的专业知识——该领域研究人类运动的原理，特别是我们在走路或跑步时如何移动脚——以获得更多关于运动行为的信息。

当法伊夫开始他的研究时，步态分析主要是在实验室通过昂贵的基于 3D 摄像头的跟踪系统进行的。在经过长时间的工程分析之后，他设计了一个原型，创建了一个附着在脚上的便携式传感器。这样的努力最终得到了回报，它带来了运动分析系统的专利和成功的衍生企业 Dynastream，后者将这项小发明（足部传感器）进行了商业化。[19]

Dynastream 最终将 50 万个此类传感器卖给了运动服装行业的领先企业如耐克、阿迪达斯、极地（Polar）、佳明（Garmin）等，后来该企业本身还被佳明收购。

法伊夫明白跑步者想要知道哪些有价值的信息，例如速度、步长（步幅）或脚踩到人行道的速度，这些信息并不容易从产生的纯电子信号中获得。有人穿着配备了他的加速计的鞋子跑步，信号中包含步长、角速度、足部角度以及法向和切向加速度等特征，这些对人眼来说并不明显。它们需要通过数学程序提取，以使信息具有人类可读性和有用性。如果没有数学程序的提取过程，传感器读数对跑步者来说将毫无用处。跑步者在移动时希望看到的量化信息并不是生硬的、无感的事实，而是经过特定技术协同处理之后容易理解的结果，这就是传感器信号和处理算法所带来的价值。

销售给阿迪达斯和耐克等制造商的法伊夫足部传感器生成的数据很容易显示在一个明显的地方：智能手机应用程序。如今，Fitbit 应用程序或苹果健康应用程序中的这些仪表板显示已广为人知。它们可以通过数字、图表和曲线给我们即时反馈。这些显示结果试图展示汗水和像素之间的紧密耦合：我们的身体动作（如散步或快跑），以及仪表板的图形读数。

事实上，现在已经有无数人依靠手机和追踪器上基于传感器的数据可视化来了解自己的"客观"情况。Fitbit 和苹果手表似乎在大声告知与我们的幸福有关的真相，并且可以优化我们的身体反应，例如更快的速度、走路时的不同步调，或者通过更稳定的呼吸以减慢我们的心率，这取决于它们所揭示的内容。

虽然我们认为 Fitbit 和 iPhone 健康仪表板上的条形图和旋转表盘的视觉读数说明了一些事实，但它们的数据也是数学的副产品。加里·沃尔夫在他有关数据驱动生活的文章中引用 Fitbit 的联合创始人詹姆斯·帕克（James Park）的发言时也强调了这一点。为了真正了解锻炼身体，帕克声称"信号处理和统计分析"是将"来自廉价传感器的杂乱数据转化为有意义的信息"的关键。

凯恩·法伊夫从附着在跑鞋上的微型传感器中提取有用特征的工作展示了如何获得这些有意义的信息。Fitbit 设备和智能手机从不显示"原始"数据。通过传感器收集的数据在应用数学模型之后，将以统计形状和可操纵的特征显示，并且将通过一些派生数字来帮助用户理解。这些我们认为代表我们身体事实的数据其实是通过工程、数学和统计学来测量和量化世界的特定方法的结果。

## 》05《

加里·沃尔夫以一段有力的叙述总结了"数据驱动的生活"：

> 量化自我的魅力背后是一种猜测，即我们的许多问题都来自缺乏了解我们是谁的工具。我们的记忆力很差；我们容易受到一系列偏见的影响；我们一次只能将注意力集中在一两件事上；我

们的脚上没有计步器，肺里没有呼吸分析仪，静脉中没有血糖监测仪。我们缺乏评估自己的身体和心理的设备。我们需要机器的帮助。[20]

值得注意的是，这句话听起来像是来自 19 世纪的生理学家艾蒂安–朱尔斯·马雷，我们在第 1 章中介绍过他，他也声称他那个时代的新感知机器将追踪"难以察觉的、转瞬即逝的、动态变化的和灵光乍现的事物或感觉"。[21]

但正如感知机器与我们由健身驱动的自我认知之间的互动实践所表明的那样，由机器带来的量化自我仅代表了画面的一部分。就像 Spotify Running 服务所展示的那样，我们通过数字"了解自己"的愿望通常并不取决于我们所看到的，而更多地取决于我们的身体感觉。

量化是存在的，但也许并不是我们最初期望的，因为这种量化的自我几乎是虚构的，完全取决于数学炼金术：数字被提取、过滤并用于塑造仪器和感知机器的行动方式，以及对我们做出反应的方式。

沃尔夫认为，"数字使问题在情感上不容易引起共鸣，但在智能上更容易处理"。但我们的观点正相反，这些数字是透明的，它更可能使我们产生共鸣。与其在仪表板上由统计公式衍生的"客观事实"中寻找真相，还不如去关注感知机器与我们直接互动的方式，也许这里才隐藏着量化自我的秘密。

# 第8章

# 机器如人

| 康拉德·楚泽 | 计算机变得像人固然危险，但人类变得像 |
|---|---|
| （Konrad Zuse） | 计算机则更危险。 |
| 德国工程师 | |

　　隐藏在恒温器中的麦克风可以监听你的谈话，办公室中的摄像头可以实时观察你的动静，机器人吸尘器可以扫描并绘制客厅地图，接触者追踪应用程序可以悄无声息地与附近的其他手机同步，并将其数据传递给政府和公共卫生官员——在这个传感器遍布的社会中，几乎每天都会曝光一些与传感器窃听或监视我们相关的新闻。[1]

　　事实上，随着传感技术和机器智能的进步，以及它们以创纪录的速度离开实验室加入大型科技公司（如 FAANG）的武器库，这样的连接似乎越来越多。人类在传感器增强后的无线世界中越活跃，这些设备也将越来越多地具备人类特征。

　　很多人都在关注那些迫切需要数据的企业实体吸收我们的数据的方式，而传感器通常是第一个受到指责的。但是，这些系统是否真的像我们想象的那样无所不知？是否真的如某些人所说，"曾经是我们搜索谷歌，但现在是谷歌搜索我们"？[2]

我们是否希望与这些传感器进行交互，因为它们看起来越来越像我们？又或者，尽管这些系统不是通过眼睛观察而是通过传感器"感知"和"解释"世界，但我们真的可以将它们视为和我们一样的感知实体？

## ))01((

我们的感官或生物的感官与机器的感官有多大不同？研究人员普遍认为，感觉器官，即有机体中的"传感器"，决定了有机体感知其世界的方式。[3]

严格来说，从功能角度来看，传感器可以检测到它们正在监控的实体环境的变化，然后根据这些变化对其效应器（affector）和运动能力采取适当的行动。这里的关键信息是实体可以按特定或独特的方式对其感知的刺激做出反应。

以大肠杆菌为例，这是一种经过充分研究的单细胞实体，具有令人惊讶的复杂感觉运动系统。利用其外膜上的一组分子，普通大肠杆菌能够感知其环境中的化学变化，并在寻找食物的过程中通过物理运动向某些化学物质移动而远离其他化学物质，这种已知的过程称为趋化现象（chemotaxis）。[4]

像大肠杆菌这样的细菌的生存正是基于它们的运动性：它们要么感知食物，要么试图规避会伤害它们的东西。因此，细菌的传感器——对它们来说，就是它们外膜上的分子结构——至关重要，因为它们将使细菌能够在任何特定时刻以适合它们所处环境的方式行动。

不幸的是，此类细菌也有一些缺点。与进化程度更高的动物不同，它们没有大脑或神经系统。在更发达的生物中，神经系统——传感器、效应器、神经元和大脑——已经进化到可以协调和统一它们的行为，特别是发展出在感知和行动之间进行协调的方法。它们可以根据当前感知的场景选择最合适的行为，例如实现生物体目标，这包括维持体内平衡、氧气供应、水平衡、营养状态，保护自体免受捕食者的伤害和寻找配偶等。在追求当前最紧迫的目标以及试图实现这些目标的行动中，存在一个持续的感知和协调循环。

还有一个比较有趣的例子是头足类动物（cephalopod），如章鱼。章鱼是感觉和神经技术的奇迹。它们可以在看不见的情况下感知光，这要归功于其皮肤表面的光敏蛋白质。章鱼的触手也充满了传感器。更令人惊讶的是，章鱼的大脑和它的五亿神经元似乎以某种方式相互"隔绝"并扩散到整个实体中。正如一位研究人员所说："尚不清楚其大脑本身在哪里开始和结束。"[5] 尽管其神经元分布很特殊，但这种生物仍然能够协调整个身体的感觉运动动作。

感觉器官也使实体能够采取行动，以实现其内在目标。在人类发展的早期，作为狩猎者和采集者，我们需要在复杂环境中生存，因此感官需要适应环境的变化，使我们能够实现生存目标。我们需要知道接近我们的东西是什么以及它们在哪里。换句话说，生物实体中的传感器已经发展成为更大的基于目标的组织形式的一部分，该组织形式包括神经系统、大脑和环境之间的复杂反馈回路，并且需要维持传感实体，对不断变化的环境做出反应。

但是，我们的传感器和效应器的主要作用是帮助我们在内部状态和外部世界之间进行协调。感觉系统有助于减少有机体外部世界的不确定性，从而使我们能够采取行动。我们的内部感觉系统（器官的伸展、口渴、饥饿或情绪状态）为我们提供了自己内部状态的信息，而外部感觉系统（感觉器官）则负责与外部环境互动。这些传感器可以感知（即测量）环境的当前状态，并尝试区分其中的特定状况。例如，环境中是否存在某种化学物质？是否有物体（如大型猛兽）在迅速接近？

因此，感知 / 测量的过程涉及进行区分，从许多可能的结果中选择一种结果，然后将这些区分结果与我们的神经系统和我们的效应器、运动系统联系起来。[6]

效应器可以通过映射这些状态使我们直接采取特定的运动动作（例如，在发现大型猛兽接近时，进行猎杀射击或逃跑避让）。这个过程的目标很明确：通过对外部世界采取动作，我们试图以某种方式改变它。

这种从许多可能的结果中读取一个确定结果的过程为生物体提供了所需的信息——它实际上是对各种可能选择的衡量。显然，这种信息衡量与传感器和环境的相互作用有关。传感器与环境的交互可以减少不确定性。因此，经验越丰富的猎人判断越准确。[7]

简单地说，传感器和感官在我们的身体和自我以及我们外部的环境之间建立了各种分界线。它们阐明了环境中潜在状态之间的差异，并将这些环境状态和条件转换为大脑和身体可以采取不同行动的神经信号。因此，我们的传感器和执行器的结构使我们能够"感知世界的某种状态，预测在给定感知的情况下应采取的最佳行动，并据此实施具体行动"。[8]用人类学家和控制论者格雷戈里·贝特森（Gregory Bateson）的话来说，就某些目标或目的而言，感知就是"了解有助于进行区分的差异"。[9]

## 》02《

生物实体或代理（agent）并不是唯一具有目标的实体。机器也可以利用它们的传感器来了解它们所置身的环境，然后基于其目标采取对应的行动。[10]事实上，将人类和机器联系起来的事项之一是，两者都可以在功能上进行组织，以实现目标驱动的、自适应目标的感知-协调-行动。不同之处在于，我们的目标是基于人类与环境的长期互动而演变的，而机器的目标则是由其设计者确定的。

机器感知环境并以此为基础采取行动即是机器感知（machine perception）。机器感知是"计算机系统以类似于人类使用感官与周围世界联系的方式解释数据的能力"。[11] 这包括广泛的研究领域,例如基于计算机的视觉、听觉、触觉、嗅觉和味觉以及语音识别。机器感知旨在赋予机器感觉运动特征,并在技术系统中模仿人类感知的能力。

但是,这里面也有一个小问题。如果说感觉和知觉的核心要素之一确实是如何测量外部世界的刺激结构,将其导入神经领域,并转化为对神经效应系统有意义的模式,那么这种模式对于机器来说究竟应该是什么?须知机器并没有真正的神经系统。

要回答这个问题,首先需要了解机器传感系统实际上是如何检测模式的。模式(pattern)是区别或差异的特定形式、组织或配置,例如节奏或几何图形(如三角形)。在20世纪50年代后期,研究人员开始对通过称为模式识别(pattern recognition)或模式分类(pattern classification)的过程教机器识别形状、阅读笔迹和执行类似任务产生兴趣。人类和机器模式识别都有相似的目标:识别给定刺激中模式的存在。

机器中的模式识别的基础是通过传感器测量周围环境、分析感应数据,并对某些相关事件(例如重复出现的对象或序列)做出适当的反应。模式识别要执行的任务是识别、"学习"和分类这些模式——将信号与噪声区分开来。这个过程涉及识别,即将给定刺激与其他先前呈现或感知的刺激按相似性进行分类。[12]

赋予机器识别模式的能力听起来像是所谓的人工智能领域。但是,在模式识别出现的同一时期,使用早期数字计算机的科学家和数学家试图从不同的方向定义人工智能或机器智能:与其说是模式的检测,不如说是对以逻辑驱动的命题的符号运算。[13]

计算机科学家和作家侯世达在《哥德尔、艾舍尔、巴赫》(*Gödel, Escher, Bach*)一书中描述了早期人工智能和模式识别之间的这种差异:

在试图让机器做一些事情,比如识别猫狗之类的动物、书写笔迹或形状序列时，研究人员面临着诸如"狗的本质是什么"之类的问题。给定一张人脸，如何确定它的本质是什么，使它不会与其他人脸混淆？如何将这些东西传达给计算机？因为计算机似乎最擅长处理具有锐边的类别——这些类别需要具有非常清晰的边界。这些感知挑战尽管有巨大的困难，但一度被大多数人工智能视为在通往智能的道路上需要克服的低级障碍——这些挑战大多数是他们想要忽视但又不能忽视的令人讨厌的东西。[14]

正如侯世达所言，这里有两种完全不同的关于智能的世界观：一种基于感知，即通过传感器和效应器理解世界的能力；另一种基于推理，即从逻辑上进行思考、构建并组织概念的能力。

将感知能力引入机器也给模式检测带来了一系列新挑战，这不仅仅与物体之间的区分有关——在与机器学习相关的某些技术中，仍存在一些较大的问题，比如模型在学习时使用了有局限性的和有偏见的数据集。

研究人员还将时间引入了感知过程。例如，传感器具有物理学家所说的时间常数（time constant）或响应时间。加速度计可以提供非常快速的响应，因为它可以测量物体的振动，而物体的振动会迅速变化。如果一个物体开始周期性地振动或来回移动，则我们可以说它会随着时间的推移而迅速变化。

再举一个例子。如果你佩戴加速度计并且以稳定、周期性（即定期重复）的方式上下跳跃，则从设备获取的模式将是规则的。在显示信号强度（幅度）与时间之间关系的图表上，你可以检测到规则形状的曲线。如果你保持相对静止，则数据将基本持平。但是，如果有人在你上下跳跃的同时猛拽你的身体，那么这种模式就会突然改变，有时会变得不规则或突然出现活动——这就是所谓的尖峰（图8-1）。因此，这些差异可以由传感器记录并作为时间点建立索引——这在统计学中称为时间序列（time series）。

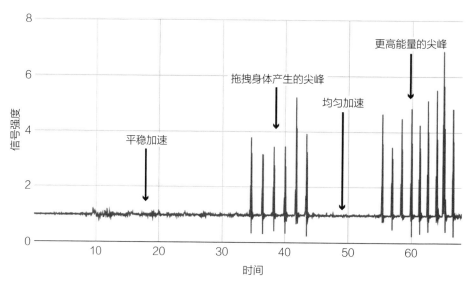

**图 8-1** 加速度计随着时间的推移而产生的行为和模式

我们在时间序列中记录的信号的变化量也取决于我们实际上可以放大多少细节——在数字机器中，这取决于样本分辨率、比特率和存储长数据序列的可用内存等因素。例如，如果你佩戴健身追踪器并记录设备的加速度计在 24 小时内的数据，那么当你查看时间序列中的整体信号时，你将看到规律性的、几乎没有什么变化的活动周期。但是，如果你查看的是较短的时间窗口（例如，跑步时的几分钟），则可能会看到更大的变化。

相比之下，传感器测量的是变化缓慢的信号，例如环境中的湿度或光线从傍晚到黄昏的缓慢变化，因此我们将看到其在时间上的演变要慢得多。如果有软件可以让我们在视觉上放大信号并观察几秒的数据，则会发现在很短的时间窗口内几乎没有变化（除了我们试图过滤掉的不可避免的噪声），只有在较长时间窗口内（对于光线变化，可能需要超过数个小时）观察整个信号，我们才能感知到任何显著的变化。在已经显示的信号中，你看到的不一定是你得到的。换句话说，这完全和时间有关：你所选择查看信号的时间和地点不同，结果也会不一样。

关于模式分类的另一个关键思想是它可能高度依赖猜测。它更像是一门艺术而不是一门科学。尽管软件部署了数十种数学技术来尝试对模式中接下来会发生什么做出有根据的猜测，但这种检测以及最终的预测大部分都是在试错的基础上进行的。过去变化不大的信号在未来会保持静止，还是会发生根本变化？算法可以预测多远的未来？未来的模式将是什么样的？

为了猜测序列中接下来可能发生的事情，机器感知将采用基于工程的感知理解（engineering-based understanding of perception），即使用大量数学和统计过程对传感器数据流进行分类和推断。

## 》03《

机器感知和理解传入刺激的过程是什么样的？机器感知通常可以归结为四个主要领域：感知、预处理、特征提取、分类或预测（图 8-2）。[15]

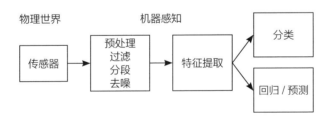

图 8-2　机器感知中的模式分类过程

由于外部世界是嘈杂的，因此，信号传感器接收到的数据通常需要进行预处理，以通过分段（将数据分割或隔离成更小的部分）、过滤（去除伪影或噪声）或压缩（减少数据）等技术来消除无关的和不需要的数据。

当然，一旦信号绕过了这个初始步骤，真正的感知转换就开始了。由于电子设备本质上并不"知道"它们在环境中感应到什么，因此必须利用一系列信号处理技术让传感器的数据"有意义"。这些技术试图了解已经发生的事情以及未来可能发生的事情——换句话说，就是预测。一般来说，这个数据挖掘过程从特征（feature）级别开始。所谓"特征"，就是人们想要从数据流中分离出来的独特特性，例如特定运动的频率（在给定的时间窗口内重复的次数），由实时摄像头捕获的图像中的像素分组形成的特定形状，或语音中一系列元音的结构等。

特征提取是一种科学构造。1959年，两位神经科学家大卫·休伯尔（David Hubel）和托斯坦·维厄瑟尔（Torsten Wiesel）敏锐地证明了这一点。两人通过猫的视觉实验，发现特定的单个神经元细胞会对图像中的不同特征（如边缘）做出反应，而其他细胞则会对不同的事物（如视觉对象或直线和曲线的角度）做出反应。换言之，视觉感知可以描述为将图像从视网膜传递到视觉皮层的过程，视觉皮层配备了所谓的特征检测器（feature detector），后者是按层次组织的神经元组，用于拾取或检测图像的特定特征，然后可以将这些特征传递到视觉系统的不同部分（图8-3）。[16]

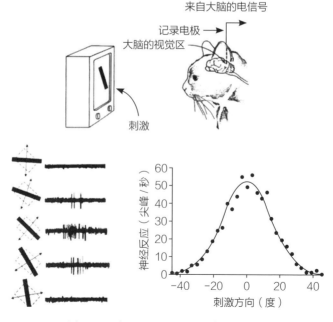

图 8-3　休伯尔和维厄瑟尔特征检测器

视觉图像可以分解为不同的子组件，每个子组件都由一组专门用于检测这些子组件的特定神经元进行分析。因此，可以将图像分解为不同的结构，例如单独的边缘、线条或更高级别的形状等。

这种特征检测是否真的发生在人脑中？这是一个长期存在的科学争论。但是，即使特征检测实际上不是神经系统中的一种操作原理，它也没有阻止计算机科学家部署该技术让机器对图像、声音或语音中的模式进行区分和分类。

基于计算机视觉的系统可以在图像中寻找不同的特征来分析它，并尝试识别随机像素领域中的形状，完成特征检测。该技术也是基于深度学习的人工智能中使用的核心范式，包括一种特别成功的算法，称为卷积神经网络（convolutional neural network，CNN），该算法可以将图像分解为单独的特征，以识别不同的图像。[17]

事实上，卷积神经网络因其快速的图像检测能力而被谷歌和其他公司广泛使用，它直接基于休伯尔和维厄瑟尔的大脑级特征检测器模型以及神经元的分层组织，可以识别图像——对图像进行分类或标记。

卷积神经网络取得了很大的成功，例如，它能够在医学扫描影像中区分不同类型的癌症肿瘤。但是，它也存在一些种族歧视方面的问题：如非白人面孔识别错误等，这使得其大规模部署存在道德隐患。[18]

特征检测已成为机器传感的顶尖成就。从工程的角度来看，该技术很有用，因为它可以在数据集中后进行简化，从而更有可能检查"正确"的数据。但这些模型中除了有围绕公平和责任的伦理问题之外，"特征"的整个概念还预设了对世界的某种哲学观——这是一种相对静态的世界观，指事物存在单独的、原子性的"像素"或离散元素，而视觉感知系统则试图被动地"拾取"或识别这些"外部"特征。[19]

## 》04《

机器感知在功能组织上已经与我们人类相距不远——尤其是机器有能力通过数学和统计技术进行感知（实际上是从环境中提取相关刺激），产生感觉（当计算机中感知到的事物被内化时即会导致某些过程发生），检测、分组和分类模式，最后则采取一些行动来改变它们所处的环境。

但是，人类和机器感知之间仍存在一些核心差异：

首先，尽管使用了人工神经网络，但在复杂程度上仍未接近生物神经系统。据我们所知，机器并没有神经系统，它们仍然是无意识的，尽管我们并不真正知道其环境（umwelt）——这些系统真正感知的直接环境——是什么。[20]

其次，它们并不会通过将刺激转换为大脑的神经脉冲序列来处理自己的感觉，然后分类或分组以进行理解。

再次，虽然机器可以有目标，但这些目标是经过设计的，不能通过机器的内部结构重新组织。与大脑和神经系统不同，机器的并行和互连处理量较小。

最后，与可以即兴发挥或变异的生物系统不同，机器从根本上来说是有确定性的，也就是说，是可预测的，因为它们将始终产生相同的输出，并且它们在未来任何时候的状态都可以通过它们的初始状态确定。

除此之外还有其他一些重要区别：

人工电子或机械传感器是单一的、孤立的单元，这与生物传感系统所具有的神经肌肉–骨骼–器官系统与其他部分的更全面的联系截然不同。

虽然有些传感器会移动（例如，安装在机器人头部或手臂上的摄像头）或将信息发送到环境中并等待其返回（例如，声呐或超声波），但与生物传感系统不同的是，它们不会主动在环境中寻找信息，以适应和维持它们所依附的"有机体"，人工传感器大多是被动的；它们几乎没有动力。

作为隔离单元的传感器也难以将所需信号与噪声分开。如果人类感觉系统在一种感觉模式中遇到噪声，则会利用其他感官来克服干扰，而人工传感器没有这个能力，工程师们首先会认识到这一点。

但是，如果我们将生物系统中的模式视为由感觉器官收集或发现信息，传输到大脑，并由此影响系统的行为，使生物能够适应环境并在不断变化的环境中生存，则可以说人工传感系统中的模式有异曲同工之妙，因为它也可以改变人工系统的行为。毕竟，根据数学家和控制论创始人诺伯特·维纳的说法，模式只是构成系统基本结构的一种组织形式，无论该系统是电信网络还是蜂窝系统。正如他所说，实体是化学的还是计算的，最终都无关紧要；它总是在变化，产生新的时间行为和结构。

事实上，就像宇宙中的其他物理实体一样，人类也可以被视为信息，这是因为，尽管人类可以通过生物代谢不断发生变化，构成人类的物质分子也可以不断交换，但人类在本质上只是一种随时间而存在的物理信息。正如维纳所说："我们不过是湍流不息的长河中的漩涡。我们不是恒久不变的东西，而模式本身则是永存的。"[21]

## )) 05 ((

当代感知机器的工程师和设计师都在寻求一个中心目标：将感知能力添加到他们的系统中，就像生物传感系统所拥有的那样。但是，人类（或者从广义上来说，生物）传感和机器传感之间的直接、一对一的比较比最初看起来要复杂得多。事实上，我们可能会为传感器分配各种特性（或功能），这些特性并不完全依赖于传感器本身，而是依赖于传感器所连接的更大的社会技术组合因素。

例如，快速发展的机器聆听领域研究的是如何在计算过程中对通过外在刺激、人类耳朵和大脑的相互作用检测和处理音频信号这一过程进行建模。在这一领域中，人类听觉的特征，如音高检测、在空间中定位声音位置的能力、响度感知以及音色辨别等，是我们希望在机器中复制的人类听觉的关键能力。

但是，人类听觉的哪些部分是对机器有用的呢？用麦克风记录和分析音频信号与从该信号中获取意义是有区别的。正如谷歌的一位人类和机器听觉专家所说的那样，"我们的计算机目前几乎不知道它们存储和提供的声音代表什么"。[22]

如果我们基于相同的原则来看待人类听觉和机器听觉，则它们是类似的：它们都有自己的目标和由注意力驱动的声音感知。当然，这个目标已经引起了人们一定程度的担忧——在亚马逊和谷歌基于语音的服务（如Alexa或谷歌助手）中，都存在它们是否真的会"窃听"我们的谈话的问题。

当你说话时，亚马逊Echo智能音响设备承载着性别独特但又没有实体的Alexa（亚马逊官方称它没有性别），它在由七个微型麦克风组成的复杂阵列的帮助下"被动地倾听"——这是声源定位研究领域的一项技术突破，它使设备能够像我们的耳朵一样在杂乱、嘈杂的现实环境中运行。通过使用称为波束成形（beamforming）的信号处理技术，一组麦克风可以从特定方向提取和增强所需信号，同时减少来自其他方向的无用信号的干扰。[23]

被动收听意味着Alexa会将一小段环境音频录制到缓冲区中，并不断写入该缓冲区，直到它检测到所谓的唤醒词（wakeword）。用户输入的唤醒词（通常是Alexa）可以使设备进入主动聆听和录音模式。只有在设备检测到唤醒词后，Echo才会开始录制音频并将其流式传输到亚马逊的云服务器，等待自动语音识别（automatic speech recognition，ASR）、文本到语音（text-to-speech，TTS）和自然语言处理（natural language processing，NLP）技术来了解用户所说的内容并生成自然语言反馈，然后将其发送回设备以进行响应。[24]

唤醒词是一个关键字，用户通过直接说出它告诉系统进行侦听以使其进入主动侦听模式。但亚马逊 Echo 是否也能倾听其他词？很多媒体的注意力已经转移到了一种被称为语音嗅探（voice sniffing）的新兴技术上。事实上，在 2015 年，亚马逊确实获得了"从语音数据中确定关键字"的专利。在这里，所谓的语音嗅探器算法旨在"提取与用户所说内容相关的关键字、短语或其他信息"并传输这些关键字或短语，以便"在内容提供商的一个或多个应用服务器上执行的推荐引擎可以接收向用户提供特定类型的内容（如广告）的请求，并且可以使用存储在用户或关键字数据中的信息来确定与该用户相关联的关键字"。[25]

与单一唤醒词模型不同，如果用户说出了特定的单词或短语，则该设备可以更快地进入主动聆听模式，记录唤醒词周围的相邻句子并将它们放入缓冲区，文件可以在缓冲区中进行详细的音频分析：例如相关的关键字或短语（上下文）的检测。最后，可以使用一系列不同的语音识别或自然语言处理算法来进一步评估音频数据——包括众所周知的数学过程，隐马尔可夫模型（hidden Markov model，HMM），它通过分析与实际音频信号相关的最可能的口语模式或序列来表征信号的统计特性。[26]

换句话说，从这个技术上很枯燥的描述中可以看出，语音嗅探器实际上有一个明确的目标：通过尝试从信号中提取特定信息来识别音频片段中的特征，并以此为基础预测接下来用户可能会说些什么。

但是，目标导向的感知只是倾听的一部分。作为人类，我们也常常在倾听中从被动模式转变为主动模式，例如，当我们走路时，如果有人喊我们的名字，则会转移我们的注意力。倾听不仅仅涉及信息检索和分析（机器就是这样做的），倾听其实也需要嵌入社会文化背景中；它不仅发生在我们的耳朵中，还涉及我们其他的感官，例如视觉。此外，音乐、声音和语音还将触发不同人物的不同联想、记忆和感情联系等。

聆听可以为我们产生并赋予意义，这样当我们听到某些事物时，就会建立联系并可能采取某些行动。虽然像 Echo 这样的机器擅长特定任务，比如响应不同的关键字，但它们的设计目的并不是与超出其有限任务集的事物建立联系。

因此，真正的听众或窃听者与其说是这些感知机器，还不如说是亚马逊本身，因为感知机器是受到隐私策略影响的，当然它也受到企业操纵。[27]

因此，当亚马逊支付数十万甚至上百万的薪水给工程师以设计下一代自动化机器时，那些为我们提供所谓的基于人工智能的便利服务的真正劳动者却是在世界各地的最不理想的条件下辛勤地工作。

## 》06《

2018 年 10 月 29 日，印度尼西亚航空公司狮航的 610 航班起飞后不久即坠入爪哇海，机上 189 名乘客和机组人员全部遇难。五个月后，在另一个国家再次发生类似悲剧：埃塞俄比亚航空公司的 302 航班在起飞六分钟后竟直接坠入亚的斯亚贝巴（埃塞俄比亚的首都）地面，造成 157 名乘客和机组人员死亡。

在这两起事故中，波音——这家位于美国西雅图的航空公司制造商——设计和制造了涉及这一系列悲剧的 737 MAX 飞机，并不是受到全球关注的唯一实体。安装在这些飞机上的测量设备，称为迎角传感器（angle-of-attack sensor，也称为攻角传感器），向飞行员指示飞机是否有足够的升力将其保持在空中，也被媒体突出报道。这些传感器安装在飞机头部两侧，用于测量机翼与迎面而来的空气之间的角度，以防止飞机在角度太陡时失速。绝大多数现代民航飞机都有失速警告系统，当实际迎角接近临界迎角而使飞机有失速的危险时，迎角传感器将为失速警告系统提供数据支撑。但是，在这两起事故中，这些传感器似乎出现了严重故障，导致传感器显示的数据与飞机本身所遭遇的真实情况并不一致。

这还不是全部。由于传感器本质上是没有软件（神经系统）就毫无作用的电子元件，因此，波音公司的机动特性增强系统（Maneuvering Characteristics Augmentation System，MCAS）软件控制的迎角测量实际上负有重大责任，是它导致发布失速警告和飞机突然迫使机头向下，以防止其在空中停滞。[28] 因此，737 MAX 的"错误传感器输入"可能是导致飞机从空中俯冲坠落的原因。令人难以置信的是，在狮航坠机八天后，波音公司在其内部网站上发布了一份公告，其标题明显做了技术上的委婉处理："手动飞行期间由错误的迎角导致的非指令机头向下稳定调整。"[29] 换句话说，波音公司似乎谨慎地承认，控制飞行员和机器之间反馈的控制回路已经失效，导致在飞行员无法控制的情况下，飞机自主做飞行姿态上的稳定调整（机头向下俯冲），最终令无辜乘客死亡。

引发这两起灾难的原因是多方面的，但其中最主要的是：自动化使飞行过程中的人为控制越来越少，再加上波音公司的人类设计师和董事会做出的错误设计决策，他们尽可能多地增加收费项目，以最大限度地提高飞机的销售利润。

在开发的过程中，MCAS 越来越遭受工程师所谓的功能膨胀（feature bloat）的影响。该系统变得越来越自动化，其操作功能越来越隐蔽。波音不仅对飞行员屏蔽了 MCAS 系统的存在，它还为其安全功能收取额外费用："不一致灯"（disagree light）可以指示安装在飞机头部两侧的两个迎角传感器是否产生了相互矛盾的测量结果，另外还有一个"指示器"（indicator）读数，描述飞机机头实际倾斜的程度，这两者都可以被人类飞行员用来停止自动化软件系统的运行，但是它们都没有起到应有的作用。

由此看来，在技术故障背后的实际上是"人祸"。人祸不仅导致所谓的创新制导系统崩溃，而且也是波音公司在 21 世纪制造新飞行器努力失败的真正罪魁祸首。

那么，这场灾难说明了什么？尽管传感器被视为能知道一切和感知一切的设备，但是控制它们的仍然是我们人类。尽管我们的机器被不断赋予新的感知可能性，也有越来越多的机会理解模式并因此而理解世界，但真正的核心仍然是我们自己。

**勒·柯布西耶**

（Le Corbusier）

法国建筑师

机器可以帮助我们实现大胆的梦想。

1959 年，荷兰艺术家康斯坦特·安东·纽文惠斯（Constant Anton Nieuwenhuys）撰写了一篇短文，提到"人类今天拥有的技术发明将在未来城市环境的建设中发挥重要作用""值得注意的是，迄今为止，这些发明对现有的文化活动毫无贡献，创意艺术家也不知道如何处理它们"。[1]

纽文惠斯没有我们今天所拥有的感知机器来实现他对未来城市"环境"愿景。尽管如此，他撰写的题为"即将到来的游戏时代"的文章仍提出了一个非凡的愿景：一个充满活力、不断变化的城市空间，它将扫除第二次世界大战后城市生活千篇一律的沉闷氛围。这位艺术家试图描绘一个鲜活而生动的环境城市，"必须避免静态的、不变的元素"，以支持不断运动的、迅速改变外观的空间。这样一座城市的目标是明确无误的——充分利用新技术将游戏娱乐引入城市社会生活的具体结构中。

纽文惠斯对于城市的这种游戏娱乐的梦想受到了其荷兰同胞、历史学家约翰·冯·赫伊津哈（Johann von Huizinga）的启发，后者在 1938 年出版的《游戏的人：文化中的游戏元素研究》（*Homo Ludens: A Study of the Play-Element in Culture*）一书中热情地指出，无论是在动物还是在人类身上，游戏娱乐都是生活的重要组成部分。[2]

纽文惠斯深受赫伊津哈论点的启发，着手研究了乌托邦式城市计划之一："新巴比伦"（New Babylon）计划。

"新巴比伦"不像其他城市环境那样由钢筋和混凝土、玻璃或木材组成，而是由模型、地图、电影、拼贴图像和文字构成。它的居民将参与"不间断的创造和再创造过程"，在此过程中，自动化将用"创造性游戏娱乐的游牧式生活"取代乏味的工作。[3]

技术将成为建立该城市的社会组织的核心因素——这个社会组织是由"部门"和"网络"组成的层次结构，将所有居民与周围环境联系起来，形成一套动态的关系。

作为一种新型城市，"新巴比伦"的复杂空间组织是一种由交通网络、人工空间和自然空间交织形成的分层结构，它们都通过通信基础设施连接在一起，挑战了"传统的制图手段"。为了理解和管理城市基础设施网络不同分层之间的流动，"毫无疑问，求助于计算机来解决如此复杂的问题是必要的"。[4]

纽文惠斯的这一说法似乎具有预言性，它暗示计算机不仅将成为协调如此多的重叠和交织分层结构的必要工具，而且计算机（传感器）也是实现这样的环境愿景的手段："每个人都可以在任何时候、任何地方通过调节音量、灯光亮度、气味和温度来改变环境。"[5]换言之，空间必须以某种方式"意识到"其内部发生的活动（这正是传感器要做的事），这样环境才能知道何时改变其外观和行为。

纽文惠斯在 1956~1974 年构思并致力于"新巴比伦"计划。像许多乌托邦式的城市计划一样，它从未实现。但这位艺术家不知道的是，实现他对动态环境和感知空间的新愿景的技术其实正在大西洋的另一边被发明和部署，只不过其目的完全不同，更与空想的乌托邦式社会毫无关联。

》**01**《

在 20 世纪 50 年代后期，西部电子（Western Electric）和美国电话电报公司（American Telephone and Telegraph，AT&T）在最大的冷战军事防御技术资助者海军研究办公室（Office of Naval Research，ONR）的支持下开发了第一个分布式传感器系统。该系统最初在新泽西海岸和位于大西洋的岛国巴哈马进行原型设计，是美国海军的一个机密项目，被命名为声音监测系统（Sound Surveillance System，SOSUS）。[6]

SOSUS 是一种水下跟踪系统，由称为水听器（hydrophone）的分布式声学传感器阵列组成，这些传感器位于海底，以监测苏联潜艇的移动的声学信号。研究人员已经了解到，当声学信号通过数千英里的深海峡谷洼地时，该信号可能会从海底底部和表面反射而几乎没有中断。大约在同一时期，美国海军改进了被称为深海温度测量器（bathythermograph）的深水温度传感器，该传感器可以在超过 300 米的深度运行，这也使科学家能够测量声波在水下传播速度的变化，特别是基于水温变化的速度差异。

因此，SOSUS 系统可以通过分布式传感器网络监测远距离的声音传播。这些水听器以 1000 英尺（约 304.8 米）长的序列安装在海底，称为阵列（array），可以辨别传播数百英里的声波的角度和方向，然后在这些声波穿过海洋时跟踪它们。每个水听器形成一个信号追踪设备网络，然后将信号发送到陆地上的大型机器，在那里使用 AT&T 贝尔实验室开发的新语音合成技术进行分析——具体来说，就是声谱仪（sound spectrograph），它可以可视化声学频率及其随时间变化的幅度，并对其进行修改以分析潜艇发出的低频声音。这些机器能够实时对信号进行所谓的低频分析和记录（low-frequency analysis and recording，LOFAR），从而将潜艇的低频机械声音与海洋的一般噪声区分开来。

20 世纪 80 年代，DARPA 开始探索一种被称为网络中心战（network-centric warfare，NCW）的新型战斗模式的潜力。根据美国国防部的说法，以传感器为导向的战场将涉及"一种基于信息优势的作战概念，通过传感器、指挥官和作战人员的联网来产生更强的战斗力，以实现战场态势感知共享、更快的指挥速度、更快的作战节奏、更大的杀伤力、更高的生存能力和一定程度的自我同步"。[7]

为了实现这一计划，DARPA 于 1980 年启动了分布式传感器网络（Distributed Sensor Network，DSN）项目——这是一项耗资数十亿美元的研究计划，吸引了麻省理工学院和卡内基梅隆大学等机构研究和开发在不同空间分布的地面传感器网络，用于空中"分布式目标监视和跟踪"（图 9-1）。[8]

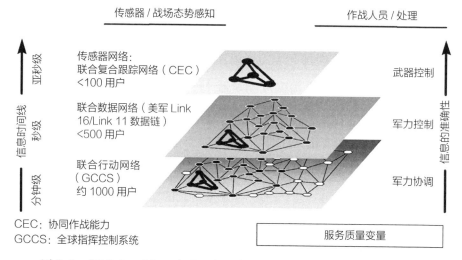

**图 9-1** "网络中心战"示意图，"整个作战体系的服务质量变化"（1998 年）

该计划在 20 世纪 80 年代末结束，但 DARPA 并没有就此止步。一系列类似的传感器研究计划在 20 世纪 90 年代和 21 世纪头十年得到资助和实施，如 SensIT 和 SIGMA+ 等。

在 21 世纪，对这种分布式传感器技术的军事和民用研究继续快速发展，但真正的前沿，至少在军事用途方面，远远超出了电子技术。新的传感器是有机的——植物。

2017 年，DARPA 资助了先进植物技术（Advanced Plant Technology，APT）计划，并对植物进行基因重组，将其转化为"有机监控传感器"，以检测"化学、生物、放射性或核威胁，以及电磁信号"（图 9-2）。[9]

**图 9-2** 先进植物技术研究计划（2017 年）

DARPA 的目标是创建一个"能源独立、强大、隐蔽且易于分布的新传感平台"，这样一个简单而执着的目标听起来很难让人相信，但事实上，几十年来，该机构一直在资助用于军事目的的此类基因改良的基础研究。

## 》02《

美国海军的声音监测系统（SOSUS）中使用的传感器是今天称为分布式无线传感器网络（wireless sensor network）的一种传感器的早期原型。[10] 无线传感器网络是一群在不同空间分布的小型、轻量级、高能效传感器和收发器，可以扩展到中远距离。根据具体需要，它可以是密集布置的，也可以稀疏投放。这些传感器可以围绕温度、压力、湿度、声音、重力或运动等特征监控某些系统或环境。我们能够想象的任何环境——包括森林、沙漠、工厂车间、海底，甚至我们的身体等物理或生物世界——都可能需要此类传感器。放置这些传感器的区域，研究人员称之为传感器场（sensor field）。

尽管它们在设计、空间布局（即所谓的拓扑）和制造商等方面有所不同，但大多数传感器网络或多或少都有相似的硬件和软件架构。首先，无线网络中的独立传感器节点可以获取有关空气质量、温度、运动、分子组成变化或噪声水平等的数据，这就是工程通用语中所谓的信号（signal）。在经过预处理和过滤之后，这些数据可以使用六种可能的通信协议之一从本地节点以无线方式发送。

因为数据已经进行了简化处理，所以它占用的带宽更低，这允许数据以更快捷有效的方式到达称为接收器（sink）的中间基站，甚至是端点计算机。由于无线网络中的传感器分布在不同空间中，因此它们通常会相互询问或查询（query）以了解其邻居在做什么。通过软件，它们还可以按特定的方式重新组织其连接。这个过程将在数百甚至数千个节点上以同步或异步方式发生，这就是你需要了解的无线传感器网络的本质。

这些传感器网络的大部分研究都充斥着相当晦涩难懂的工程概念，例如在较小的微处理器上运行的新嵌入式操作系统、可以远距离发送信号的通信协议、节能和收集技术、数据流量管理，以及性能测量和基准测试等。

这种传感器阵列也可以部署在许多不同的环境中。事实上，有一本标准参考教科书列出了不少于200种应用，从日常应用（如过程控制和移动机器人技术）到比较另类的应用（如主题公园的传感器网络或跟踪彩弹枪发射的智能子弹），都可以看到它们的身影。[11]

尽管组件尺寸很小（多使用无线传输和微型电池），但这种传感器网络却无处不在。它们现在几乎覆盖了地球的每一平方千米的土地，将每个地方（从海底到农田），都变成了电子敏感区。今天的城市空间、高速公路、

山脊（用于地震探测）、医院、工厂内部，以及运输和物流基础设施等都是
传感器网络发挥作用的新应用领域。

)) **03** ((

分布式无线传感器网络在感知机器如何重新解释我们对空间和时间的
感知方面提供了一种新的视角。用于探测潜艇和坦克的军用分布式传感器
与康斯坦特·安东·纽文惠斯提出的进步的、人文主义的技术愿景相距甚
远，后者希望将技术服务于一个全新的以游戏娱乐驱动的社会，这正是人
们所需要的。然而，科学家、建筑师、城市规划师甚至艺术家也可以通过
这些源自军事和战争的技术来尝试实现纽文惠斯的梦想："建筑元素的可变
特征是塑造在其间发生的社会活动及灵活关系的先决条件。"大约 50 年后，
这一想象变成了现实。[12]

20 世纪 90 年代中期，来自英特尔、欧盟、加州大学洛杉矶分校、加
州大学伯克利分校、瑞典互动研究所等的无数研究项目都在进行中，传感
器网络的民用研究出现在林业、栖息地和气候建模、地震学、机器人技术、
建筑信息建模，甚至游戏和艺术项目中。这些名称暗示了一个新兴的持续
但隐藏的监控新时代，有很多系统都使用了数十个甚至数百个硬币大小或
更小的传感器，而且它们似乎越来越多地被贴上智能（smart）标签。例如
欧盟的 Smart-Its 项目、伯克利分校的智能微尘（Smart Dust）和嵌入式无线
传感器网络 SmartMesh 等。[13]

除了这些微型化的技术之外，许多描述智能传感系统的新范式也出现了，
如环境智能（ambient intelligence, AmI）、普适计算（pervasive computing）、嵌入
式计算（embedded computing, EmNets）[14] 和感知计算（sentient computing）等。[15]

其他描述，如情景计算（situational computing）、泛在计算（ubiquitous
computing），或者诸如雾计算（fog computing）、边缘计算（edge computing）、

霾计算（mist computing）之类更新的表达方式，很快就紧随其后。虽然所有这些范式的名称略有不同，但它们都试图描述一个有点相似的想法，即空间和环境本身可以通过相互连接的网络的大量微型分布式传感器进行感知和响应，监控并处理来自某些区域和环境的大量数据，而无需人类感知。

配备传感器网络的房间和环境现在可以感知穿越或穿过空间的环境变化，包括光线、温度、湿度、声音或运动等变化。这种能力将传感器网络重新定义为类似于身体的东西，因为与人类或动物传感系统一样，它们也可以意识到发生在它们周围的不断变化的环境条件，测量、区分和对这些变化作出相应的反应。

空间现在通过基于传感器的感知获得一种"意识"（awareness），这个词最初在 19 世纪的心理学中用来表示人类感知的任何对象，但在今天的基于人工智能的传感器研究中则被重新设定以描述传感器发送给任何软件的要处理的输入序列。传感器网络还可以收集多模态（即许多不同的感知）数据，然后必须经历特征提取和融合的过程——这一点也类似于人类感知系统。最后，还需要采取某种行动来改变环境。因此，传感器网络的运行模式实际上就是我们自己的感知系统如何运作的类似但大大简化的模型。

理解分布式传感器的技术架构并不容易。我们正式分配给生物的一些概念，如感官、知觉、意识和身体，在传感器网络中被转化为模块化的、逻辑化的条件和指令集。例如，虽然传感器网络及其部署的空间似乎模拟了感觉器官、大脑和神经肌肉骨骼系统相互作用的过程，但它们的结构与人类和其他生物系统无限复杂的感知和动作–感知–环境反馈循环（action-perception-environment feedback loop）几乎没有相似之处，后者是凭借着长期的进化和环境适应而获得的。

不同的感知模型暗示着不同的范式。例如，遥感（通过飞机或卫星从远处检测和获取有关物体或区域的信息）使用尖端的激光和图像捕捉传感器技术来扫描和计算地球表面的地形或测量反向散射的辐射量以监测地表风的变化。[16] 而无线分布式传感器网络则暗示了另一种范式，它具有类似场的特性。跨越地理距离的数千个支持物联网的传感设备的存在所引发的类场特性正是开发出具有奇怪名称（如雾计算、边缘计算或霾计算）的新兴范式的原因。[17]

这些分布式传感器-网络范式都具有相似的风格，它们名称中的区别其实揭示了其在大型网络计算基础设施中实际处理数据的位置。例如，在靠近传感器设备或数据源一侧进行数据处理的，就称为边缘计算，因为它们远离中心云端；雾比云更贴近地面，因此雾计算就是指在传感器附近进行数据处理的模式；霾计算比雾计算更靠近传感器；而位于中心位置的，具有最强大处理能力的，则是云计算。

## 》04《

成千上万的传感器在不需要我们帮助的情况下持续感知我们周围的世界，这似乎很难让人理解：为什么要这样做？分布式传感系统对普通人来说近乎隐形且地理分布非常广泛，但在新冠疫情时期，其重要性得到了证明。2020 年夏天，英国兰卡斯特大学气候研究员陈莹发表了一篇科学文章，标题为"新冠疫情大流行危及天气预报"（COVID-19 Pandemic Imperils Weather Forecasting）。[18] 该文指出，天气预报在经济活动中起着至关重要的作用。从飞机上同步取得气象观测数据可以大大改善预报准确率。然而，新冠疫情对天气预报造成了非常不利的影响。一些航班的取消导致地面气象预报的准确率严重恶化。

一项鲜为人知的名为"飞机气象数据中继"（Aircraft Meteorological Data Relay，AMDAR）的美国气象计划通过 40 架不同的商用飞机将数千个传感器放入大气中来收集风和温度数据，每天产生大约 70 万个气象观测数据。[19] 该计划的参与者包括德国汉莎航空、美联航、美国联合包裹运送服务公司

（UPS）和联邦快递（FedEx）等，有 3500 架飞机使用安装的传感器以特别商定的采样率捕获风速、气温和方向、气压、水蒸气密度和湍流模式，以便各航班之间的数据保持一致。AMDAR 系统实际上就像是有一个大规模分布的传感器网络在对流层中飞行并为天气预报进行采样。

天气数据收集的中断可以算作新冠疫情的负面影响之一，而国际分布式传感系统——一个用于检测地球周围多个位置的振动的系统——也因完全不同的原因而受到影响。根据 2020 年中期在同行评审期刊《科学》（Science）上报道的一项大规模研究，新冠疫情不仅导致全球空中交通减少，使得天气预报不准确，这场疫情还产生了研究人员所谓的前所未有的"全球安静"（global quieting）。[20]

通过分析遍布全球的 337 个专业和"业余"地震台站传感器网络的数据，研究人员报告说，疫情防控使得人类活动产生的噪声下降了近 50%，这包括交通运输系统、道路和工业机械以及人类运动等产生的振动。[21]

## 》05《

康斯坦特·安东·纽文惠斯在"新巴比伦"计划中的关键理念之一，是新兴的电子和电视技术有助于新的环境体验取代旧的城市体验。被称为"新巴比伦人"的公民将负责这些城市环境将如何演变。由于他们的存在和运动，他们将成为在其居住的环境中产生新变化的人。声音和气味以及空间的流动和感觉都可以改变。

值得一提的是，纽文惠斯在设计"新巴比伦"的概念作品时，一些想象中的技术是没有名字的，只是提出一些特定的空间和时间条件将塑造这些技术，让它们可以检测到行为变化并根据这些变化改变"新巴比伦"空间。

尽管传感器网络在 20 世纪 90 年代才得到广泛使用，但纽文惠斯和其他实验艺术家以及建筑师寻求通过传感和计算技术打造反应灵敏的城市的想法在 20 世纪 60 年代已经浮出水面。在纽文惠斯从概念上设计"新巴比伦"的同一时期，来自奥地利的蓝天组（Coop Himmelb(l)au）和豪斯拉克科（Haus-Rucker-Co）艺术小组、法国建筑师尤纳·弗莱德曼（Yona Friedman）、英国建筑艺术小组 Archigram（该名称是取 architecture 的前半部和 telegram 的后半部组合而成的，意思是"建筑电报"）和未来系统（Future Systems）、希腊的城市规划师康斯坦丁诺斯·道萨迪亚斯（Constantinos Doxiadis）和日本的新陈代谢派（Metabolists）等的实验性和乌托邦式建筑项目都在制定可以对周围环境做出反应的建筑这一奇妙愿景，有些项目仅停留在纸面上，而有些项目则实际建造完成。[22]

对这些建筑师中的一些人来说，能够让空间"活"起来的分布式传感器将发挥重要作用。维也纳建筑事务所蓝天组就曾经提出要创建像心跳一样的空间和可以气动膨胀的城市。1968 年在维也纳郊区举行的名为"硬空间"（Harter Raum）的实验性表演也旨在证明传感器不仅仅是数据吸收系统。它们还可以与工业化学品（这里指的是炸药）合作，真正创造空间。在"硬空间"实验中，由类似听诊器的粗糙放大器监测的三个人的心跳被用在实验场地中引发 60 次真实的爆炸。[23]

在另一个名为"太空气球"（Astroballoon）的实验中，游客可以进入一个颇具特色的充气环境，该团队使用类似的听诊器来放大游客的心跳，并使用这些听诊器来影响安装在充气装置内的小型灯泡阵列（图 9-3）。正如一位建筑历史学家所描述的那样，"将医疗技术作为其设置的一部分，蓝天组有效地使建筑向内转变，进入用户的内部，同时放大技术又将这些内部变化进行了由内而外的展示，使得心跳被记录、广播和外部化"。[24]

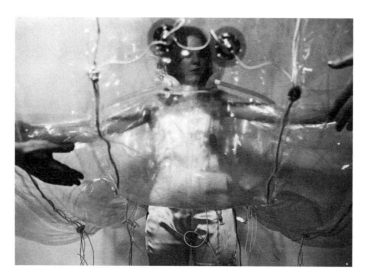

图 9-3　Coop Himmelb(l)au 名为"太空气球"的实验，维也纳，1969 年 2 月

但这些涉及用肥皂泡充斥城市街道或建造可呼吸的塑料泡沫并根据游客的心跳打开和关闭灯泡的实验远达不到城市建设的层次。他们主要采取概念草图、宣言、文本、小规模艺术表演和干预的形式，试图利用画廊、展览空间甚至街道来提出城市与居民之间的新互动角色，而这需要通过技术来实现——让城市本身"像心脏一样自由跳动，像呼吸一样放飞自我"。[25]

今天，建筑理论家将纽文惠斯和其他一些艺术家想象的早期技术命名为"氛围"（ambient）。氛围不仅意味着空间上的分布，它还表示传感器网络的无处不在、普适计算和不可见特性，使人们能够将空间本身视为一个具有响应性和变化性的场所。

建筑师、理论家和从业者都对传感系统产生了浓厚的兴趣，这样说是有充分理由的。[26] 正如"新巴比伦"计划和其他建筑实验所揭示的那样，城市化建设长期以来的愿景就是通过新技术干预来营造这种有意识的环境。这可能是建筑师、城市规划师、政策制定者、谷歌旗下的 Sidewalk Labs（负责谷歌智慧城市业务）和思科（Cisco Systems）等公司如此痴迷于分布式传感的部分原因，因为它是打造新的智慧城市的关键因素。[27]

纽文惠斯显然无法接触到今天的人们轻松部署以创建未来智慧城市的传感器网络，"新巴比伦"的技术愿景实际上是迥异于当代智慧城市的另一个愿景。在该愿景中，既没有大规模的数据提取，也没有破坏环境的交通，更不会在停车和购物时都有监控，医疗保健和公用事业都需要收费。"新巴比伦"是反资本主义的城市，这座城市的特点是相信新形式的感知技术有一天会以某种方式将我们从发达资本主义的压迫下解放出来。

当代智慧城市的乌托邦宣言远远超出了纽文惠斯和蓝天组的实验。今天人们的愿景是智能的、快速响应的城市，能够通过复杂的基于传感器的建筑管理系统全天候（每天 24 小时，每周 7 天）收集和处理数据。[28]

卡尔洛·拉蒂（Carlo Ratti）是智能城市专家和麻省理工学院可感知城市实验室的负责人，他声称，在智慧城市中的新传感网络范式"正渗透到城市空间的每个维度，将其转变为居住的计算机"（这套用了法国建筑师勒·柯布西耶在 20 世纪 20 年代提出的居住机器的概念）。拉蒂认为，"泛在计算的兴起创造了一个完全不同的空间——在这个空间中，数字系统对我们的体验、导航和社交方式产生了非常真实的影响"。[29]

无处不在的传感网络作为"生活中的计算机"，在新兴的数字建筑信息建模系统和建筑集团的软件建模技术领域的应用已经达到一个高峰。以建筑工程公司奥雅纳为例，该公司由丹麦裔英国土木工程师奥韦·阿鲁普（Ove Arup）于 1963 年创立，最初因其在复杂建筑项目中的结构工程专业知识而闻名，其作品包括由丹麦建筑师约翰·伍重（Jørn Utzon）在 20 世纪 70 年代设计得非常难以建造的悉尼歌剧院。自那时以来，该公司已经承揽了全球数千个备受瞩目的项目的结构工程和设计架构。[30]

奥雅纳已经发展到在其建筑和城市规划工作的各个方面使用传感技术，这包括将来自物联网设备的实时数据馈送集成到建筑信息模型（Building Information Modeling，BIM）系统、利用数千个传感器对桥梁和运输系统进行基础设施监测，以开发数字孪生体（digital twins），后者是响应式虚拟 3D

计算机模型，可以连接物理和数字系统，并允许通过现实世界的传感器数据馈送来改变数字特征。[31]

奥雅纳对传感系统的兴趣在其定制的、内部开发的软件系统中也清晰可见。它有一个名为 Global Analyzer 的复杂数据收集和监控系统，允许用户从传感器网络获取实时流数据和此类数据的可视化，通过测量地表位移、加速度、风和剪切速度等岩土特征来分析建筑物。[32]

该公司还有一个更全面的系统奥雅纳 Neuron（该命名自有其深意，Neuron 在英文中是"神经元"的意思），它是基于云的"智能建筑"建模软件，结合了实时传感器数据和机器学习技术，用于能源和建筑系统优化。Neuron 系统延续了将架构等同于人体的趋势，在其说明文档中指出，"Neuron 的命名源自对人类神经元网络的反映——就像我们自己的神经元一样，在建筑环境中部署具有分析功能的物联网传感器网络，可以对动态环境做出更立即和适当的反应。"[33]

更为直接的是，奥雅纳将 Neuron 的组件与人体各部分进行了比较：大脑可以比作 Neuron 平台，血管可以作为管道，骨骼和皮肤作为建筑，而呼吸和循环系统则好比是供热通风与空气调节系统（Heating，Ventilation and Air Conditioning，HVAC）和排水系统。

当然，在城市基础设施方面，规模是相对的。始终在技术上处于国际领先地位的新加坡即希望在这方面更进一步，而不满足于创建仅具有管理智能建筑功能的传感系统。

从 2014 年开始，新加坡在每个被视为有必要的位置部署了超过一千个传感器，从建筑物的顶部到运行面部识别软件的路灯，其每人、每事、每地、每时（Everyone, Everything, Everywhere, All Time，E3A）愿景旨在创建一个针对所有这些实时数据的中央存储库。由法国国防承包商达索（Dassault）建造的价值数百万美元的虚拟新加坡（Virtual Singapore）平台，将"捕捉新加坡的虚拟生活"。[34]

虽然新加坡国家研究基金会主任声称这个新的智慧国家将"在正确的时间按正确的层级为正确的人提供正确的数据",但是对于这种完全不受控制的传感器,自然存在强烈的隐私疑问。事实上,智慧城市的理想很丰满,现实却很骨感。根据一位欧盟智慧城市顾问的说法,许多方案和举措,例如巴塞罗那从 21 世纪初就广受赞誉的智慧城市计划,基本上都失败了,并未带来新的社会交流形式,而是带来了大量的电子垃圾和腐朽的传感基础设施。

另一个典型的例子是谷歌子公司 Sidewalk Labs 试图作为长期样板而打造的项目:多伦多的 Quayside 智慧城市。该项目旨在将多伦多滨水区改造为一个创新设计和经济加速(Innovative Design and Economic Acceleration,IDEA)智慧社区,通过提供无人驾驶汽车、智能垃圾收集、智能空气质量监测和加热街道等功能,使之成为一个以传感器驱动的"未来社区"。该项目配备了流量监控器和水质传感器等以进行雨水管理,使用了传感器监控的气动垃圾槽以测量垃圾的体积和质量,通过农业传感器监控该地区的植物和树木,并且在路杆和交通信号灯上安装了空气质量传感器,甚至在停车位上都有传感器。[35]

然而,Sidewalk Labs 将多伦多构想为"巨大的数据收集机器"的雄心勃勃的计划注定不会成为现实。[36]Sidewalk Labs 受到多方面的强烈批评,多伦多人发起了抵制活动,并针对公民权利采取了法律行动,Sidewalk Labs 的隐私顾问辞职,理由是该项目有关个人数据保护的提议令人无法接受。最终,该计划被市政府取消,这不仅是因为"新冠疫情带来了前所未有的经济不确定性",还因为多伦多公民、非营利组织和各种利益团体都在强烈地质疑创建这样一个智能"监控城市"的居心,以及其居民产生的无休止的数据流的归属。[37]

## 》06《

今天，建筑师、城市规划师和艺术家"将空间变成人体，将人体变成建筑"的愿景，正在以另一种方式在传感器和环境之间的新型反馈回路中实现。在今天的传感器愿景中，人体本身也将成为数据的来源。

一方面，无线传感器网络已经成功地将森林、沙漠、海洋以及现在的全球城市变成了大型的、具有空间感知能力的感知区域；另一方面，一种被称为人体局域网（body area network，BAN）或人体传感器网络（body sensor network，BSN）的最新感知范式也在以更密切的方式监控和收集数据。人体局域网在20世纪90年代中期出现，以工程为主导，旨在将我们的身体重新构想为信息驱动的电子通信的新纽带（图9-4）。

**图 9-4 人体局域网示意图**

早期的无线个域网（wireless personal area network，WPAN）是围绕个人及其个人设备的邻近性进行组织的（今天仍然如此），而不是通过更大的区域网络——例如局域网（local area network，LAN）或无线局域网（wireless local area network，WLAN）传输数据，后者是为当代电子通信提供动力的标准系统。

人体传感器网络这个术语是 2000 年由英国伦敦帝国理工学院的一位研究人员创造的，它利用了在设备之间传输个人数据的概念，同时还增加了一个新变化：传感器不仅安装在体表，而且还可以安装在身体内部，以进行感应和通信。[38]

换句话说，人体传感器网络是一个复杂的传感器网络，可以嵌入皮肤表面或深入皮肤之下。作为"普遍监测的一种常用方法"，该网络"代表一个患者，其身体上附有许多传感器，每个传感器还连接到一个小型处理器、无线发射器和电池，共同形成一个人体传感器网络节点复合体（BSN node complex），能够与家庭、办公室和医院环境无缝集成。"[39]

除了测量运动、皮肤温度、心率、皮肤电导率或肌肉活动的标准传感器之外，人体传感器网络使用的传感器中也有很多是利用化学或气态材料的新型生物传感器。它们将生物元素（如汗水、唾液或二氧化碳）与通常进行光学或电化学检测的物理化学检测器结合在一起。此类检测器可以"与被分析的物质相互作用，并将其某些方面转换为电信号"。[40]

更重要的是，人体传感器网络等系统中的生物传感器只是更大传感器系统的一部分。[41] 生物传感器不仅可以佩戴在皮肤表面，还可以植入我们体内（显然，这意味着它们并不是无创的），因为其中许多传感器需要在内部发挥作用，例如葡萄糖监测器、pH 检测器、组织氧传感器、脑刺激器，甚至也包括颅内压传感器。

这种深入体内的有形传感器网络基础设施肯定会产生一些有争议的命题。在英特尔工作的人类学家道恩·纳弗斯（Dawn Nafus）是一名研究员，长期以来一直在使用人种学方法对生物传感器的文化影响进行研究，她在观察和采访这些技术的用户时证明了人们对于这种技术的复杂心态，她写道："对生物传感的关注要求我们别着急去判断是谁在跟踪哪些东西。对各种实践的多样性应持开放态度，重要的是要观察技术本身，看看我们正在研究的是什么样的现象，而不要先入为主地去下结论。"[42]

通过对生命体征的持续监测，这些安装在身体上的传感器网络不仅可以监控现有状况，而且还旨在抢先一步——在健康问题真正出现之前阻止它们。由于预防性健康越来越依赖于此类系统的硬件传感和软件智能，因此它也存在一个更复杂和微妙的问题：普遍、持续的监测和感知是阻止可能发生的健康问题的必要先决条件。

与此同时，相互联网的生物传感器最终可能"在体内安家"，这表明人体传感器网络以其无处不在的多样性，将在某种程度上成为我们身体的一部分。[43]

这种系统的潜力在于，它们不仅可以被设计用于持续监控，而且也可以被视为一种可信的技术，在出现问题或预测将要出现问题时提醒我们。

有关预测的要求导致了一个更加混乱的问题。由于传感器网络对它们所感知的情况的意义并不了解，因此必须为它们提供某种形式的上下文环境。硬件本身在了解它所感知的内容时基本上是愚蠢的，更不用说做出什么反应了。也就是说，即使随着医学工程技术的进步，考虑到生理数据的敏感性和生死攸关的性质，人体传感器网络也高度依赖于计算机科学所谓的上下文意识（context awareness），即特定传感器或传感器网络理解它所感知的内容对于其所处上下文环境的意义的能力。例如，同样是心跳加速，发生在一位正在急速跑动的运动员身上和一位正卧床休息的老人身上的意义是完全不同的。上下文意识需要的就是计算系统检测用户内部或外部状态的能力。[44]

预测的能力也是传感器和人工智能技术之间必要耦合的秘诀。但是，仅谈硬件而不谈软件，或者仅谈软件而不谈硬件，都是没有意义的，这就像我们仅谈身体而不谈思想或仅谈思想而不谈身体一样。这将使我们陷入一些常见的谬误：数据废气（data exhaust）。[45] 所谓"数据废气"，就是我们在与计算系统交互后留下的被丢弃的数据。它可能是没有物理起源的数据，或者是嵌入了一些基本的计算形式的传感数据。

对人体传感器网络来说，上下文意识是必需的，因为从血液、神经或皮肤中以物理方式采集的数据对外行来说如同天书。要使它应用于预测目的，需要将其输入到标准的数学技术中，比如神经网络、贝叶斯概率、预测建模或隐马尔可夫模型。虽然这些模型在数学细节上有所不同，但它们都围绕着相似的建模和从统计意义上预测行为的概念。[46]

这些不同的数学技术（以及相应开发的计算机指令和算法）为传感器提供了（非常有限的）上下文。但是，考虑到传感器噪声、错误分类或需要理解和分析的不同类型的传感器数据太多，产生错误的可能性很大，因此，传感器网络不仅需要训练上下文，还需要强化上下文。换句话说，分类或区分是我们的大脑擅长做的事情之一，但它并不是帮助我们区分上下文的唯一手段。上下文也将基于"机器系统无法获得的外部知识源"。[47]

对于"理解上下文"这一能力而言，有很多东西是我们人类天生就能够快速掌握或领会，但对目前的传感器网络来说却是极其困难或完全不能理解的，这包括感官记忆、情绪状态、对环境因素的敏感性、整合不同的感官等，甚至还包括一些能够勾起往日回忆或思绪的生物钟信息，例如一天中的某个时间或某个季节等。

因此，在涉及传感器网络时——无论它们是在皮肤上、皮肤附近还是在皮肤下，预测、分类和可信解释需要同步协作。这样发展下去，极有可能会出现一个就连心理物理学家古斯塔夫·费希纳和实验心理学家威廉·冯特也从未设想过的一个结果：最终每个人都会随身携带一个微型生理学实验室。

但实际上，将我们的人体变成全天候监控的连续实验测试对象，这可能只是19世纪实验室的终极典范，在这样的典范中，感官可以被精确地监控、鉴定和预测，所有人都没有体验到自我的侵入。正如我们在本书开头所说的那样，这是一个历史问题，它已深深嵌入我们今天的技术思维中，以至于我们不再将其视为一个问题。但是，当感知和意义之间的关系被简化为预测时，当信息和意义之间的联系被切断时，当分布式感知主要表示持续监测时，无论这种感知是来自海底还是来自我们的器官内部，我们实际上都削减了生物和机器系统的作用范围和潜力。

研究人员认识到，正常传感器网络运行的应用程序类型与更丰富的生理体验的特异性和复杂性之间存在显著的技术差异。但是，不让这些技术直接与我们人类的感知机能完全相似反而可能会更加有用，这样就可以将它们视为其他感知实体，这些实体现在塑造了新的体验形式，如深入人体皮肤之下的检测、智慧城市规模的感知等。

1959 年，纽文惠斯提出了"即将到来的游戏时代"愿景，大约 60 多年后，这一愿景仍然具有其现实意义："对技术的研究及其在更高层面上用于娱乐目的的开发是促进未来社会所需的总体都市主义（unitary urbanism）创造的最紧迫任务之一。"[48]

# 增强

第 5 部分　PART5

马德琳·恩格尔

（Madeleine L'Engle）

美国作家

《安静的圈子》

（*A Circle of Quiet*）

自我不是静态的东西，不能像礼物一样包装在一个漂亮的盒子里交给孩子，然后孩子打开就获得了自我。自我总是处于不断形成的过程中。

1968 年，芝加哥大学一位较为低调的研究员乔·卡米亚（Joe Kamiya）在《今日心理学》（*Psychology Today*）杂志上发表了一篇文章，标题为"脑电波的有意识控制"（Conscious Control of Brain Waves）。在大学心理学系睡眠实验室进行研究的卡米亚长期以来一直对一个叫作自我感知（self-perception）的概念着迷，这个概念认为某人对自己的"特征、行为和身体形成过程，包括他们的感受、情感、思想和记忆"具有直接的感知。[1]

在学习阅读由安装在测试对象头皮上的一组微小感应电极产生的脑电波记录时，卡米亚注意到他的研究中的年轻参与者倾向于产生称为阿尔法波的不规则变化的脑节律。阿尔法波是大脑中缓慢的 8~12 赫兹的振荡，通常表示精神放松状态，并且在被测试者闭上眼睛时变得特别明显。

卡米亚提出了一个问题：这些波动的节奏与被测试者的自我认知的变化——他们的主观体验——之间是否存在相关性？随后，卡米亚开始了一系列实验，以探索某人是否可以真正控制其脑电波。例如，某个动作在当时被认为是完全不自觉的，而实验则要看看被测试者是否能够以自主的方式直接按照自己的意愿进行。卡米亚将一位名叫理查德·巴赫（Richard Bach）的研究生和其他受试者连接到一台可以生成脑电图（EEG）记录的机器上，该机器主要通过连接在受试者头骨上的数十个电极感应和监测大脑中神经元放电产生的电脉冲。

然后他尝试了若干次实验，看看是否可以通过某种反馈机制来控制这种阿尔法波。每当出现阿尔法波的突然"爆发"（只有他知道）时，卡米亚就会发出一个音调，然后要求被测试者确定他们是否处于"阿尔法波"状态。在第一次实验中，巴赫的表现异乎寻常的出色，十次有九次，他意识到自己已进入阿尔法状态。

在第二次实验时，发生了更不寻常的事情。每次听到这个音调时，巴赫都能自主地将他的阿尔法频率改变近1赫兹——这是一个相当大的数字。这种自主的变化似乎是明确的证据，证明在适当的背景下，某人实际上可以影响最初被认为是完全不自觉的物理现象。

在后来的口头采访中，受试者将处于阿尔法状态的体验描述为一种全面性的"平静放松"的感觉，这与高级冥想者用来描述内心平静的强烈感觉类似。[2]卡米亚的结论是，自主控制脑电波也可能使人进入一种新的意识状态，相当于东方冥想传统的那种状态，这部分地打开了通往用机器感知自我的新方式的闸门。卡米亚所说的神经反馈（neurofeedback）或生物反馈（biofeedback）很快就成为主流。

## 》01《

对生物反馈的研究最初出现在20世纪60年代中期，主要是在临床背

景下。它迅速在美、英两国的不同研究小组中传播开来，英国神经科学家
威廉·格雷·沃尔特（William Grey Walter）也探索了与意识状态改变有关
的脑电波。[3]

　　从科学的角度来看，像生物反馈这样的现象无疑是不会有定论的。研
究者们进行了激烈的辩论，特别是围绕一个人是否可以主动和自主地控制
阿尔法波的问题。

　　但是，在科学辩论之外，探索感知和测量脑电波的设备很快就成为
一种新的技术手段，它不仅可以帮助人们发现自我，还可以帮助积极改变
自我。在卡米亚的文章发表之后，使用生物反馈方法对自我进行实验的
兴趣在 20 世纪 60 年代中期突然爆发，并迅速成为主要的反文化流行趋势
（图 10-1）。

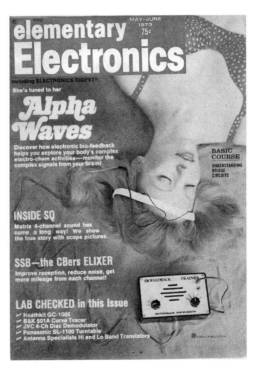

**图 10-1**　20 世纪 70 年代，《基础电子》（*Elementary Electronics*）杂志中介绍了
阿尔法波流行趋势

正如当时的一位编年史家所写："有消息说，科学家们偶然发现，每个人都可以进入一种美妙而宁静的存在状态。"⁴1962 年，北加州静修中心伊萨伦（Esalen）成立，其中有专注于生物反馈用于自我实现、康复和身心医学的研讨会。⁵

一些实验艺术家和音乐家——如约翰·凯奇（John Cage）、阿尔文·卢西尔（Alvin Lucier）和大卫·罗森博姆（David Rosenboom）等——一直在寻找新的声源。⁶正如美国作曲家理查德·泰特鲍姆（Richard Teitelbaum）在 1976 年所写的那样，当时的音乐家对于能够"使用广泛的声音材料实际编排人体心脏、呼吸、皮肤、肌肉和大脑的生理节律感到非常兴奋，无论是在音乐上还是在心理上都是如此"。⁷

对音乐家和作曲家来说，使用脑电波作为一种新的音乐创作方式的兴趣并没有在 20 世纪 60 年代停止。从 20 世纪 70 年代到 20 世纪 90 年代，这样的兴趣在更多元化的音乐制作人和视觉艺术家群体的作品中得以延续，其中包括美国作曲家露丝·安德森（Ruth Anderson），她是第一位在纽约市立大学亨特学院建立电子音乐工作室的女性。

安德森 1979 年的作品"聚精会神"（Centering）直接表明了人们对生物反馈作为一种可以探索身体和自我的创造性工具的兴趣。在该作品中，有 4 名观众为一组，配备皮肤电反应传感器，观察舞者的舞蹈。观众在观舞过程中体验到的不断变化的兴奋程度，将由皮肤电反应（GSR）传感器接收，然后用于影响构成乐谱的电子生成音高的上升和下降。⁸

在 20 世纪 70 年代后期，生物反馈最终不再受到心理学和神经科学的普遍青睐，这大概是因为它与反文化意识形态有关，但是，它很快就在一个名为意识研究（consciousness study）的新研究领域中得到重视。这些研究人员急于证明，与有意识地控制脑电波不同，冥想本身可以直接影响脑电波。这一假设导致意识研究人员开始在脑电波和那些擅长冥想练习的人之间建立联系，而脑电波感应则可以作为揭示这种联系的核心技术。⁹

# )》02《

1965 年，作曲家阿尔文·卢西尔（Alvin Lucier）在他的额头上佩戴了一个镶有电极的带子，并连接到一个重达一吨的笨重电子设备上，以便为他的现场作品"一个人的音乐"（Music for Solo Performer）感应他的阿尔法波。卢西尔全程坐在椅子上一言不发，只是偶有动作，电子设备收集他的脑电波，将电信号输入到可以产生振动的装置，再通过它们使打击乐发声。2020 年，消费级脑部可穿戴设备或所谓的脑机接口（brain-computer interface，BCI）看起来更像是时尚配饰。它们已从实验室中走出来，与健身追踪器、智能手机和智能手表一起，成为我们日常生活中自我感知体验的一部分。

新兴的所谓可穿戴神经技术（wearable neurotech）市场充斥着旨在揭示我们内心状态的消费产品和专业系统。缪斯（Muse）脑电图头环、神念科技（Neurosky）的 MindWave 脑电波读取设备（图 10-2）、BrainBit 无线脑电图生物反馈系统、emWave 调心仪、开源脑机接口（OpenBCI）、Thync 可穿戴精神放松器、Emotiv 便携式脑电仪（图 10-3）、BioSemi 脑电仪和 mBrainTrain 移动脑电图设备等都是一些急切地试图证明脑电活动仍然拥有解开自我之谜的深层秘密的设备。它们都通过传感和计算来实现。这些可穿戴设备旨在为我们创建一个科学有效的脑电图快照，同时提供跟踪我们大脑的能力。

图 10-2　Neurosky MindWave 脑电波读取设备

图 10-3　Emotiv 便携式脑电仪

通过传感器以自主方式控制数百万神经元的放电来塑造自我，是人们长期追求的目标，每十年似乎都会产生一套新技术来利用人们对于大脑活动之谜的永恒好奇心。事实上，乔·卡米亚在他的芝加哥实验室中用来了解如何有意识地塑造我们的心理体验的脑电图技术已有 150 多年的历史。

由于涉及传感器和电子设备、数学以及身体、大脑和神经系统的奥秘，脑电图是一种典型的传感器。它使用一系列安装在体表的传感器（基本上是在头皮上安装电极）以图形方式记录大脑不同区域的电活动。由于来自单个神经元的电脉冲太小，无法被任何此类电极单独接收，因此这些传感器需要测量和汇总数千甚至数百万个激发或脉冲神经元的同步活动。

头戴式脑电图设备中的小型镀金属传感器有干湿两种。湿电极虽然更准确，但有一个明显的缺点。为了使它们在传感器和皮肤之间具有良好的导电性，需要涂上黏性的，有时甚至是磨蚀性的凝胶状物质。相比之下，由不锈钢制成的干电极也可以传导电信号，更容易处理。它们不需要凝胶并使用轻微的机械力，使电极能够非侵入性地作用于皮肤。[10]

脑电图主要用于临床环境中检测大脑电活动中的某些异常，例如在癫痫发作开始时或在进入深度睡眠时的变化阶段究竟发生了什么。这些机器就像乔·卡米亚使用的机器一样，由非常脆弱的部件组成，成本高达数万美元。由于出现不需要的电噪声的可能性很大，以及被测试者的运动很容易通过在信号中引入噪声来干扰数据采集，因此，医院使用的临床脑电图有数百个通道用于记录脑电波频率，并且有复杂的数字处理技术处理由数千个同步触发的神经元产生的大量数据。

脑电图设备的电极通常预先安装在保护套中，如果没有，则必须进行特定的空间设计。对此，10-20 系统电极放置法中已有规定。[11]

当然，新型可穿戴设备与早期又贵又笨重的设备已经不可同日而语。它们采用了小型化技术，在无线数据通信方面也有很大的进步，规模化生产使之成为低成本电子产品，并且它们还具有优化更好、运行速度更快的软件分析引擎。

受益于安装在耳机中的多通道干电极，此类设备还可以为佩戴者提供更加便携和舒适的解决方案。

但新兴的电子产品更小的外形尺寸和便携性只是所谓的神经可穿戴设备热潮在技术方面的改进。从体验的角度来看，这些技术还承诺了一些更深刻的东西：可以通过传感达成新的自我实现形式。传感使大脑的内部世界清晰可见，我们可以根据这些暴露出来的真相采取行动，以改变一个人的心情甚至存在感。

加拿大公司 InteraXon 于 2014 年推出了最早的消费级脑电图头环之一，称为"缪斯"（Muse）。该公司宣称其设备为"通过技术增强冥想效果"开辟了可能性，从而"使无形的东西变成有形"。"缪斯"头环在其未来主义风格的塑料外壳中嵌入四个干电极，佩戴这样一个时尚的"缪斯"头环，将通过对你的大脑和身体活动提供实时反馈来实现意识的转变，让你知道何时进入特定的意识区域。

"缪斯"不仅具有脑电图功能，而且还加装了其他传感器，包括体积描记器、加速度计和陀螺仪，以捕捉心率、呼吸、运动和平衡——或者，正如"缪斯"所宣称的那样，让用户"更冷静、更专注、获得更好的睡眠。"[12]

"缪斯"并不是唯一的消费类脑电图设备。美国神念科技（Neurosky）是一家专业级脑电图系统和名为 MindWave Mobile 的消费类耳机的制造商，它的品牌宣传语是"身体和心灵的量化"。此外，深圳市宏智力科技有限公司的 BrainLink Pro 头戴式脑电波传感器允许你"更多地了解你的想法"。BrainBit 宣称你将能够"以前所未有的方式使用你的大脑。"[13]

有意识地"使用"大脑来改变行为、改善睡眠或通过冥想来获得内心平静，这些概念是强大而诱人的。消费级脑电图头环旨在通过减少日常压力、改善睡眠和刺激大脑来减轻日常生活中的伤害因素。事实上，Muse 还有一个更大的目标：通过为用户提供有关其脑电波的实时反馈，让冥想变得更容易，从而建立更强大的身心联系。脑机接口的市场和吸引力实际上正在增强，这表明控制大脑的愿望似乎正在向下发展，以达到我们想要的"塑造思想"这一更深层次的东西。

乍一看，制造商声称你可以"控制"你的大脑，这似乎只不过是标准的营销语言：可穿戴技术初创公司试图充分利用传感器小型化获得的力量，将它应用于消费者的身体，以便解锁控制和调节一个人的内在自我的能力。但如果真是这样的话，为什么脑电图这种在医学研究实验室中早已长期使用的技术直到最近才让我们如此感兴趣？究竟是什么使它进入了我们当前的感知机器世界？

## )) 03 ((

脑电图背后的技术有着悠久的历史轨迹。1875 年，默默无闻的英国生理学家理查德·卡顿（Richard Caton）据称使用电流计（galvanometer，一种测量电流变化的早期电子设备）对猴子、狗和兔子进行了第一次神经生理学研究。直到 54 年之后，卡顿的工作才再次被人提起，这一次是在一位德国精神病学家汉斯·伯格（Hans Berger）的研究中，他试图解开人类大脑中隐藏的秘密。

汉斯·伯格对超越核心心理物理学并进入更神秘的心灵领域的大脑现象感兴趣，其中包括心灵感应（telepathy）和他所谓的精神能量（psychic energy），后者是对由血流与大脑新陈代谢引起的能量转换与心理感受和情绪之间关系的度量。伯格因此确定，这种精神能量是通过大脑产生的不同电频率或波形来表达的，这是他通过使用更大的弦线电流计（string galvanometer）获得的，他称之为脑镜（brain mirror），顾名思义，他使用该设备的目的就是想要反映大脑的心理活动。[14]

汉斯·伯格后来将这些脑电波标记为阿尔法和贝塔，他认为这些电信

号对应于心理状态的变化。事实上，阿尔法波后来被英国著名生理学家阿
德里安（Adrian）命名为伯格波（Berger wave）。20 世纪 30 年代，阿德里安
自己在剑桥进行的脑电图测试获得了类似的结果后，将伯格的声名传遍了
世界各地。[15]

伽马波、贝塔波、阿尔法波、西塔波和德尔塔波这 5 个核心脑电波表
示不同频率的神经振荡，它们非常粗略地对应于不同的大脑活动状态。例
如，伽马波在 32~100 Hz 范围内，出现在大脑思维高度集中（也就是所谓的
"烧脑"）时期，如需要解决难题时；德尔塔波较慢，主要发生在睡眠期间，
表明意识基本丧失。事实上，当我们入睡时，即开始按所有的脑电波顺序
下降，从贝塔波到阿尔法波再到西塔波，直至最终到达德尔塔波。

尽管对这些振荡进行了数十年的研究，但神经科学家仍然不能完全确
定这种电活动如何真正对应于大脑活动的不同心理状态。尽管存在这种知
识差距，但是较慢的阿尔法波很快就成为普及脑科学的一种制胜法宝，这
主要是因为它们构成了一种能够指示精神放松状态的主导振荡。例如，
乔·卡米亚在 20 世纪 60 年代对生物反馈的实验试图了解这些不同的波如
何受到自主集中精神的影响。他的工作复活了汉斯·伯格更加深奥但非常
诱人的想法，即在量化大脑活动的奥秘时可能会发现某种形式的精神能量。

这段非常简略的历史表明，"控制"一个人的大脑的做法长期以来一直
存在于正规的神经科学和各种神秘主义的传说之间。虽然神经反馈或生物
反馈已在临床环境中用于治疗从失眠和抑郁症到注意力缺陷障碍的各种疾
病，但直接向消费者出售脑电图头环设备，宣称这种设备可以通过利用人
内心的心理状态来达到极乐境界，这种技术主张本身颇具争议性。越来越
多的研究都在质疑，认为消费级神经可穿戴设备所使用的传感器并不能提
供与临床上脑电波的准确读数类似的东西。一份报告发现，有些便携式脑
电图设备声称可以增强记忆和认知能力，这听起来在某种程度上还是有可
能的，但有一些更离谱的说法是可以通过消除食欲来减肥，这根本就没有

科学证据的支持，更不用说其他信口开河的宣传了。

## 》04《

虽然神经可穿戴设备声称可以改善睡眠和提高认知能力，但是，如果你对此不认同或者持续使用此类设备却发现收效寥寥的话，很可能就弃之不用了。因此，这听起来似乎是无害的，消费级脑电图头环在网上很容易买到，本质上是无创技术。不过，另一种越来越多地被认为可以与脑电图归类的神经接口技术——所谓的经颅磁刺激（transcranial magnetic stimulation，TMS）技术——却绝非如此。

经颅磁刺激系统无法感知脑电波。相反，它们通过向设备下方的头部传递磁脉冲来人为地刺激和调节大脑的神经元。该技术基于一种名为电磁感应（electromagnetic induction）的原理，该原理由英国物理学家迈克尔·法拉第（Michael Faraday）在 18 世纪中叶发现。一份研究报告甚至认为经颅磁刺激是一种"大脑的法拉第化"。[16]

法拉第的感应原理在数学上很复杂，但在概念上却很简单。它指出，移动的磁场可以在附近的材料中产生电流。经颅磁刺激使用放置在受试者头部附近的磁线圈，然后单次或有时重复的电流脉冲通过线圈，这会产生局部磁场，该磁场从设备转移到皮肤和颅骨，由此产生的效果是大脑电操作中所感应到的电流。[17]

换句话说，经颅磁刺激是在"按摩"大脑中的神经元。但是，通过将脑电图与经颅磁刺激电子设备结合在同一设备中来感知这些新引入的神经元电磁刺激的结果也越来越引起人们的兴趣。随着经颅磁刺激提高刺激强度，脑电波传感器随时待命以测量神经反应的变化。[18]

经颅磁刺激仍主要用于医疗环境，但在一些便携式消费类头戴设备中，也已经开始结合传感和刺激出现。你已经可以在互联网上搜索到 DIY 原理图来构建你自己的经颅磁刺激系统。

经颅磁刺激构成了一种被称为大脑黑客（brain hacking）的新文化运动的基本工具包。[19]大脑黑客本质上就像构建你自己的 DIY 传感器——使用安装在脑机接口中的传感器和执行器，目标是通过持续时间很短但非常强烈的能量脉冲来改变认知功能，然后使用脑电图进行可视化和分析其结果。

目前已经出现了数十种出版物、博客、网站和油管（YouTube）视频，提供了如何利用大脑力量的"秘笈"。互联网上充斥着大脑黑客寻求将自我实验与自我观察相结合的推荐，并且还有很多关于如何构建自己的脑电图和经颅磁刺激电路或破解现有技术的网站。

此外，还有一些更严肃的可用于大脑黑客的软件和硬件技术形式的尝试。例如，OpenBCI 是一个开源软件库，允许业余黑客或"任何对生物传感和神经反馈感兴趣的人以实惠的价格购买优质设备"。[20]

在众多大学和企业研究合作伙伴的支持下，OpenBCI 用户可以构建并3D 打印非医疗级脑电图头戴设备，并利用神经反馈软件工具来破译和可视化大脑中的复杂电波。借助如此广泛可用的黑客工具，人们可以在感到压力或进行冥想时实时查看自己的大脑活动，并鼓励他们调整自己正在做的事情以"获得更好的结果"。[21]

实际上，大脑黑客不仅仅针对个人用户。一些黑客还对探索脑对脑通信（brain-to-brain communication）感兴趣，并且试图使用其中一组脑电波改变另一组脑电波的动作。通过脑对脑接口（brain-to-brain interface），来自一个大脑的电信号通过计算机对大脑接口（computer-to-brain interface）发送到另一个大脑，从而实现一种新型的由神经控制的双向通信。[22]

大脑黑客的策略不仅仅涉及经颅磁系统以潜在地提高解决问题的能力、集中注意力或更好地调整大脑。智能手机上已经有一些应用程序可以捕获数据并与无线神经可穿戴设备同步，完成实验性生物反馈作曲家在 20 世纪 60 年代努力完成的工作：它们将脑电波转化成音乐、鸟鸣或其他可以让人感觉到身临其境的声音环境（如天气环境）。"缪斯"头戴式设备制造商即宣称："佩戴者在思绪奔腾时会听到雷雨声，如果他们心思平静，则会听到轻柔的海浪或鸟鸣的声音。我们的想法是试图用你的思想平息情绪风暴，以达到更加放松的状态。"[23]

这些应用也不可避免地进行了一些游戏化的设计。在此类游戏中，用户需要努力实现某些目标和达到设定的里程碑，以获得积分或分数。也就是说，诸如集中注意力、静坐冥想或做白日梦之类的精神状态被重新塑造为包含奖励的可玩游戏。

## 》05 《

到目前为止，你可能问：使用购买的脑电图技术设备或自己构建的经颅磁系统如何才能真正增强我们的认知活动？在临床环境中，经颅磁系统显示出治疗抑郁和注意力缺陷障碍等心理健康问题的前景，也是研究大脑发育的重要工具。但大脑黑客真正寻求改变的关键是大脑功能的一个特征，称为神经可塑性（neuroplasticity）。

神经可塑性是一个备受争议的术语。可塑性意味着大脑能够改变。当然，这种变化有两种形式：一是功能性的，涉及神经细胞活动或功能的转变；二是结构性的，指神经元之间的新连接（突触）和不同神经元组之间的新神经通路产生以及整个大脑区域发生的变化。神经可塑性的时间尺度也各不相同，从几毫秒到几小时、几天甚至几十年不等。[24]

大脑黑客的最终目标是使用经颅磁系统或其他方法来影响这种神经可塑性——实际上是重塑大脑以改变它，并有望改善一般行为。但这并不是神经可塑性转变发生的唯一方式。除了经颅磁刺激之外，表现神经可塑性的最有趣和最具争议的方式之一是创建称为感觉替代系统（sensory substitution system）的技术设备，据称它可以帮助启动神经可塑性这一过程，或者至少有助于其发展。

感觉替代是一个备受争议的概念，它描述了感觉系统如何转换现有的感觉神经通路或用它代替缺失或受损的通路。虽然感觉替代可以在大脑中自然发生，但研究人员长期以来一直在创造和构建旨在促进这种转换的机器。[25] 正如一篇文章所述，"感觉替代表示中枢神经系统整合此类设备的能力，并将通过学习形成一种新的感知模式"。[26]

美籍墨西哥神经学家保罗·巴赫·利塔（Paul Bach-y-Rita）不仅因为发现了这种新的神经可塑性感知模式而闻名，而且还因开发了第一种使其实际发生的感知机器而受到广泛称赞。保罗·巴赫·利塔最早的设备称为触觉视觉替代系统（Tactile Vision Substitution System，TVSS），可以追溯到 20 世纪 60 年代中期他和合作者在旧金山的史密斯-凯特尔维尔（Smith-Kettlewell）眼科研究所进行的研究。这项研究探讨了如何使用人工传感器来开发"盲人视觉替代系统"。[27] 该系统可以通过人工受体（artificial receptor）——传感器阵列——将视觉信息发送到大脑。[28]

保罗·巴赫·利塔所使用的人工受体其实是一台配有变焦镜头的笨重的老式黑白摄影机，可以将研究人员称为机械电视图像（mechanical television images）的内容直接转换并投射到盲人参与者的背上。最初的设备现在看起来既陈旧又怪异——混合了蒸汽朋克和 1987 年电影《巴西》（*Brazil*）所体现的美学。[29]

该摄影机安装在一张牙科治疗椅旁边，使用三脚架固定，并连接到一个更笨重的称为转换器（commutator）的设备上，该机器可以将来自摄影机的电子扫描图像转换为单个像素（图 10-4）。

然后，这些数字化图像将馈送到嵌入椅子靠背的 20×20 刺激点阵列，该阵列由 400 个小型金属护套执行器组成。其具体原理是，景象中光线弱的部分，对应的矩阵刺激点会震动，而光线强的部分则不震动。震动的频率为每秒 60 次。这些触点会直接刺激盲人的后背皮肤，像是按摩椅一样。该

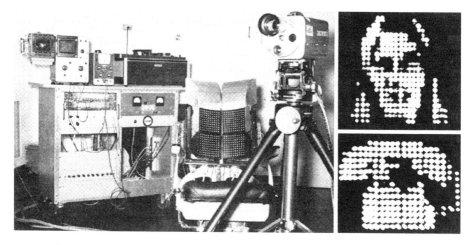

图10-4　保罗·巴赫·利塔及其助理开发的触觉视觉替代系统（1969 年）

实验正是通过这种方式将相机的图像转换为直接振动触觉刺激，传递到盲人参与者的背部。[30]

保罗·巴赫·利塔的感知机器被证明是非常神奇的。在短短的几分钟以内，盲人受试者就能够识别出他们的皮肤上同时激活了多少点。再过五分钟，他们就能分辨出原始几何形状（圆形、矩形和三角形等）之间的区别。他们还进行了另一项测试，旨在描述水平扫掠运动和垂直条之间的差异，这很快也达到了100% 的识别。[31]

随后，受试者被"展示"了 25 种不同物体的"名词"，从咖啡杯、电话到毛绒玩具等（它们由执行器的不同振动模式产生），并被要求使用摄影机"扫描"和识别它们（图 10-4 右图）。随着重复显示同一物体的次数增加，受试者识别该物体所需的背部振动量也逐渐减少。然后，这些物体被放在受试者面前的桌子上，要求他们操纵电视摄影机以正确区分它们。在这种情况下，他们需要克服现实世界的复杂性。例如，有些物体可能被部分遮挡，物体的远近能够导致图像产生透视变化，从不同角度观察物体会看到其形状被扭曲，物体的背光面会投下阴影等。[32] 有些受试者可以成功克服这些困难，正确识别出各种物体。

这个简化的解释表明，被测试者之所以能够感知物体是因为他们将物体的形状、形式和轮廓视为皮肤上的图案。但从受试者给予研究人员的体验描述中，则描绘了一些完全不同的东西。经过充分的训练和学习，受试者开始将这些物体描述为被放置在空间中——也就是说，他们感知到了三维立体空间的存在，而不再是皮肤上不同图案的感觉。

保罗·巴赫·利塔认为，像 TVSS 这样的机器正是基于大脑的可塑性——大脑可以重组其功能，尽管有损伤或畸形。这种重组将源于大脑如何接收和解码感觉信息的复杂性。大脑几乎就像交通绕道一样工作，在一个可能无法发挥作用的区域周围重建路由过程。

在保罗·巴赫·利塔的一生中，一直在用不同的功能迭代他的基本机器，直到 20 世纪 90 年代后期，他和他在威斯康星大学的研究生开发了一种名为 BrainPort 的商业可穿戴系统。该设备已经远远超越了今天的可穿戴脑机接口，其外形像一副太阳镜，其中内置了一个微型相机，允许盲人用户戴着它时进行拍照。相机产生的视频图像将通过手持控制器转换为电子脉冲信号，电子脉冲信号将通过一根细线传递到用户含在嘴中的"电子棒棒糖"上（其中有一个由 20×20 电极组成的正方形格子），并不断刺激舌头表面的神经，从而将刺激传递到大脑，而大脑则负责将电子脉冲信号转换回图像。[33]

虽然 BrainPort 基于舌头的成像技术和通过脑机接口恢复来自大脑受损部位的神经信号的说法，听起来像是科幻小说中的东西，但感官替代在大众的想象中却越来越受到关注。2017 年《纽约客》（New Yorker）杂志的一篇文章即介绍了保罗·巴赫·利塔的早期工作，并以 BrainPort 作为其成就的最高峰，引起了广大受众的注意。[34]

此外，BrainPort 现在已经是一款有近 15 年历史的商用设备（但是其实际使用效果因人而异），而在感官替代机器市场上也出现了越来越多的新型机器，例如，EyeMusic 宣称可以将图像转换成音符组合和音乐场景；

EyeCane 可以将距离转换成听觉，使用户能够在 5 米以内的可调范围内感知物体；vOICe 可以通过从左到右扫描图像，将其转换成不同方位、音高与响度的声音，构建从图像到声音的映射，帮助盲人通过声音了解周围的环境；VEST 则可以将声波转化成可由背部感受到的振动。[35]

考虑到大脑黑客对用机器改变神经可塑性的兴趣，可以预料到感官替代不会严格停留在医疗或辅助技术环境中，甚至也不可避免地会引发军事上的兴趣。2008 年，美国国家研究委员会提交了一份关于美国安全问题的报告——"新兴认知神经科学及相关技术"（Emerging Cognitive Neuroscience and Related Technologies），讨论了感官替代和神经可塑性，并详细介绍了神经精神药理学、认知生物学和人机接口的研究。该报告对"通过感官替代和增强能力改善或扩展人类在认知领域的表现"的设备进行了历史概述，并且提出了感官替代设备和脑机接口之间的新合并，以实现"通过感官和认知手段控制武器"。[36]

在社交媒体上流传着关于大脑可穿戴设备的故事，包括它使用户能够通过大脑控制从汽车、无人机、电视到游戏的一切。如果说这只是唤起了人们对心灵感应和其他超心理现象的兴趣的话，那倒也无可厚非，但是，在这些故事中其实还潜藏着一个有关感知机器的暗网版本（虽然这有点阴谋论）。从这个意义上说，大脑黑客的反主流文化既令人着迷，又令人恐惧。

研究人员声称，在接下来的 20 年内，"神经接口可能是一种成熟的选择，使人们能够在瘫痪后行走并解决难治性抑郁症，它们甚至可能使治疗阿尔茨海默病成为现实。"[37]这固然是其美好的一方面，但是，另一方面，一些网站宣布，黑客，或者更糟糕的是，广告商可能在不久的将来将信息植入你的思想中。通过使用"你头脑中的间谍软件"，大脑黑客可以收集私人数据，例如政治偏好或个人身份识别码等。[38]

即使是大脑黑客重塑大脑这一目标也可能会在神经可塑性方面产生未

知的后果。[39] 神经科学家仍然不确定用电磁场对不同的大脑区域进行冲击，是否会导致神经结构的一种失控变化。例如，使用经颅磁刺激来影响认知功能就是这样做的，但没有人知道它是否会导致突变的神经可塑性转变。

## 》 06 《

脑电图头戴式装备并不是过去几年走出实验室的唯一消费级传感技术，随着人们对通过感知机器改变自我的兴趣日益增长，现在还出现了"入侵梦境"的可穿戴设备——新技术使用附着在我们身体上的传感器记录我们睡觉时的动作，并触发光、声音、振动和其他刺激来引导或影响我们的睡眠和做梦方式。[40]

睡眠和做梦是感知机器最前沿的研究领域。人类睡眠的时间约占整个生命期的1/3。它不仅仅是一个潜在的320亿美元的市场，在人们的生活压力大、失眠越来越多的今天，良好的睡眠甚至被视为最新的身份优越感的象征。[41]

睡眠传感行业正在蓬勃发展当然是有道理的。据世界卫生组织称，在发达工业国家，睡眠不足基本上被视为一种健康流行病，它会引发癌症、肥胖和心脏病等疾患，同时也会导致精神疾病。[42]

除此之外，睡眠不足还产生了更具破坏性的后果。兰德公司（美国智库）对发达工业国家的一项研究认为，仅其所造成的生产力损失对美国经济的影响每年就约为4110亿美元。[43]

在这些近乎极端的现实条件下，也难怪有人预计睡眠将成为下一个产业风口。根据一项估计，到21世纪20年代中期，睡眠市场将达到1000亿美元以上。[44] 如果将这个巨大的数字视为一项指标的话，那么显然它意味着我们的睡眠和做梦将伴随着各种感知机器，它们将改变我们进入神秘的沉睡世界的方式。

试图监控和影响睡眠和做梦的现象听起来很熟悉。就像便携式脑电图或其他健康设备（如腕带和情绪手环）可以根据你的出汗情况测量你的情绪一样，佩戴睡眠追踪器并使用相应开发的应用程序也为自我优化提供了新的可能性。这些小工具的品牌名称听起来好像是由自动算法生成的：S+、Beddit、Basis、Oura Ring、Emfit、Sleep Cycle 和 EarlySense。

与脑机接口一样，睡眠追踪器也需要科学证据进行验证。它们的目标是带来一种新的平静、反思、放松和自我实现的感觉。更重要的是，智能手机甚至正在淘汰单独的硬件：你甚至不必专门购买一个可穿戴的小工具，只需下载众多可用程序中的一个，即可利用手机的加速计监测睡眠的方方面面，包括睡眠质量、持续时间、打鼾到睡眠阶段和环境因素（如光线或空气质量）等。

一些睡眠追踪器还发布了关于其有效性的华而不实的文案。例如，一款名为 EverSleep 2 的产品甚至声称它"就像在自己的床上拥有一个睡眠实验室"，考虑到真正的睡眠实验室必须拥有医疗级脑电图和其他监测系统，以及对收集和存储用于分析的个人数据的严格协议，该文案显然是在自我吹嘘。[45]

事实上，大型脑电图机占据睡眠实验室的原因之一是，脑电波是最准确的数据，可以告诉我们何时进入不同的睡眠阶段以及其中可能发生的大致情况。从这个意义上说，你在网上或沃尔玛购买的睡眠追踪器的功能甚至连消费级可穿戴脑电图设备都不如，更不用说医疗级系统了。它们其实并不真正测量你的睡眠情况，而是测量你在睡眠期间的动作次数（失眠或浅睡者容易在床上辗转反侧）。也就是说，这些睡眠追踪器假设了一个基本公式：你睡觉时的动作越多，就越不太可能进入沉睡状态。

手机如何能够确定你的睡眠质量？在临床环境中，睡眠监测长期以来一直基于称为多导睡眠描记法（polysomnography）的复杂、耗时的过程。多导睡眠描记法的基本目标是使用多个生理传感器，从脑电图开始，并辅以呼吸、心率、肌肉电活动和一系列其他数据，以检测和诊断从睡眠呼吸暂停（与睡眠有关的呼吸障碍）到四肢抽搐和失眠等在内的睡眠疾病。

考虑到睡眠的多阶段性质以及多个传感器数据流在数学上的复杂分析和相关性，因此，仅靠 150 美元的腕带就想实际检测不同睡眠阶段之间的差异似乎很可笑。但是，目前已经有数百个应用程序来利用在睡眠期间由加速度计测量的运动数据，以提醒用户他们的整体睡眠质量，这实际上是利用了一种更有效、成本更低的过程，称为体动记录法（actigraphy）。

体动记录法研究的是睡眠过程的一个基本部分：休息和活动之间的持续循环。通过利用来自加速度计的运动数据来指示诸如总睡眠时间、睡眠时间百分比、总清醒时间、清醒时间百分比等特征。加速度计可以记录特定时间窗口内的动作次数。在事后分析中，这些指标可用于推断一个人可能处于什么睡眠周期。当然，每个设备的不同睡眠特征是每个制造商的算法专利。一个经过更好调整的过滤器或一个更有效地提取特征的方程可能会使一个设备与其竞争对手略有不同。现在看来，每一家主要的健身追踪公司都在争夺最好的工程师、医生和数学家，以使他们的算法脱颖而出。[46]

令人惊讶的是，尽管睡眠追踪器的制造商声称可通过体动记录法研究来了解睡眠，但神经科学本身仍然不知道睡眠的确切目的是什么。英国神经科学家马修·沃克（Matthew Walker）在《我们为什么要睡觉》（*Why We Sleep*）一书中对缺乏睡眠的后果进行了毁灭性的描述——睡眠是多元的。它涵盖了众多领域，恢复了从记忆到心血管健康的基本大脑和身体功能。一些研究人员认为，睡眠是过多突触活动的解毒剂。换句话说，睡眠有助于遗忘，减少大脑由于各种思虑或算计而在我们脑海中产生的大量噪声，以使我们能够治愈在清醒时发生的突触超负荷。

当我们学习时，新的突触连接会在数千个神经元之间形成和加强。但是，这种突触强化有其代价，包括对细胞系统的压力以及对更不为人知的支持细胞的改变，比如神经胶质——一种神秘的、果冻状的非神经物质，

似乎可以保持和保护我们大脑中的神经元。因此，我们睡觉不仅仅是为了
与清醒的世界脱节，也是为了减少神经可塑性的数量，即大脑在日常生活
中的不断适应。换句话说，睡眠是"我们为神经可塑性付出的代价"。[47]

## )) 07 ((

与其他由传感器驱动的行业一样，目前也出现了大量的传感器，可以
跟踪或监控我们在睡眠中的状态，并帮助使我们的睡眠更放松。其中包括
一些可穿戴设备（wearables）和可接近设备（nearables），这些设备可以方
便地放在床头柜上。当然，此类产品的迭代和淘汰都非常快，当你阅读到
本书时，这些由初创企业开发的设备中的大多数也许将不复存在，或者将
完全改变它们的消费者导向。以睡眠跟踪器 Sense 为例，这是一个类似于鸟
巢的发光的聚碳酸酯球体，只有网球大小，该设备装有环境传感器，可测
量光、声音、湿度和温度。从外观上来看，这是一款极具未来感的睡眠跟
踪机器，可以通过改变颜色来显示睡眠质量（图 10-5）。它还有一个组件是

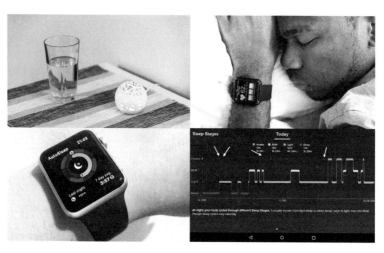

图 10-5　左上：Sense 睡眠跟踪器。右上：睡眠跟踪。
左下：Apple Watch 上的睡眠跟踪。右下：Fitbit 睡眠仪表板

一个名为 Pill 的数据传送器（内置六个方向自由度的加速度计），外观小巧，可以将它夹在枕头上，以便在入睡时向球体传送睡眠信息。这个由一位 22 岁的发明家经营的名为 Hello 的新贵初创公司于 2016 年创建，估值一度超过 5 亿美元，但是在未能被 Fitbit 收购后，这家公司便破产了。[48]

在撰写本文时，另一个名为 Dreem 2 的可穿戴设备仍然存在。Dreem 2 是一款脑电图头戴产品，其创新基于其拥有的传感器数量：四个用于测量脑电波的干电极传感器，一个用于测量脉搏的脉搏血氧计，一个加速度计，此外还有一个通过机械振动使骨骼共振的骨传导触觉传感器。然而，有趣的是，自 2016 年首次亮相以来，Dreem 的品牌和关注点发生了根本性的变化。其早期的网站展示了由著名产品设计师叶维斯·贝哈尔（Yves Béhar）设计的一款外观漂亮的设备，并播放了寓意良好睡眠质量的绵延起伏不断流动的织物的高清视频。但是 2021 年，该网站重新命名为"打造明天的医疗保健"，并专注于将该设备用于临床试验，并与全球学术合作伙伴进行合作。

还有其他一些设备利用了振动、声音和光来刺激我们的感官，以鼓励睡眠。THIM 是一个戴在手指上并与应用程序相结合的笨重戒指，它被宣传为"从睡眠实验室到你的家"，据称基于睡眠试验技术管理振动，在你入睡后 3 分钟内将你唤醒；当你再度入睡时，THIM 会再度唤醒你，如此反复训练，以帮助失眠者更好地睡眠。

THIM 发明者的另一款设备 Re-Timer 是一款类似眼镜的生物钟调节器产品。它使用脉动的绿蓝色 LED 来人为地重置你的生物钟的昼夜节律，据说可以抑制褪黑素的产生，这样我们就可以改变自己感到疲倦的时间。Re-Timer 似乎是基于光疗（light therapy）的概念——在光线不足的气候中，人们可以人为地刺激昼夜节律，以弥补自然环境中白光的不足。[49]

此类设备也有很多竞争者。PEGASI、AYO、FeelBrightLight 和其他许多由 Kickstarter 众筹平台或种子资金启动的公司都声称可使用基于 LED 的彩色技术来改变你的睡眠。

睡眠跟踪行业多少有一些讽刺意味。虽然很多设备被冠以"智能"之名，但实际上更像是一些"智商税"产品。越来越多的报道称，由于媒体和电子设备不断侵入我们的生活，导致我们无法入睡，但睡眠市场却充斥着这些旨在帮助我们入睡的相同设备。[50]

事实上，已经有研究认为，我们对更好睡眠的痴迷正在导致一种新的睡眠障碍，称为完美睡眠主义症（orthosomnia）——从字面上看，somnia 表示"睡眠"，前缀 ortho 表示"正统的，正确的"，它们合在一起表示"完美睡眠"，源于对实现完美睡眠的不健康痴迷而引起的与睡眠相关的焦虑，但这些设备越来越不可能实现完美睡眠。[51]

尽管使用了最新的干电极传感和机器学习来提取、分类和识别睡眠模式，但睡眠跟踪器其实是所谓的脑机（brain machine）的简化形式。脑机是旨在通过产生光或声音模式来刺激或引导大脑的设备，这些模式据称可以鼓励神经元以与视听模式相同的相位和频率振荡或同步。通过在线搜索你会发现各种奇妙的机器，它们在云山雾罩的宣传和自我吹嘘方面似乎可以与不明飞行物（UFO）和锡箔帽（tinfoil hat，有人宣称这种帽子可以抵挡电磁场对大脑的影响，屏蔽思想控制或读脑）之类的东西并驾齐驱。

例如，Mind-Machines 公司声称其产品可以"帮助放松，增强学习和思维能力，促进生物反馈、神经反馈、高科技冥想，实现个人成就"。单击其网站上的"脑波"按钮，你会发现更多奇特的标语，例如"想象一下按下按钮即可自动进行心灵瑜伽"。除此之外，这些脑机还声称可以"使用光和声音扩展你的自然阿尔法脑电波和西塔脑电波"，并且还"一本正经"地做起了"科普"：虽然"贝塔脑电波刺激"似乎可以提高"运动表现"，但德尔塔波对于"深度、安宁的睡眠"很有用。[52]

仔细搜索互联网你会发现很多这样的感应睡眠机器，它们还可能在同一设备中混合了测量和刺激功能。例如，Luuna 睡眠眼罩就是这样一款产品，它能够通过脑电图信号来检测佩戴者的状态，并通过自身的人工智能技术来播放符合佩戴者状态的音乐或声音。Luuna 所播放的音乐可以说是由佩戴者的脑电波所"创作"的，如果你心情愉悦，那么音乐就会很轻快；如果你很放松，则音乐也会很平静。它可以将生物数据转化为舒缓的音乐，让你更快入睡。而当你该起床的时候，它还会选择在你睡眠最浅的时候把你叫醒。

此外，Hupnos 是一种号称可以"自我学习"的智能止鼾面罩，可以在你打鼾时提醒你，而 REMzen 则宣称可以监控"眼部肌肉激活"，以在你处于轻度睡眠状态时唤醒你。该产品名称中的 REM 指 REM 睡眠，也称为快速眼动睡眠，是指睡眠的某个阶段，人的眼球会不自主地做快速无规则转动。增加 REM 睡眠有助于改善精力和从压力状态下恢复。

这些设备无疑与已有科学是格格不入的，它们的有效性也遭受到很大的质疑，但是，它们与承诺类似事情的商业脑电图头带之间真的有很大区别吗？其实，这些闪烁的眼镜和发光的球体只不过是迎合了新时代的思想意识，而标准的消费级大脑可穿戴设备现在也试图通过直接诉诸研究和科学来使自己正当化。从播放环境声音的智能枕头，到根据你进入的睡眠阶段而跳动的智能治疗灯，我们似乎使用了各种人工媒体来判断我们是否睡得正确，并让其帮助我们进入真正入睡的状态。

## 》08《

乔·卡米亚最初涉足生物反馈的研究是在芝加哥大学心理学系的睡眠实验室进行的。这是有道理的，因为睡眠实验室不仅可以感知睡眠，还可以感知更神秘的事物，即我们的梦。对每个人来说，梦总是神秘而独特的。心理学家和梦的拥护者卡尔·荣格（Carl Jung）写道："梦真实地展示了患者的内在真相和现实，它既不是医生的猜想，也不是患者的想当然，它就是本来的样子。"[53]

梦本质上是大脑在我们睡觉时告诉我们的故事、印象和感觉，主要发生在快速眼动期，即睡眠的第四阶段，也是最深的阶段。虽然研究已经证明，做梦也可能发生在非快速眼动睡眠中，但在快速眼动睡眠期间大脑最活跃，我们的瞳孔会在紧闭的眼皮后紧张地转动。

但是，我们为什么会做梦以及梦中所潜藏的秘密仍然是一个基本的、非常有趣的谜团，被锁在我们的生理、历史、基因和文化中。关于为什么做梦的理论层出不穷。例如，有人认为这是大脑在通过讲故事的形式来组织它在白天收集的记忆和印象；也有人认为这是大脑将那些深藏在潜意识中的印象和欲望展示出来；还有人认为梦只是大脑产生的一些附带现象，是其电子和化学过程的副产品。

与监控睡眠一样，研究人员也使用脑电波的脑电图记录以及其他生理传感器来监测梦境，例如肌电图，当你移动肌肉时，肌电图会测量到微小的放电。由于你的肌肉在 REM 睡眠期间基本上处于瘫痪状态，这种现象称为肌张力缺失（muscle atonia），因此可以使用肌电图感应来尝试检测应该在梦开始时发生的低肌肉运动。但在 20 世纪 80 年代，斯坦福大学的一位名叫斯蒂芬·拉波奇（Stephen LaBerge）的心理学家迈出了重要的下一步。[54]

拉波奇开发了一种不同寻常的设备，该设备由一副装有红外发射器–探测器（infrared emitter–detector pair）的护目镜组成，可以监测 REM 睡眠状态期间发生的快速眼球运动。这种名为 DreamLight 的设备能够感知到受试者何时进入 REM，然后通过安装在眼镜上的小白炽灯向他们闭上的眼睛闪烁微量的光。在这些实验之后的采访中，受试者揭示了一些相当惊人的事情。他们不仅报告了他们的梦——所谓清醒梦（lucid dream）的意识，而且他们还看到了由 DreamLight 直接在他们的梦中产生的某些闪光和图案。

换句话说，拉波奇不仅对测量梦境感兴趣，他还想通过用户佩戴的感知机器来影响他们，让他们在设备、佩戴设备的自我和自我的内在体验之间创造反馈和互动。

虽然拉波奇的实验是在 20 世纪 80 年代进行的，但现在充斥着 Kickstarter 众筹平台的设备和那些清醒梦倡导者的网上购物车中的设备与拉波奇的设备惊人相似，唯一的区别是：它们使用比拉波奇当年更好、更便宜的传感器，可以让你"更好地控制你的梦"。

这些清醒梦倡导者的设备使用了脑电图来监测我们何时处于快速眼动状态，然后触发光、声音、振动，甚至是微小的、轻微的经颅磁刺激来激发清醒。

最近在研究实验室进行的"梦工程"（dream engineering）的尝试，如麻省理工学院媒体实验室的流体接口（Fluid Interface）小组的梦实验室（Dream Lab），基本上都在努力实现与拉伯格相似的结果。该实验室的一个特定项目以 Engineering Dreams 为标题，描述了构建"与沉睡的大脑交互的技术。当做梦者进入睡眠状态时，我们可以使用大脑活动、肌肉张力、心率和运动数据来跟踪不同的睡眠阶段。气味、声音和肌肉刺激等形式的外部刺激都会影响梦的内容"。[55]

但是，跟踪梦并不是该实验室的唯一目标。一篇关于该小组研究平台的技术论文的作者恰当地给项目取了一个名字"Dormio"（这是拉丁语 dormire 的衍生词，意为"睡觉"），并且写道："睡眠是一个被遗忘的心灵国度。睡眠提供了一个在缺乏直接注意力的情况下激发创造性思维的机会，但前提条件是梦可以被控制"。[56]

梦境会激发出人无限的创造幻想，这让很多科学家和作家都找到了灵感。据称德国化学家奥古斯特·凯库勒（August Kekulé）就是因为在梦中看到一条蛇在咬自己的尾巴而发现了苯环结构。但是，多数人在醒来之后并不记得自己的梦。那么，一个人如何真正控制自己的梦并且不会忘得一干二净呢？其实"控制"这个词在这里用词不当，因为麻省理工学院的研究人员使用的是和拉波奇非常相似的技术，即一方面使用传感器指示受试者何时入睡，另一方面则在检测到受试者进入做梦的特定阶段时播放提示音频。[57]

Dormio 项目也让人想起另一个当代梦境控制的例子：克里斯托弗·诺兰（Christopher Nolan）2010 年执导的电影《盗梦空间》。该片讲述了一个职业窃贼或所谓的"盗梦者"，带领特工团队，进入他人梦境，从他人的潜意识中盗取机密，并重塑他人梦境的故事。设计 Dormio 项目研究的麻省理工学院研究生也许是受到了《盗梦空间》的影响，他写道："有了这个新的 Dormio 系统后，我们将能够影响梦境、提取梦境中的信息并扩展和催眠梦境。"[58]

》09《

目前，梦实验室和其他梦研究项目主要专注于学术研究，即利用标准传感 / 传动方法进行监测，然后尝试将某种外部媒体影响施加或"植入"到早期睡眠阶段的梦想中。[59]

网上和科学文献中的讨论表明，记录梦境（record dream）主要是指记录做梦时身体产生的生理副作用，例如流经肌肉的神经冲动、眼睛抽搐、身体坐立不安、血流量减少等。换句话说，传感器记录的只是梦境的结果，而不是梦境本身。这些所谓梦境接口的传感器实际上无法记录你脑海中发生的事情。

从 20 世纪 90 年代开始，梦境技术即开始渗透到科幻电影中，例如由道格拉斯·特鲁姆布尔（Douglas Trumbull）执导的《头脑风暴》（*Brainstorm*）[60] 和由凯瑟琳·毕格罗（Katherine Bigelow）执导的《末世纪暴潮》（*Strange Days*）。[61] 在电影《头脑风暴》中，被称为 SQUID 的头戴式脑机接口可以记录一个人的梦境，并以被篡改的状态回放梦境，而在现实中要做到这一点似乎还非常遥远。

毫无疑问，浏览详细描述可穿戴脑电图设备和清醒梦机器的网站或阅读相关研究论文的时间越长，就会产生一种不可思议的感觉，觉得这些机器很快就可以为我们的健康服务，帮助我们自我实现。事实上，测量脑电波、眼球运动、心跳的电变化、肌肉紧张、皮肤电导甚至面部识别的外部传感器已经在神经营销（neuromarketing）中被频繁使用，有关大脑的研究可以预测甚至可能操纵消费者的行为和决策，这些应用似乎已成旧闻。[62]

有关事件视界（event horizon，也称为"事界"）研究的新项目表明，使用传感器技术直接进入你的梦境可能只是时间问题。直接在中枢神经系统内运行的植入系统，即所谓的下一代神经技术皮层脑机接口，可能很快会进一步模糊人工电信号和生物电信号之间的界限，使两者几乎可以互换。[63]

据报道，像埃隆·马斯克这样的技术乌托邦主义者正在研究植入式传感器驱动的大脑计算系统。2019 年，马斯克创立的脑机接口公司 Neuralink 宣布要招聘外科技术人员、动物护理专家和机器人专家，这似乎使其成为目前最有远见的公司。[64]

Neuralink 旨在创建一个高度可扩展的接口，其中包括超细聚合物电极或导线，用于植入这些导线的神经外科缝纫机式机器人，以及具有巨大承载通道容量的定制高密度电子设备，可以直接植入真正的神经元附近。Neuralink 的愿景是一种可植入的替代大脑，它可以通过数以千计的微型传感器直接从其物理伙伴那里收集数据。

在不久的将来，Neuralink 可能面临激烈的竞争，因为 DARPA 已经打出了下一代非手术神经技术研究计划的幌子。DARPA 以其对认知研究的兴趣而闻名，但它对新型可穿戴脑机接口技术的投资似乎迈出了下一步："一种更易于接触的脑机接口，不需要手术即可使用，使得 DARPA 可以为任务指挥官提供更有效的工具，允许指挥官有意义地参与快速展开的动态行动。"[65]

DARPA 资助的研究主题和项目清单几乎令人难以置信。例如，可以连接到神经元的纳米传感器，可以直接在神经元级别上以高速 / 分辨率进行读 / 写操作的光和声传感器。

约翰·霍普金斯大学（John Hopkins University）应用物理实验室的一个项目提出了名为"从大脑记录的光学系统"的概念，该系统神经组织中的路径长度调制与神经活动直接相关联。

施乐帕克研究中心（Xerox Palo Alto Research Center，Xerox PARC）的一个研究小组正在开发神经调节设备，将超声波与磁场耦合以产生局部电流，以便将数据直接"写入"大脑。

得克萨斯州休斯敦莱斯大学（Rice University）的一个团队则更进一步，打算开发一种记录大脑信息和写入大脑的技术，其具体方法是通过测量神经组织中的光散射来推断神经活动，并使神经元对磁场敏感，以便对其进行写入。

只要想象一下这种系统所暗示的对个人隐私的监视和威胁的增加，人们就有理由感到害怕。事实上，目前尚不清楚这些神经技术的发展方向，但有一点很清楚：它们的终极梦想是直接连接大脑灰质，并因此连接到生命本身。

## 》 10 《

在脑电图感知和神经可塑性、观察我们的阿尔法波以及侵入大脑和梦境这些事情上，要把握好一个度，不让感知机器改变我们认为构成自我的有意识和无意识体验，这似乎具有很大的挑战性。一些社会科学家认为，尽管电子和数学模型越来越小型化和复杂化，但脑电波感应和观察可能让我们窥视自己，这一争议再现了我们最古老的思想与身体之间的二元斗争。在目前的技术路线中，感觉和情绪不仅是大脑的产物，还被转化为彻底"客观"的科学概念——例如神经元和频率振荡，我们在某种程度上相信这些概念将揭示其自身的意义，而不必考虑其文化背景或差异。[66]

一位名叫乔娜·布伦宁克梅耶尔（Jonna Brenninkmeijer）的荷兰社会学家采访了许多阿尔法波跟踪者，试图直接了解人们对感知脑电波的痴迷。她的采访和随后的研究表明，人们寻求神经反馈的原因有多种，而且相互矛盾。一些人认为，可穿戴脑电图设备将帮助他们以最小的努力实现改变，完成一种瞬间的启蒙。[67]而另外一些人渴望的东西其实是所谓的安慰剂效应（placebo effect）：通过使用脑电图设备，他们看到了一条自我改变的道路，因为这就是一直以来在厂家广告和用户推荐中承诺他们的东西。

但是，与所有传感器生成的信号一样，脑电图机器获取的脑电活动依赖于数学技术，这是一种重要的信号处理黑魔法，与痛苦或狂喜之类的情绪负荷体验几乎没有任何联系。这些技术不仅过滤、消除大脑本身和传感器附近电场产生的噪声，还采用神经网络等后处理技术，试图对大脑的神秘信号进行分类或分组。

作为脑电图设备或脑机接口等认知技术的用户，我们既是观察者也是被观察者。我们只观察脑电波的介导输出，输出可以通过我们与电子硬件和数学模型之间的相互作用而不断塑造（电子硬件和数学模型将处理不断激发的微量电信号）。因此，电子设备的质量、信号处理技术以及信号发生的上下文环境将确切地决定我们如何获得以及获得什么样的大脑真实读数。如果在电路中有噪声，那么这是否意味着在自我中也有相同的噪声呢？

即使是脑电波传感器可以记录的德尔塔波、阿尔法波、贝塔波、伽马波和西塔波也不是全部。这些不同的波可能会受到相似情绪状态的影响，以至于很难感知到像"宁静平和"之类的感觉体验实际上发生在哪个频段。是否只有阿尔法波才能产生指示这种体验的波动？它是否是多种波的组合？又或者是设备中的噪声与我的交互以及与生成输出的系统相结合的结果？所有这些都无法确定。

更重要的是，我们在脑电图传感器中看到的脑电波是否真的可以单独代表认知过程？如果这一说法成立，那么"自我"这个概念本身将受到激烈挑战。越来越多的哲学家、认知科学家、语言学家，甚至一些神经科学家都认为，我们对自我的理解不能仅仅简化为脑电波或生理传感器捕捉到的心跳、肌肉紧张、汗水或呼吸模式。

"思想源自外部""你思考时所用到的不仅仅只有你的大脑，还有这个世界""你并不是只有你的大脑""意义不只是在头脑中"……这些故作惊人语的文章标题和书名都认为，在描述思想和自我时，除了我们的皮肤和头骨，还需要考虑我们的身体在社会和文化上所处的环境以及思想形成的方式。[68] 我们之所以成为我们自己，是因为我们"没有陷入自己的想法和感觉里"，而是"融入"了周围的环境。[69]

对于自我与感知机器的关系更为激进的理解存在一种称为延展心灵论（extended mind thesis）的哲学立场。对延展心灵论感兴趣的哲学家和科学家并没有关注与世界隔绝的大脑，而是发问："心灵的边界在哪里？世界的其他部分从哪里开始？"

延展心灵论认为，心灵的边界并不限于大脑，我们自己所发现的环境同样是推动我们的认知过程的关键，它决定我们的记忆方式、解决问题的方式，或者我们与自己和他人建立联系的方式。我们的身体行为可结合身体之外的工具（如笔记本电脑或计算机），这些工具可以帮助我们在特定情况下做出决定或采取行动。这些认知辅助不仅存在于我们的头脑中，而且也可以是外部环境的一部分，从而延展了我们的认知（即我们的心灵）并转化为手段、技术和工具。通过这种方式，"我们积极参与了一个世界"。[70]

在 21 世纪初期，哲学家安迪·克拉克（Andy Clark）和认知科学家大卫·查默斯（David Chalmers）最初提出了这个概念。他们激进地认为，人类是"特别的生物，正是因为他们是由多次合并和联合定做的"。[71] 我们是克拉克所说的天生的赛伯格（natural-born cyborg），即人类和机器合并的产物，但这并不是因为我们可以植入电子芯片和传感器进入我们的皮肤或通过我们与传感器和计算机的紧密合作来培养新的感官。

作为人类，我们也是技术型的，因为我们总是根据周围的工具和系统来调整我们的行为和自我，"永远准备好将我们的心理活动与笔、纸和电子设备的操作相结合"，以便了解这个世界并采取行动。感知机器，即传感和计算技术、大脑和身体之间的耦合，有助于扩大我们作为代理人与"机器、工具、道具、代码和半智能日常物品的非生物矩阵"（这些东西构成了外在世界）之间的持续联系。[72]

传感器实际上是研究人员所说的共同构成（co-constitutive）的产物。它们与我们相互联系，相互依存。尽管"量化自我"这种类型的思维带来了"通过数字认识自我"之类的简单表述，或者让你认为智能手机上显示的统计数字和图表就是"你"，但一旦我们的思想、自我和机器不再被视为以皮肤为边界，而是更大的插件环境的一部分，我们可能会开始将"自我"理解为不仅仅是一个静态的、有界的、等待被感知的对象：既不是数据收集的简单目标，也不仅仅是传感器捕获的结果和数学模型实现的结果。

与此相反，当感知机器试图向我们展示我们的自我时，可能意味着克拉克所谓的软自我（soft self），即神经、身体、技术过程和行动的"分布式去中心化联盟"。

自我可以接受感知机器的帮助，但不被感知机器接管。自我是一个不断发展的实体，可以不断与世界形成新回路。[73]因此，大脑不能与我们自己发现的不断变化的环境隔离开来，自我也不能简单地被视为体现在从传感器读数中得出的数字。

就像脑电波本身的波动一样，自我也会受到外界环境噪声的影响，随着时间的推移而出现动态变化。大脑和身体会适应环境的变化，与此同时，自我也会发生这种变化，它是不断变化的"物质大脑、物质身体和复杂的文化和技术环境之间的循环互动"的一部分，我们只负责指导和控制。[74]

# 尾 声 ⟮

当你阅读到本书时，应该会是在 2023 年（或更晚）。但在 2020 年年末本书写作时，全球正处于新冠疫情以及不断加速的环境危机中，可以想见的未来仍是一片模糊。在某种程度上，新冠疫情可能已经带来了多方面的影响，例如，在我们看待自然、社会、技术和文化环境之间的关系方面。人类从未与环境分离，在这种由疫情造成的混乱中，感知机器不仅继续运行，而且在很多方面发挥着积极作用。

但是，感知机器是如何揭示和塑造这些新的人类与环境联系的？2020年，新冠疫情导致的环境变化成为数十项科学研究的内容。例如，2020 年 1 月至 2020 年 4 月，为加拿大海洋网络（Ocean Networks Canada，ONC）工作并使用水下水听器监测温哥华岛沿岸水域的声音传播的海洋学家注意到，通常由全球商业航运产生相关流量的环境噪声总体水平发生了巨大变化。这其实毫不奇怪，新冠疫情期间需求下降导致商业航运显著减少，因此加拿大研究人员记录到噪声污染的显著下降。[1]

研究结果证明了两个似乎彼此无关的研究领域（声学和经济学）之间的新联系。测量海底声压定量变化的传感器和统计程序揭示了除了声学现象测量之外的其他东西，即商业航运业在活动减少的极端条件下的经济动态。

动物还在新冠疫情生物记录计划（COVID-19 Bio-Logging Initiative）中发挥了重要作用，该计划是一个专注于生物记录的全球传感器研究联盟，使用传感器连接到跨越不同生态系统的各种鸟类、海洋和陆地生物，以监测其运动和迁徙模式、行为、动作和生理，努力"揭开动物隐藏的生活状态"。尽管始于大流行之前，但该联盟的目标是比较新冠疫情前后"动物"身上的传感器数据，例如来自安装在鸟类身上以测量其不断变化的能量消耗的加速度计和陀螺仪的数据。[2]

全球有无数可以跟踪动物行为或动作的传感器，聚合如此之多的数据并非易事。其规模的复杂性、异构数据集的融合、数据捕获中断造成的测量差距以及缺乏国际标准等，都使得海量数据收集和分析变得极其困难且成本高昂，并需要大规模的多边合作。

新冠疫情彻底改变了全球人类的活动和生产水平，以至于鸟鸣声突然间变清晰了（因为以前乱哄哄的交通噪声大幅降低了），而地震仪现在也可以区分人为振动和地球内部的隆隆声。

研究人员为这些因新冠疫情大流行而引发的人类活动的深刻变化创造了一个新名称：人为暂停（anthropause），"现代人类活动在全球范围内显著放缓，尤其是旅行。"[3]科学杂志《自然》（Nature）上的一篇文章更是有力地指出：这场疫情"所造成的破坏在全球观测网络的现代史上是前所未有的。无处不在的传感和对人类流动性和行为的大规模跟踪，为了解地球系统创造了一个独特的试验台。"[4]

安装在卫星和屋顶上以及植入到田野和森林中的传感器、微处理器和软件能够全天候地工作，监测地球、天空和大气，以发现与强制封锁等人为暂停措施相关的新变化。当然，这些设备本身不会意识到由新冠疫情引发的迅速变化。诸如作物变化、森林火灾追踪、空气质量变化、生物多样性测量、地面辐射过热、降雨减少和温室气体成分改变之类的变化只是自动传感系统检测到的新冠疫情造成的间接环境变化中的一小部分。

科学家们在新冠疫情期间特别利用这些传感基础设施来收集有关不断变化的环境条件的信息，如果没有这些技术，这些信息是不太可能获得的。例如，美国航空航天局的空间站生态系统空间热辐射实验检测器（ECOsystem Spaceborne Thermal Radiometer Experiment on Space Station，ECOSTRESS）[5]——

这是在绕地球热层运行的国际空间站上的热成像传感系统——在 2020 年春季曾经被用来了解旧金山湾区是否真的因道路上没有车辆和停车场空旷而气温升高至超常水平（车辆通常可以吸收和反射太阳光线）。[6]

与此同时，即使航班减少和随之而来的大气传感器数据丢失导致天气预报受到影响，测量气体分子和波长的环境传感器网络仍然记录了地球不同地区空气质量的显著变化。例如，由于减少了化石燃料的燃烧，一氧化二氮（$N_2O$）和二氧化碳（$CO_2$）的排放均有所降低。此外，机场、高速公路交叉口和航运港口等公共交通基础设施周围通常污染严重的空气中的化学物质也有很大的变化。

可以说，新冠疫情的出现几乎创造了一个全新的传感器技术行业，它旨在检测病毒的存在和传播，同时将人类纳入以新技术为主导的检测，以发现隐形实体（病毒）的运动和后果。

主要面向传感器行业的学术期刊传感器（Sensors）在 2021 年用一整期专门介绍了旨在"检测和诊断新型冠状病毒"的技术。一些最初为安全和反恐应用而设计的传感和分析系统变成了病毒战士。例如，最初用于嗅探非法药物和爆炸物的传感器可作为新型冠状病毒呼气分析仪；由比人类头发细一百倍的电子灯丝制成的探测器，可用于测试在正常或快速呼吸或咳嗽期间通过呼吸面罩泄漏的呼吸水分量；应用基于人工智能的语音识别可监测咳嗽和语音以检测病毒的存在；新型光学和热生物传感器的人工脱氧核糖核酸（DNA）序列嵌入金基纳米结构（gold–based nanostructure）中，可以识别新型冠状病毒株中存在的核糖核酸（RNA）链；化学传感器可以测量设备周围环境中的分子变化，以模拟病毒在空气中或可能降落的表面上的气溶胶样传播。[7]

具有讽刺意味的是，一些非电子传感器的化学传感器也受到病毒的显著影响。人类嗅觉和味觉的化学感官，即长期被研究人员忽视的所谓低级感官，似乎是第一个受到新型冠状病毒根本影响的人类感官。有些被感染者声称他们突然失去了嗅觉能力，而在几周之后又突然恢复了，至少对90%的感染者来说是如此。

新型冠状病毒引起的嗅觉丧失者声称有奇怪的感觉：喝咖啡不再感觉到有任何味道，或者突然无法闻到他们的伴侣或孩子的气味。部分受影响的人接受了"鼻子物理疗法"，而慈善机构提供的"气味疗法"则是闻精油，以重建被病毒破坏的嗅觉细胞及其相关的神经网络。[8]

这些气味和味道转变背后的状况同样令人费解。研究人员发现，这种病毒不是直接（通过感染嗅觉感受器神经元）改变患者的嗅觉，而是通过破坏辅助主要感受器的支持细胞间接改变患者的嗅觉。[9]

有了这些令人吃惊的报道，我们也许可以谨慎地得出结论：新型冠状病毒会剥夺人类闻嗅和品尝世界的能力，从而导致一种新的感官丧失（unmaking of sense）。

如果说我们人类的感官会被病毒破坏或迷惑，那么身边的各种替代品就不一样了。在我们周围的环境中部署了大量的人造电子传感器，它们作为新的病毒控制和遏制手段的一部分正在不断跟踪我们。从密接者跟踪腕带到安装在办公室天花板上以监督人们保持社交距离的摄像头，再到日本开发的使用红外激光和计算机视觉来提醒客户"戴口罩"或与他人保持安全距离的机器人，新冠疫情明显扩大了机器传感系统的职责，这包括跟踪、追踪和限制人类的移动。[10]

这些分布式的、可穿戴的、无处不在的监控系统其实都依赖机器智能来理解人类生成的数据，这一点不足为奇。在各种新型冠状病毒密接者追踪应用程序中运行机器学习预测模型的人工神经元能够抵御单纯的生物污染威胁，这正是它的优势之一。[11]

## 》 **01** 《

新冠疫情造成的长期影响目前尚无定论。[12] 但用于控制人口和检测病毒颗粒的传感器仍在不断增加，在 2020 年的新闻中无处不在，表明一种新的感知想象已经到来。这种想象部分建立在工程机会主义之上，再加上永不动摇的信念，即科技可以成为我们面对生物医学和环境危机的救星。在我们人类无法彼此靠近时，机器似乎取代了我们，获得了检测在空气中传播的致命病毒的能力。

但这个普遍认为凄凉且怪诞的故事还有另一面。本书证明了感知机器如何在我们的日常生活中变得无处不在，几乎到了我们甚至不再注意到它们的地步。同时，我也希望让你相信，它们并不是突然出现的。它们感知、监控和改变我们和我们所居住环境的能力有着深厚的历史根源以及多重背景和动机，这不仅是监控资本主义（surveillance capitalism）的副产品，而且也通过 20 世纪末一些强大的信息时代的企业不断繁殖。[13]

事实上，我们在本书中讨论的许多（但不是全部）感知机器都基于一种技术世界观，这种世界观虽然从来都不是中立的，但也绝不仅仅是掠夺性的。换句话说，对传感器和机器智能的想象彻底重新配置了我们在游戏娱乐、交通、艺术、食物、健康、梦境和自我方面的生活体验，暗示了多种未来——梦幻般的、反乌托邦的、投机的、荒谬的和务实的。

这场肆虐全球的疫情甚至可能还揭示了其他一些东西：人们对感知机器在我们之间以及我们的技术和自然环境之间创造新的相遇中所扮演的角色有了更高的认识。为什么会这样？

首先，这些相遇表明生态方法的进一步扩展。生态方法有助于理解我们的传感器技术、我们的感知和我们的环境如何形成一个不可分割的、全面的、相互依存的整体。这里的"生态"（ecology）一词可能与我们通常理解的含义略有不同。根据 20 世纪 60 年代提出"感知生态学理论"（ecological theory of perception）的美国实验心理学家詹姆斯·杰尔姆·吉布森（James Jerome Gibson）的说法，生态学描述了感知者与环境之间的互惠关系（reciprocity）："生态学方法研究的是在环境中的动物，动物和环境被认为是一个交互系统。这个系统内的关系是互惠的，这种互惠包括一个物种在它适应的环境中进化，以及一个在自己的生态位中行动、发展和学习的个体。"[14]

吉布森的生态学理论提出了一种在感知器官和它进化感知的环境之间的共生关系，即不同生物体的共生。这正是一种有机体和环境彼此不可分割的世界观。在该世界观中，感觉和行动是一体的。人类及其环境、自然、社会和技术相互依赖。我们的行为不仅影响我们自己的感知，而且影响我们周围世界的固有感知。如果你对此表示怀疑，那么只需要看看新型冠状病毒的传播方式就知道了。在防范这种病毒的传播时，我们一直在强调这种交互关系：环境与人类、人类与人类、动物与人类、人类与其他。[15]

与此同时，我们在 2020 年至 2023 年争先恐后地使用传感器和机器智能来追踪我们肉眼完全看不到的东西，目的是防止其传播到人类、动物、物体和我们呼吸的空气中。传感器的能力使得它可以在自然和技术实体的各方面发挥重要作用。例如，由电子设备、细胞和化学物质制成的传感器试图感知实验室内的病毒痕迹，人体手臂上的可穿戴传感器和手机中的嵌入式软件旨在追踪人们的社会联系。

疫情期间，人类活动被强行按下了暂停键，很多人为振动产生的噪声消失，使得海底和地下的传感器首次测量到来自地球本身的前所未有的振动；由于航班被取消，安装在飞机上的传感器不再能够产生准确的温度、风速或大气压力数据，这也从反面证明了传感器在生态中的重要性。

所有这些实体一半是生物的，一半是技术的、社会的和大气的，体现了学者们所称的混合体（hybrid）概念。所谓"混合体"，就是指社会、自然和技术事物、物体和物种的新组合，这与人类社会早期对我们与我们所居住的社会–自然–技术世界之间复杂关系的理解方式是不一样的。[16]

"混合体"的概念绝对值得关注，因为它从根本上挑战了我们的固有观念，促进我们思考不同实体（人类、机器、动物、植物和细胞等）的感知能力如何不可分割地相互塑造、影响和改变。

## 》02《

在第 4 章"会唱歌的机器人"中，我们谈到了哈耶克，他 1952 年的著作《感觉的秩序》不仅阐述了"神经网络"概念的早期思想，而且还启发了一位当代科学家（池上隆）创建了一个机器人形式的感知机器，其传感器旨在开发人工思维。

哈耶克的感觉秩序的概念适用于我们的（后）疫情世界，如果考虑到人类、机器及其环境之间的深度纠缠日益增加，则这种认识尤为贴切。正如哈耶克所说，感觉秩序是神经系统的产物。新鲜出炉的面包的味道，大海的喧哗声，或者在白雪皑皑的大地上刺眼的阳光，都是数十亿个相互连接的神经元不断进行组织和重组，并且在相互之间激发电和化学信号的复杂交响乐的结果。

为了揭示刺激、感觉和知觉之间的关系，哈耶克需要说明："为什么感觉会将相似的物理刺激分类，有时它们被分类为相似，有时又被分类为不同。这是如何做到的？"[17] 这些差异的结构就是哈耶克所说的感觉秩序（order）：根据预先设想的计划，将一个更宏大整体的各个部分相互关联起来。但是，哈耶克的感觉秩序并非整齐划一。它不是计划或人为设计的，而是以自发和自组织的方式出现的，因为它是一种"并非由任何人制定的自行形成的秩序"。[18] 知觉正是一种秩序系统。

哈耶克对感觉和知觉的构想与 20 世纪头十年末基于机器的深度学习的广泛爆发非常相似，这让人感到不可思议。在人类感知和机器学习理论中，感觉和知觉都被重新塑造为自然过程（emergent processes），即大脑本身并不是从自上而下的规则和符号结构中感知和产生意义，而是从自发的、自下而上的连接、重新连接和神经元的持续配置中，基于神经元之间连接或权重的变化，以学习和"体验"世界。

很显然，在计算机时代，感知被重新定义。它不仅仅是大脑在"外部"世界中寻找其物理对应物的过程。相反，基于机器的感知和学习中的感觉秩序取决于以前的经验。它的运作是自发的、自然的、复杂的，并且超出了我们人类的认知。即使是构建这些新的人机配置的科学家也不完全知道发生了什么，这符合哈耶克的理念，即我们对任何复杂的、自发产生的秩序所能拥有的知识是有限的。

## 》03《

在哈耶克提出他的感觉秩序理论之前不到一个世纪，本书一开始提到的德国科学家古斯塔夫·费希纳也试图理解物理世界的现象与感官体验之间的关系。为了治愈身体和心灵、物理和精神世界之间的分裂，费希纳希冀利用数学的无限力量来解开刺激、感觉、感知和体验的奥秘。

对费希纳来说，感知机器和人类是类似的。哈耶克则更进一步，他将机器和人类相提并论。尽管《感觉的秩序》一书表面上是讨论人类思想的，但在它的书页上萦绕着的并不仅仅是人类思想。事实上，在多个示例中，哈耶克描述了一台机器，它的任务是对各种尺寸的球进行分类和排序并分配它们。这台有思想的机器其实已经被拟人化，它被哈耶克用来解释大脑如何对大量未分化的刺激进行分类。

哈耶克还描述了另一台机器。该机器可以对"通过大量电线或管道中的任何一根到达的单个信号"进行分类。这种排序和分类机器，与另一种可能不符合人类条件的"头脑"有着惊人的相似之处。事实上，它更像是一台计算机，其中"某些统计机器用于分类卡片，上面的穿孔代表统计数据"，哈耶克写道，"如果我们考虑任何一张带有相同数据的打孔卡片的外观，并假设需要将不同组的不同数据放入同一个容器中，那么我们应该有一台机器来执行分类，这也是我们使用这个术语的意义"。[19]

通过指定一台机器，将世界的嘈杂刺激分类为新的感觉秩序，哈耶克预测到了即将发生的事情。在《感觉的秩序》一书出版仅仅 6 年后，康奈尔大学心理学家弗兰克·罗森布拉特（Frank Rosenblatt）就直接在计算机硬件的物理内脏中实现了第一个分类神经网络，称为感知器（Perceptron）。[20]

罗森布拉特在《心理学评论》（*Psychology Review*）发表的开创性文章"感知器：大脑中信息存储和组织的概率模型"（The Perceptron: A Probabilistic Model for Information Storage and Organization in the Brain）中明确提到了哈耶克，并介绍了在计算机所面临的 3 个难题：

（1）如何通过生物系统感知或检测有关物理世界的信息；

（2）信息以何种形式存储或记忆；

（3）存储或记忆中包含的信息如何影响识别和行为。[21]

在 21 世纪的今天，感知机器已经完全克服了上述问题。我们的感知、分类和学习机器像费希纳的量化身体和哈耶克的神经连接并可重新配置的思想一样设计，与我们现在的生活和呼吸方式密切融合，以至于我们与它们之间的分隔越来越少。但正如本书试图表明的那样，从科学家、工程师、艺术家、设计师、建筑师和技术专家的想象中来看，这种分隔本身就是脆弱的。我们的感觉和自我早已不再是技术世界的"他者"（如果说它们曾经是的话），而感知机器也不再是"外在"事物，它们已与我们融为一体。

# 致 谢 (

对我来说，致谢是最难写的部分——有很多人或机构帮助我完成了这部作品，但我难免会因疏忽而遗漏某些人或机构。所以，最简单的选择就是列举出来，并在其后加上一些特别感谢的话：

Erik Adigard，Marie-Luise，Angerer，Sofian Audry，Ars Electronica，Baltan Labs，Barbican Centre，Josh Berson，Jennifer Biddle，Peter Cariani，Jadwiga Charzyńska，Jean Dubois，Karmen Franinović，Orit Halpern，Jens Hauser，David Howes，Takashi Ikegami，Sidd Khajuria，Laznia Center for Contemporary Art，Garrett Lockhart，Claudia Mareis，Philip Mirowski，Marie Morin，David Parisi，Simon Penny，Josep Perelló，RIXC，Joel Ryan，Alex Saunier，Henning Schmidgen，Silke Schmidt，Bart Simon，TeZ，Joseph Thibodeau，Jose Luis de Vincente，Marcelo Wanderley，Arnd Wesemann.

特别感谢麻省理工学院出版社的审稿人，我的众多学生和同事，加拿大康考迪亚大学研究副总裁办公室，Viktoria Tkaczyk 和柏林马克斯普朗克科学史研究所，我在麻省理工学院出版社的同事 Doug Sery，Noah Springer、Kathleen Caruso、Melinda Rankin 和麻省理工学院出版社其他优秀的编辑和设计团队，以及一如既往支持我的 Anke。

本书描述的一些艺术项目得到了魁北克省研究基金会、社会文化协会和加拿大社会科学和人文研究理事会的资助。

本书献给 David Patch、Geoffrey Reeves 和 Carl Weber，他们是我的三位艺术学术导师，在我撰写本书的六年时间里先后逝世了。他们使我明白一个道理，批判性思考和富有想象力地创造是并行不悖的。

# 注 释 （

## 前言

1. 前言讲述的故事大致基于以下现有技术或当前正在研究的技术、场景、产品或应用：

   Jessica Zimmer，"Fighting COVID-19 with Disinfecting Drones and Thermal Sensors"（使用消毒无人机和热传感器对抗新冠疫情），Engineering.com 网站，2020 年 6 月 12 日。

   🔍 https://new.engineering.com/story/fighting-covid-19-with-disinfecting-drones-and-thermal-sensors

   "Beware the IoT Spy in Your Office or Home via Smart Furniture, Warns the NSA"（NSA 警告，谨防通过智能家居进入你的办公室或家中的物联网间谍），CSO 网站，2018 年 10 月 31 日。

   🔍 https://www.csoonline.com/article/3317938/beware-the-iot-spy-in-your-office-or-home-via-smart-furniture-warns-nsa.html

   Sidney Fussell，"The City of the Future Is a Data-Collection Machine"（未来之城是一台数据收集机器），*Atlantic*，2018 年 11 月 21 日。

   🔍 https://www.theatlantic.com/technology/archive/2018/11/google-sidewalk-labs/575551

   Michael W. Sjoding, Robert P. Dickson, Theodore J. Iwashyna, Steven E. Gay, and Thomas S. Valley, "Racial Bias in Pulse Oximetry Measurement"（脉搏血氧饱和度测量中的种族偏见），*New England Journal of Medicine* 383:2477-2478.

   Adam Carter and John Rieti, "Sidewalk Labs Cancels Plan to Build High-Tech Neighborhood in Toronto amid COVID-19"（Sidewalk Labs

259

取消了新冠疫情期间在多伦多建设高科技社区的计划），CBC 网站，2020 年
5 月 7 日。

Q　https://www.cbc.ca/news/canada/toronto/sidewalk-labs-cancels-project-1.5559370

Horatiu Boeriu, "BMW Natural Interaction Introduced at the Mobile World Congress 2019"（宝马自然交互技术在 2019 年移动世界大会上亮相），BMWBLOG 网站，2019 年 2 月 25 日。

Q　https://www.bmwblog.com/2019/02/25/bmw-natural-interaction-introduced-at-the-mobile-world-congress-2019

"This Is CogniPoint"（这就是 CogniPoint 智能传感解决方案），Point-Grab 网站。2020 年 9 月 5 日访问。

Q　https://www.pointgrab.com/our-product

Bin Yu, Mathias Funk, and Loe Feijs, "DeLight: Biofeedback through Ambient Light for Stress Intervention and Relaxation Assistance"（DeLight：通过环境光进行生物反馈，用于压力干预和放松辅助），*Personal and Ubiquitous Computing* 22, no.4 (2018): 787-805.

Q　https://link.springer.com/article/10.1007/s00779-018-1141-6

Stacey Cowley, "Banks and Retailers Are Tracking How You Type, Swipe and Tap"（银行和零售商正在跟踪你的输入、刷卡和点击方式），*New York Times*，2018 年 8 月 13 日。

Q　https://www.nytimes.com/2018/08/13/business/behavioral-biometrics-banks-security.html

Sarah Mitroff, "Hitting the Pavement with Spotify Running"（使用 Spotify Running 享受跑步的乐趣），CNET 网站，2015 年 6 月 13 日。

Q　https://www.cnet.com/news/hitting-the-pavement-with-spotify-running-hands-on

Philip Qian and Esge B. Andersen, Earbuds with Biometric Sensing（带生物识别传感器的耳塞），美国专利 9716937B2，2015 年 9 月 16 日提交，2017 年 7 月 25 日发布。

teamLab 网站，2020 年 11 月 20 日访问。

Q  https://www.teamlab.art

elBarri 网站，2020 年 11 月 15 日访问。

Q  https://elbarri.com/en

2. "IoT Sensors and Actuators"（物联网传感器和执行器），SBIR/STTR，
2020 年 11 月 20 日。

Q  https://www.sbir.gov/node/1319475

激增的不只是传感器的数量。由这些传感器生成的数据量也在暴增，估计在 40
泽字节（ZB）范围内。

3. Lucia Maffei, "Boston-Made Fitness Tracker Is Being Used to Track
COVID-19 Symptoms"（波士顿制造的健身追踪器被用于追踪新冠患者症
状），*Boston Business Journal*，2020 年 3 月 23 日。

Q  https://www.bizjournals.com/boston/news/2020/03/23/boston-made-fitness-
tracker-is-being-used-to-track.html

Q  https://www.tracesafe.io

4. Joellen Russell, "Ocean Sensors Can Track Progress on Climate
Goals"（海洋传感器可以跟踪气候目标的进展），*Nature* 555, no. 7696
(2018): 287.

Q  https://www.nature.com/articles/d41586-018-03068-w

5. Geri Piazza, "Spongy Stomach Sensor that Could Be Swallowed"（可能被
吞咽的海绵状胃传感器），NIH Research Matters 网站，2019 年 2 月 26 日。

Q  https://www.nih.gov/news-events/nih-research-matters/spongy-stomach-
sensor-could-be-swallowed

6. 虽然赛博格的概念让人联想到科幻故事，但它的原始概念控制论机体
（cybernetic organism）源自奥地利裔美国数学家、音乐家和发明家曼弗雷
德·E. 克纳斯（Manfred E. Clynes）和临床精神病学家内森·S. 克莱恩
（Nathan S. Cline）的工作。参见：
Manfred E. Clynes and Nathan S. Kline, "Cyborgs and Space"（赛博格

与太空），*Astronautics* 5, no.9 (1960): 26–27,74–76.

7.  也有很多报道称，驾驶员被要求佩戴心率监测器，而且桥梁上还安装了"打哈欠摄像机"来检测驾驶员是否即将入睡。参见：
    Kate Lyons，"'Yawn Cams' and Heart Monitors: Five Key Facts about the World's Longest Sea Bridge"（"打哈欠摄像头"和心脏监测器：关于世界上最长海桥的五个关键事实），*Guardian*，2018 年 10 月 23 日。
    
    https://www.theguardian.com/world/2018/oct/23/five-things-you-need-to-know-about-the-worlds-longest-sea-bridge

    另见：
    "Want to See Magical Technology behind the Hong Kong-Zhuhai-Macao Bridge? Follow Soway"（跟随 Soway 来一起看看港珠澳大桥背后的神奇科技），Soway Tech Limited 网站，2019 年 5 月 29 日。
    
    http://www.sowaytech.com/sdp/302911/4/nd-5117145/184265/News.html

8.  "Inside the Equinix NY4 Financial Trading Hub"（Equinix NY4 金融交易中心内部揭秘），Data Center Knowledge 网站，2013 年 10 月 14 日。
    
    https://www.datacenterknowledge.com/inside-the-equinix-ny4-financial-trading-hub

9.  "Empowering Smart Buildings with a 'Digital Brain'"（用"数字大脑"赋能智慧建筑），Arup 网站，2020 年 4 月 15 日访问。
    
    https://www.arup.com/projects/neuron

10. 参见：
    
    http://biocatch.com

11. 参见 David Dennis Jr.，"AI Lacks Intelligence without different Voices"（没有不同声音的人工智能是缺乏智能的），x.ai.com 网站，2018 年 5 月 9 日。
    
    https://x.ai/ai-lacks-intelligence-without-different-voices/

12. 参见：
    Joy Buolamwini and Timnit Gebru，"Gender Shades: Intersectional Accuracy Disparities in Commercial Gender Classification"（性别阴影：

商业性别分类中的交叉准确性差异）, Proceedings of the 1st Conference on Fairness, Accountability and Transparency, *PMLR* 81 (2018):77–91. Halcyon Lawrence，"Siri Disciplines"（Siri 训练）, in *Your Computer Is on Fire!*, ed. T. S. Mullaney, B. Peters, M. Hicks, and K. Philip (Cambridge, MA: MIT Press, 2021), 179–198.

13. Caroline Ku，"Airplane Seat that Monitors Heart Rate Could Also Save Airlines Money"（监测心率的飞机座椅也可以为航空公司节省资金）, APEX 网站，2015 年 5 月 14 日。
   Q    https://apex.aero/articles/airplane-seat-that-monitors-heart-rate-could-also-save-airlines-money/

14. 参见 David Howes，"Hyperesthesia, or, the Sensual Logic of Late Capitalism"（超感，或者说，晚期资本主义的感官逻辑）, in *Empire of the Senses: The Sensual Culture Reader* (Oxford: Berg, 2005), 281–303.

15. 参见 Theodore M. Porter, *The Rise of Statistical Thinking*, 1820–1900 (Princeton, NJ: Princeton University Press, 2020).
   Stephen M. Stigler, *The History of Statistics: The Measurement of Uncertainty before* 1900 (Cambridge, MA: Harvard University Press, 1986).

16. 参见 Ian Hacking，"Making Up People"（虚构人）, in *Reconstructing Individualism*, ed. T. L. Heller, M. Sosna, and D. E. Wellbery (Stanford, CA: Stanford University Press, 1986), 222–236.
   另见：
   Michel Foucault, *Security, Territory, Population: Lectures at the Collège de France*, 1977–78, ed. Michael Senellart, trans. Graham Burchell (New York: Picador, 2009).
   Michel Foucault, *Discipline and Punish: The Birth of the Prison*, trans. Alan Sheridan (New York: Vintage, 1979).

17. 参见 Shoshana Zuboff, *The Age of Surveillance Capitalism* (New York: Public Affairs, 2019).
   Deborah Lupton, *The Quantified Self* (Cambridge: Polity, 2016).
   S. D. Esposti, "When Big Data Meets Dataveillance: The Hidden Side

of Analytics"（当大数据遇上数据监控：数据分析隐藏的一面），*Surveillance & Society* 12, no. 2 (2014): 209–225.

Nigel Thrift, *Knowing Capitalism* (London: Sage, 2005).

Deborah Lupton, *Data Selves: More-than-Human Perspectives* (Cambridge: Polity, 2020).

Rob Kitchin, "Big Data, New Epistemologies and Paradigm Shifts"（大数据、新认识论和范式转变），*Big Data & Society* 1, no. 1 (2014): 1–12.

Mark Andrejevic, *iSpy: Surveillance and Power in the Interactive Era* (Lawrence: University of Kansas Press, 2007).

18. 参见 Zuboff, *The Age of Surveillance Capitalism*.

19. 参见 Lee Rainie and Janna Anderson, "The Future of Privacy: Above-and-Beyond Responses: Part 1"（隐私权的未来：超越回应：第 1 部分），Pew Research Center 网站，2014 年 12 月 18 日。

    Q  https://www.pewresearch.org/internet/2014/12/18/above-and-beyond-responses-part-1-2

20. 参见 Sundar Sarukkai, "Praying to Machines"（向机器祈祷），*Leonardo Electronic Almanac* 11, no. 8（2003 年 8 月）。

    Q  https://www.leoalmanac.org/leonardo-electronic-almanac-volume-11-no-8-august-2003/

    P. Hill, *The Book of Knowledge of Ingenious Mechanical Devices (Kitāb fī ma'rifat al-ḥiyalal-handasiyya)* (Berlin: Springer Science & Business Media, 2012).

21. 参见 Chris Salter, "Just Noticeable Difference: Ontogenesis, Performativity, and the Perceptual Gap"（差别感觉阈限：个体发生、表演性和知觉差距），in *Perception and Agency in Spaces of Contemporary Art*, ed. Christina Albu and Dawna Schuld (London: Routledge, 2018).
    另见：
    Chris Salter, *Just Noticeable Difference (JND)*, art installation.

    Q  http://www.chrissalter.com/just-noticeable-difference-jnd

22. 有关讨论这些感知和量化历史的科学家、文化和艺术史学家以及人类学家的一些例子，参见：

Anson Rabinbach, *The Human Motor: Energy, Fatigue, and the Origins of Modernity* (Berkeley: University of California Press, 1992).

Robert Brain, *The Pulse of Modernism: Physiological Aesthetics in Fin-de-Siècle Europe* (Seattle: University of Washington Press, 2015).

Henning Schmidgen, *The Helmholtz Curves: Tracing Lost Time*, trans. Nils Schott (New York: Fordham University Press, 2014).

Jimena Canales, *A Tenth of a Second: A History* (Chicago: University of Chicago Press, 2011).

Kurt Danziger, *Constructing the Subject: Historical Origins of Psychological Research* (Cambridge: Cambridge University Press, 1990).

Jonathan Crary, *Techniques of the Observer: On Vision and Modernity in the Nineteenth Century* (Cambridge, MA: MIT Press, 1990).

关于最新的人类学研究，参见：

Josh Berson, *Computable Bodies: Instrumented Life and the Human Somatic Niche* (London: Bloomsbury Publishing, 2015).

Joseph Dumit and Marianne de Laet, "Curves to Bodies"（从曲线到实体）, in *Routledge Handbook of Science, Technology and Society*, ed. Daniel Lee Kleinman and Kelly Moore (London: Routledge, 2014), 71-90.

## 绪论

1. 有关古斯塔夫·费希纳病史的描述来自他的传记。参见：

Johannes Emilie Kuntze, *Gustav Theodor Fechner. Ein deutsches Gelehrtenleben* (Leipzig: Breitkopftund Härtel, 1892).

其英文版摘录如下：

*Religion of a Scientist: Selections from Gustav Th. Fechner*, ed. and trans. Water Lowrie (New York: Pantheon, 1946), 36-42.

2. Fechner, *Religion*, 36-37.

3. Kuntze, *Ein deutsches Gelehrtenleben*, 108.

4. Fechner, *Religion*, 41.

5. "Research Scientist—Neural Interfaces"（研究科学家——神经接口专业），Facebook 网站，2020 年 10 月 9 日职位发布。

    Q    https://www.mendeley.com/careers/job/research-scientist-neural-interfaces-700907

6. "Research Scientist, Applied Perception Science: AR/VR"（研究科学家，应用感知科学：增强现实 / 虚拟现实领域），Oculus 网站，2020 年 4 月 10 日访问。

    Q    https://www.oculus.com/careers/a1K2K000007stPKUAY

7. Gustav Fechner, *Elements of Psychophysics: Volume* 1, ed. Edwin G. Boring and Davis H. Howes, trans. Helmut E. Adler (New York: Holt, Rinehart and Winston, 1966), xxvii.

8. 对心理物理学的批评，参见:
Friedrich Kittler, "Thinking Colours and/or Machines"（思考色彩和 / 或机器），*Theory, Culture & Society* 23, no. 7-8 (2006): 39-50.

9. François Dagognet, *Étienne-Jules Marey: A Passion for the Trace*, trans. Robert Galeta and Jeanine Herman (New York: Zone Books, 1992), 15.

10. 参见 David Skrbina, *Panpsychism in the West* (Cambridge, MA: MIT Press, 2005).

11. Fechner, *Elements*, xxiv.

12. 有关更多详细信息，请参阅:
David Parisi, *Archaeologies of Touch: Interfacing with Haptics from Electricity to Computing* (Minneapolis: University of Minnesota Press, 2018).

13. 参见 Edwin G. Boring, *Sensation and Perception in the History of Experimental Psychology* (New York: Appleton-Century-Crofts, 1942), 37-40.

14. 该公式如下:
$S$（感觉）= $\Delta L$（体验极限可分辨差别所需的刺激强度的最小变化）/ $L$（刺激

强度）× $k$（常数）

15. 对于那些对数学感兴趣的读者，费希纳用微分方程表示方程 $S = \Delta L / L \times k$，得到一个对数（$\log R$）。

微分方程是涉及表示连续变化量（称为导数）变化率的变量的方程。因此，费希纳以下列方式重写了韦伯定律：

$$dS（感觉的变化）= k \times dL/L$$

要解方程，你必须积分并最终得到上述解，其中的感觉是刺激强度的对数函数。

16. 对于欧姆定律和费希纳定律，都用对数计算大数。当某物增加一个单位时，对数表示效果增加十倍，然后结果增加十倍。

17. 关于心理物理学与能量守恒之间的联系，参见：
Crary, *Techniques*, 148.
Rabinbach, *Human Motor*.

18. Edwin G. Boring, *A History of Experimental Psychology* (Englewood Cliffs, NJ: Prentice Hall, 1957), 280.

19. Fechner, *Elements*, 60-62.

20. 极限方法（method of limits）以强度递增或递减的方式向受试者呈现刺激，以确定可检测到最小量的阈值。调整法（method of adjustment）不断调整刺激的强度，直到受试者能够或不能感知它。恒定刺激法（method of constant stimuli）或正确和错误案例（right and wrong cases）方法以随机顺序呈现刺激，从而阻止受试者预测刺激的下一个强度水平。参见：
Fechner, *Elements*, 61-111.

21. Chiao Liu, Michael Hall, Renzo De Nardi, Nicholas Trail, and Richard Newcombe, "Sensors for Future VR Applications"（未来虚拟现实应用的传感器），该论文发表于 2017 年 5 月 30 日至 6 月 2 日在日本广岛举办的国际图像传感器研讨会。

22. Hugh Langley, "Inside-out v. Outside-in: How VR Tracking Works,

and How It's Going to Change"（由内而外还是由外而内：VR 跟踪如何工作，以及它将如何改变），Wareable 网站，2017 年 5 月 3 日。

    🔍  https://www.wareable.com/vr/inside-out-vs-outside-in-vr-tracking-343

23. Beatrice de Gelder, Jari Kätsyri, and Aline W. de Borst, "Virtual Reality and the New Psychophysics"（虚拟现实和新心理物理学），*British Journal of Psychology* 109, no. 3 (2018): 421–426.

24. 参见 C. Tilikete and A. Vighetto, "Oscillopsia: Causes and Management"（振动幻视：原因和管理），*Current Opinion in Neurology* 24, no. 1 (2011): 38–43.

25. Bernard D. Adelstein, Thomas G. Lee, and Stephen R. Ellis, "Head Tracking Latency in Virtual Environments: Psychophysics and a Model"（虚拟环境中的头部跟踪延迟：心理物理学和模型），*Proceedings of the Human Factors and Ergonomics Society Annual Meeting* 47, no. 20 (2003): 2083–2087.

26. Qi Sun, Anjul Patney, Li-Yi Wei, Omer Shapira, Jingwan Lu, Paul Asente, Suwen Zhu, Morgan Mcguire, David Luebke, and Arie Kaufman, "Towards Virtual Reality Infinite Walking: Dynamic Saccadic Redirection"（迈向虚拟现实的无限行走：动态扫视重定向），*ACM Transactions on Graphics* 37, no. 4 (2018): 1–13.

27. Qi Sun, Anjul Patney, Li-Yi Wei, Omer Shapira, Jingwan Lu, Paul Asente, Suwen Zhu, Morgan Mcguire, David Luebke, and Arie Kaufman, "Towards Virtual Reality Infinite Walking: Dynamic Saccadic Redirection"（迈向虚拟现实的无限行走：动态扫视重定向），2。

28. Alex Wawro, "Inside Magic Leap: How It Works and What It Means for Game Devs"（Magic Leap 内部揭秘：它是如何工作的以及它对游戏开发者意味着什么？），Gamasutra 网站，2018 年 8 月 8 日。

    🔍  https://www.gamasutra.com/view/news/323455/Inside_Magic_Leap_How_it_works_and_what_it_means_for_game_devs.php

29. "Magic Leap One Teardown"（Magic Leap One 拆解），iFixit 网站，2018 年 8 月 23 日。

　Q　https://www.ifixit.com/Teardown/Magic+Leap+One+Teardown/112245

30. 参见 Sylvain Chagué and Caecilia Charbonnier, "Real Virtuality: A Multi-user Immersive Platform Connecting Real and Virtual Worlds"（真实虚拟：连接真实世界和虚拟世界的多用户沉浸式平台），*Proceedings of the 2016 Virtual Reality International Conference* (Laval, France: ACM Press, 2016), 1-3.

31. 该列表包括当时为心理学和感知研究开发的许多工具中的一部分。有关更多详细信息，参见：

Brain, *Pulse of Modernism*.

Dagognet, *Étienne-Jules Marey*.

32. 参见 Brain, *Pulse of Modernism*, 48-49.

33. Dagognet, *Étienne-Jules Marey*, 61.

34. 要了解更多关于亥姆霍兹时间实验的信息，参见：

Schmidgen, *Helmholtz Curves*.

Canales, *Tenth of a Second*.

35. 要进行详细研究，参见：

Brain, *Pulse of Modernism*, 72-136.

36. 参见 Étienne-Jules Marey, *La méthode graphique dans les sciences expérimentales et principalement en physiologie et en médecine* (Paris: G. Masson, 1885).

37. 参见 Edward R. Tufte and Peter R. Graves-Morris, *The Visual Display of Quantitative Information* (Cheshire, CT: Graphics Press, 1983).

38. 参见 Nolwenn Maudet, "Muriel Cooper-Information Landscapes"（缪里尔·库珀——信息景观），2021 年 6 月 4 日访问。

　Q　http://www.revue-backoffice.com/en/issues/01-making-do-making-with/nolwenn-maudet-muriel-cooper-information-landscapes

39. 感官知觉实验并不是冯特研究的唯一目的。事实上，有人认为，与冯特对德语中所谓的 Vorstellung（字面意思是"感知和思想"）的更大兴趣相比，这项工作是次要的。参见：
Kurt Danziger, "Wilhelm Wundt and the Emergence of Experimental Psychology"（威廉·冯特与实验心理学的兴起）, in *Companion to the History of Modern Science*, ed. R. C. Olby, C. N. Cantor, J. R. R. Christie, and M. J. S. Hodge (London: Routledge, 1990), 396-409.

40. 参见 Henning Schmidgen, "Camera Silenta: Time Experiments, Media Networks, and the Experience of Organlessness"（相机的沉默：时间实验、媒体网络和无组织体验）, *Osiris* 28, no. 1 (2013): 162-188.

41. 参见 Wilhelm Wundt, "Das Institut für experimentelle Psychologie zu Leipzig"（莱比锡实验心理学研究所）, in *Psychologische Studien*, vol. 5, no. 6 (Leipzig: Wilhelm Engelmann, 1907), 279-293.

42. 这些来自美国（总共约 33 名）、法国、英国、比利时等国家的研究人员不仅寻求学习和研究冯特的大量实验程序和方法，而且还希望回到自己的国家建立或加强自己的实验室。引人注目的是，冯特只培养了一名女学生，即心理学家安娜·柏林纳（Anna Berliner），后来她在美国从事关于心理学与文化之间关系的开创性工作。
有关安娜·柏林纳的更多信息，参见：
Rachel Uffelman, "Anna Berliner (1888-1977)", *The Feminist Psychologist* (Newsletter of the Society for the Psychology of Women, Division 35 of the American Psychological Association) 29, no. 2 (Spring 2002).
Q https://www.apadivisions.org/division-35/about/heritage/anna-berliner-biography

43. 参见 Danziger, *Constructing the Subject*, 31.

44. 参见 Edward B. Titchener, *A Text-Book of Psychology* (New York: Macmillan, 1928), 246.

45. 参见 Simon Schaffer, *From Physics to Anthropology and Back Again* (Cambridge: Prickly Pear Press, 1994), 22.

46. Stefano Sandrone, Marco Bacigaluppi, Marco R. Galloni, Stefano F. Cappa, Andrea Moro, Marco Catani, Massimo Fillippi, Martin M. Monti, Daniela Perani, and Gianvito Martino, "Weighing Brain Activity with the Balance: Angelo Mosso's Original Manuscripts Come to Light"（用天平衡量大脑活动：Angelo Mosso 的原始手稿曝光），*Brain* 137, no. 2 (2014): 621-633.

47. Daniel J. Cuthbert，User Identification System Based on Plethysmography（基于体积描记法的用户识别系统），美国专利 20160296142，2013 年 12 月 30 日提交，2016 年 10 月 13 日发布。

48. C. Régnier, "Étienne-Jules Marey, the 'Engineer of Life' "（艾蒂安-朱尔斯·马雷："生命工程师"），*Medicographia* 25 (2003): 268-274.

49. Dagognet, *Étienne-Jules Marey*, 30.

50. 参见 Canales, *Tenth of a Second*, 71.

51. 马雷随着计时摄影法的发展而逐渐放弃了图解法，因为计时摄影法提供了更准确的运动痕迹。

52. 参见 Canales, *Tenth of a Second*.
    另见：
    Andreas Mayer, "The Physiological Circus: Knowing, Representing, and Training Horses in Motion in Nineteenth-Century France"（生理马戏团：19 世纪法国对运动中的马的认识、表现和训练），*Representations* 111, no. 1 (2010): 88-120.

53. 这既包括硬件感知问题，也包括软件问题。有关机器学习周期所有阶段中偏见得更详细和清晰的解释，参见：
    Ayesha Bajwa, "What We Talk About When We Talk About Bias (A guide for everyone)"（当我们谈论偏见时我们实际上在谈论什么——面向每个人的指南），Medium 网站，2018 年 8 月 18 日。
    🔍 https://medium.com/@ayesharbajwa/what-we-talk-about-when-we-talk-about-bias-a-guide-for-everyone-3af55b85dcdc

54. Ben Court, "Inside Apple's Secret Performance Lab"（苹果公司神秘的性能试验室揭秘），*Men's Health*，2017 年 2 月 2 日。

Q    https://www.menshealth.com/technology-gear/a18923364/inside-apples-secret-performance-lab

55. 法国著名生物学家克劳德·伯纳德（Claude Bernard）的学生后来开发了一种便携式计时仪，这是一种用于进行反应时间实验的中央仪器。这实际上将使得昂贵且易碎的设备能够离开实验室的安全保护并进入现场。

56. 窗口（Window）是来自数字信号处理的技术术语。它描述了一个更大的连续信号的一个窗口中的较小子集。

57. 智能手机和健身追踪器中经常使用的两种技术是自相关和自回归，它们将根据过去的行为来衡量和预测未来的行为。自相关（autocorrelation）可以显示连续时间间隔内相同变量的值之间的相似程度或相关程度，而自回归（autoregression）则使用时间序列中变量的过去值来预测这些变量的未来值。

## 第 1 章

1. Joel Ryan, "Effort and Expression"（努力与表达），in *Proceedings of the 1992 International Computer Music Conference* (San Jose, CA: Computer Music Association, 1992), 414–416.

2. 参见 Steven Spier, *William Forsythe and the Practice of Choreography: It Starts from Any Point* (London: Routledge, 2011).

3. Roberto Calasso, *The Marriage of Cadmus and Harmony*, trans. Tim Parks (Toronto: Vintage, 1994).

4. STEIM 成立 49 年后，于 2020 年正式关闭。有关其早期历史，参见：
Joel Ryan, "Some Remarks on Musical Instrument Design at STEIM"（关于 STEIM 乐器设计的一些评论），*Contemporary Music Review* 6, no 1 (1991): 3–17.
Chris Salter, *Entangled: Technology and the Transformation of Performance*

(Cambridge, MA: MIT Press, 2010), 204-205.

5. Curtis Roads, *The Computer Music Tutorial* (Cambridge, MA: MIT Press, 1996).

6. 乔尔·瑞恩与本书作者的讨论，2020 年 5 月。

7. 关于像斯坦福大学这样的大型计算机音乐研究中心与米尔斯学院主要由音乐家主持的环境之间差异的讨论，请参阅：
   Douglas Kahn, "Between a Bach and a Bard Place"（在巴赫和巴德之间），in *Media Art Histories*, ed. Oliver Grau (Cambridge, MA: MIT Press, 2007), 423-451.

8. 加速度计的已知最早版本似乎源自 18 世纪，由英国物理学家乔治·阿特伍德（George Atwood）开发。为了展示艾萨克·牛顿（Isaac Newton）爵士在将物理宇宙的作用——特别是重力和加速度之间的关系——转化为数学公式方面的突破，阿特伍德设计了一个由两个重物组成的装置，由一根绳子连接在滑轮上（该滑轮是 0 摩擦的理想滑轮）。该装置揭示了质量、加速度和重力之间的直接关系。大约在同一时间，基于钟摆的时钟也被用于测量重力加速度，方法是计算钟摆长度与摆动一个周期所需时间之间的关系。当然，这些钟摆又大又重，不容易附着在移动的物体上（例如，由于波浪引起的摇摆，它们在船上基本上是无用的）。

9. 伯顿·麦科勒姆和奥维尔·彼得斯对计算称为瞬态振动（transient）的短暂但具有灾难性的振动很感兴趣。例如，高频波穿过钢铁等材料时，可以对支撑建筑物、桥梁、机器和其他大型机械系统使之免于垮塌或崩溃的结构构件产生振动压力。参见：
   Burton McCollum and Orville Sherwin Peters, "A New Electric Telemeter"（一种新型电遥测仪），paper no. 247 (Washington, DC: National Bureau of Standards, 1924).
   Patrick Walter, "Review: Fifty Years plus of Accelerometer History for Shock and Vibration"（回顾：加速度计在冲击和振动测量方面的 50 多年历史），*Shock and Vibration* 6, no. 4 (1999): 197-207.

10. USGS, "Strong Motion"（强烈运动），美国地质勘探局地震词汇表，2019

年 10 月 20 日访问。

Q    https://earthquake.usgs.gov/learn/glossary/term=strong%20motion

11.    David Bressan，"Nikolai Tesla's Earthquake Machine"（尼古拉·特斯拉的地震机），*Forbes*，2020 年 1 月 7 日。

Q    https://www.forbes.com/sites/davidbressan/2020/01/07/nikola-teslas-
earthquake-machine

12.    Deyan Sudjic，"At Last—a Bridge You Can Cross"（终于有了一座你可以跨过的桥），*Guardian*，2001 年 3 月 10 日。

Q    https://www.theguardian.com/theobserver/2001/mar/11/2

13.    Andy Beckett，"Shaken Not Sturdy"（摇晃而不结实），*Guardian*，2000 年 7 月 18 日。

Q    https://www.theguardian.com/artanddesign/2000/jul/18/architecture.
artsfeatures

14.    要了解 $g$ 力范围的意义，有一个很简单的解释。通常我们站立在地球上是基于 $1g$ 的 $g$ 力。随着重力的增加，该力会将血液从心脏推向腿部，使血液越来越难以再循环回心脏和大脑。$3g$ 的 $g$ 力即可剥夺大脑的氧气。

15.    Richard P. Feynman，"There's Plenty of Room at the Bottom"（微观空间大有可为），*Resonance* 16, no.9 (2011): 890-905.

16.    Richard P. Feynman，"There's Plenty of Room at the Bottom"（微观空间大有可为），898.

17.    在 20 世纪 90 年代中期，瑞恩与开创性的视频艺术家史汀娜·瓦苏卡（Steina Vasulka）合作，后者使用她连接了功放的小提琴来控制配备串行接口的先锋（Pioneer）视频激光光盘播放器，以允许基于串行的电子设备（如 STEIM SensorLab）连接到它并控制速度，向前和向后播放，以及在设备上暂停。在计算机编辑流行之前，好莱坞电影制片厂通常使用激光光盘进行剪辑，是瓦苏卡将激光光盘播放器带到了 STEIM，而瑞恩则用加速度计代替了小提琴。详情参见：
"Steina Vasulka: Violin Power"（史汀娜·瓦苏卡：小提琴的魔力），

Digital Canon 网站，2020 年 11 月 29 日访问。

Q    https://www.digitalcanon.nl/artworks=steina-vasulka-tom-demeyer#list

18.   参见 Eduardo Reck Miranda and Marcelo M. Wanderley, *New Digital Musical Instruments: Control and Interaction beyond the Keyboard*, vol. 21 (Middleton, WI: A-R Editions, 2006).

19.   参见 Joseph Paradiso, "Current Trends in Electronic Music Interfaces: Gesture Editors Introduction"（电子音乐接口的当前趋势：手势编辑器介绍），*Journal of New Music Research* 32, no. 4 (March 1988): 345-349.

20.   Robert L. Adams, Michael Brook, John Eichenseer, Mark Goldstein, and Geoff Smith, Electronic Musical Instrument（电子乐器），美国专利 6,005,181，1998 年 4 月 7 日提交，1999 年 12 月 21 日颁发。

21.   Ryan, "Effort and Expression"（努力与表达），415.

22.   Ryan, "Effort and Expression"（努力与表达），416.

23.   与机器相比，移动的人体所能产生的加速度不可同日而语。当人加速时，最大可以产生 2 $g$ 的 $g$ 力，而工业洗衣机旋转时可以产生的 $g$ 力接近 600 $g$！

# 第 2 章

1.   参见 Thomas Fysh and J. F. Thompson, "A Wii Problem"（Wii 问题），*Journal of the Royal Society of Medicine* 102, no. 12 (December 2009): 502 Maarten B. Jalink, Erik Heineman, Jean-Pierre E. N. Pierie, and Henk O. ten Cate Hoedemaker, "Nintendo Related Injuries and Other Problems: Review"（任天堂相关伤害和其他问题：回顾），*BMJ* 349, 2014 年 12 月 16 日。

Q    https://www.bmj.com/content/349/bmj.g7267

2.   Thomas Ricker, "Nintendo Addresses Wiimote Damage"（任天堂关于 Wiimote 损害问题的解决方案），*Engadget*，2006 年 12 月 6 日。

Q    https://www.engadget.com/2006-12-06-nintendo-addresses-wiimote-damage-issues-sends-email.html?&guccounter=1

3. ADXL 330 数据表，亚德诺网站，2020 年 12 月 7 日访问。

    Q    https://www.analog.com/en/products/adxl330.html#product-overview

4. "Dedicated Video Game Sales Units"（专职视频游戏销售单元），任天堂
网站，2020 年 12 月 7 日访问。

    Q    https://www.nintendo.co.jp/ir/en/finance/hard_soft/

5. Seth Schiesel，"Motion, Sensitive"（运动，敏感），*New York Times*，2010
年 11 月 16 日。

    Q    https://www.nytimes.com/2010/11/28/arts/video-games/28video.html

6. 有关游戏控制器和物理体验之间关系的更多信息，请参阅：
David Parisi，"Game Interfaces as Bodily Techniques"（采用身体作为游
戏接口的技术），in *Gaming and Simulations: Concepts, Methodologies, Tools and
Applications*, vol. 1, ed. MehdiKhosrow-Pour (Hershey, PA: IGI Global,
2011), 1033-1047.

7. Asaf Gurner，Optical Instrument with Tone Signal Generating Means（具
有音调信号生成装置的光学仪器），美国专利 5,045,687，1989 年 5 月 10 日
提交，1991 年 9 月 3 日发布。

8. Asaf Gurner，"Light Harp at CES 1993"（在 CES 1993 上的光之竖琴），
在 CES 1993 上的演讲，视频，2:30，2007 年 11 月 25 日发布。

    Q    https://www.youtube.com/watch?v=YoxsnCiX05k&feature=emb_title&ab_
channel=AssafGurner

9. Alex Dunn，"Sega Activator Training Video"（世嘉 Activator 培训视频），
于 2006 年 8 月 25 日发布。

    Q    https://www.youtube.com/watch?v=ql-UZv3AS-E

10. Alex Dunn，"Sega Activator Training Video"（世嘉 Activator 培训视频）。

11. Eric Frederiksen 中的屏幕截图，"Eric's Biggest Tech Regret: The Sega
Activator"（Eric 的最大技术遗憾：世嘉 Activator）。2021 年 5 月 3 日访问。

    Q    https://www.technobuffalo.com/erics-biggest-tech-regret-the-segaactivator

12. 参见：
Q    http://www.jaronlanier.com/

13. Antonin Artaud, *The Theater and Its Double*, trans. M. C. Richards (New York: Grove Press, 1965), 49.

14. Wayne Carlson, *Computer Graphics and Computer Animation: A Retrospective Overview* (Columbus: Ohio State University Press, 2017), 525.

15. "Military"（军事），Polhemus 网站，2020 年 4 月 10 日访问。
Q    https://polhemus.com/applications/military-old

16. Mark Weiser, Rich Gold, and John Seely Brown，"The Origins of Ubiquitous Computing Research at PARC in the Late 1980s"（20 世纪 80 年代后期施乐帕洛阿尔托研究中心泛在计算研究的起源），*IBM Systems Journal* 38, no. 4 (1999): 693-696.

17. Mark Weiser，"The Computer for the 21st Century"（21 世纪的计算机），*Scientific American* 265, no.3 (1991): 94-105.

18. 残疾人的感觉运动能力仍然可以表达——虽然是有限的。参见：
Simon Penny，"Sensorimotor Debilities in Digital Cultures"（数字文化中的感觉运动障碍），*AI & SOCIETY*, 2021.
Q    https://doi.org/10.1007/s00146-021-01186-0

19. Nathan Chandler，"How the Nintendo Power Glove Worked"（任天堂 Power Glove 的工作原理），HowStuffWorks 网站，2015 年 3 月 25 日。
Q    https://electronics.howstuffworks.com/nintendo-power-glove.htm

20. Dana L. Gardner，"Inside Story On: The Power Glove"（Power Glove 内幕），*Design News* 45, no. 23 (December 4, 1989): 63-72.
Q    https://www.microsoft.com/buxtoncollection/a/pdf/PowerGlove%20Design%20News%20%20Article.pdf

21. Sangbeom Kim, Ian Lamont, Hiroshi Ogasawara, Mansoo Park, and Hiroaki Takaoka, *Nintendo's Revolution* (MIT Sloan Management School Report, October 18, 2011).

　Q　https://www.yumpu.com/en/document/read/10783464/nintendos-revolution-mit-sloan-school-of-management

22. 有关路径依赖的更多信息，参见：
Paul A. David，"Clio and the Economics of QWERTY"（Clio 与 QWERTY 键盘经济学），*American Economic Review* 75, no. 2 (1985): 332-337.

23. Adam Champy，"Elements of Motion: 3D Sensors in Intuitive Game Design"（运动元素：直观游戏设计中的 3D 传感器），*Analog Dialogue*，2007 年 4 月。

　Q　https://www.analog.com/ru/analog-dialogue/articles/3d-sensors-in-intuitive-game-design.html

24. 关于自然接口的批评，参见：
Donald Norman，"Natural User Interfaces Are Not Natural"（自然用户接口并不自然），*Interactions* 17，no. 3 (2010)：6-10.

　Q　https://interactions.acm.org/archive/view/may-june-2010/natural-user-interfaces-are-not-natural1

25. Kinect 有若干个版本，它们使用了不同类型的技术。我在这里重点介绍了第一个版本，它使用了结构光方法。

26. 日本索尼公司于 2006 年发布了类似的基于摄像头的识别系统。索尼的 Move 控制器旨在与 PlayStation 3 控制台配合使用。该系统使用了索尼的 Eye 摄像头，可以跟踪嵌入彩色 LED 的手持式 Move 控制器，以及一个陀螺仪、加速度计和磁传感器，以在三个维度上跟踪控制器。

27. 与大多数数码相机中的早期电荷耦合器件（charge-coupled device，CCD）传感器相比，互补金属氧化物半导体（complementary metal-oxide-semiconductor，CMOS）传感器具有一些特殊特性。除了制造更容易、成本更低、功耗更低之外，该传感器还使软件能够单独访问每个像素并在每个像素点执行快速处理。

28. 有关更多技术细节，参见：
    Hamed Sarbolandi, Damien Lefloch, and Andreas Kolb,"Kinect Range Sensing: Structured-Light versus Time-of-Flight Kinect"（Kinect 距离感测：结构光与飞行时间法 Kinect 对比），*Computer Vision and Image Understanding* 139 (2015): 1-20.

29. 最初的说法出现在英国的 PC 杂志和游戏驿站（Game Stop）中。参见：
    Q https://www.npr.org/sections/thetwo-way/2010/11/05/131092329/xbox-kinect-not-racist-after-all

30. 任天堂 Wii 系统也有安装在随附传感器条中的基于红外线的传感器，借助 Wiimote 中的红外线发射器，可以定位控制器。

31. 脉搏血氧仪是一种无创光电容积脉搏波传感器，通过检测每次脉搏时血液吸收了多少光来测量血液中的氧气量。

32. 卡普罗最初的表述谈到了类艺术（art-like）和类似类艺术（like-like art）的区别。详情可参见：
    Allan Kaprow,"The Real Experiment"（真正的实验）, in *Essays on the Blurring of Art and Life*, expanded edition, ed. Jeff Kelley (Berkeley: University of California Press, 2003), 201-218.

## 第 3 章

1. 参见：
   Q https://borderless.teamlab.art/

2. Naomi Rea,"teamLab's Tokyo Museum Has Become the World's Most Popular Single-Artist Destination, Surpassing the Van Gogh Museum"（teamLab 的东京博物馆已超越梵高博物馆成为世界上最受欢迎的单一艺术家目的地），Artnet News 网站，2019 年 8 月 7 日。
   Q https://news.artnet.com/exhibitions/teamlab-museum-attendance-1618834

3. Shuhei Senda,"Mori Building and teamLab to Launch Mori Building Digital Art Museum in Toyko This Summer"（森大厦和 teamLab 将于今年夏天在东京推出森大厦数字艺术博物馆），designboom 网站，2018 年 5 月 1 日。

Q    https://www.designboom.com/art/mori-building-teamlab-digital-art-museum-tokyo-05-01-2018

4. 有关计算机视觉技术的更多信息，可以阅读一些标准教科书。例如：
Richard Sziliski, *Computer Vision: Algorithms and Applications* (London: Springer, 2011).
有关更多基于艺术的介绍，请参阅：
Daniel Shiffman 提供的有关编码训练和计算机视觉等的油管视频播放列表，最新更新时间为 2016 年 7 月 21 日。

Q    https://www.youtube.com/playlist?list=PLRqwX-V7Uu6aG2RJHErXKSWFDXU4qo_ro

5. Marshall McLuhan,"The Medium Is the Message"（媒体即信息），in *Understanding Media: The Extensions of Man* (Cambridge, MA: MIT Press, 1994), 8-9.

6. 参见 Allan Kaprow,"Happenings in the New York Scene"（纽约场景中的偶发艺术），in Kaprow, *Essays on the Blurring of Art and Life*, expanded edition, ed. Jeff Kelley (Berkeley: University of California Press, 2003), 15-26.

7. Kaprow，引自 Julie H. Reiss, *From Margin to Centre: The Spaces of Installation Art* (Cambridge, MA: MIT Press, 1999), 24.

8. Roy Ascott，引自 Brian Eno, *A Year with Swollen Appendices: Brian Eno's Diary* (London: Faber & Faber, 1996), 368.

9. 参见以下组织名称及其相应网站：
Meow Wolf
Q    http://www.meowwolf.com
Dreamscape Immersive
Q    http://www.dreamscapeimmersive.com

Moment Factory

🔍 http://www.momentfactory.com

Marshmallow Laser Feast

🔍 http://www.marshmallowlaserfeast.com

Phenomena

🔍 https://www.thephenomenavr.com

Superblue

🔍 http://www.superblue.com

Punchdrunk

🔍 http://www.punchdrunk.com

10. Joseph B. Pine and James H. Gilmore，"Welcome to the Experience Economy"（欢迎来到体验经济），Harvard Business Review 76 (1998): 97-105.

11. 参见:

🔍 http://dreamscapeimmersive.com

12. Rachel Monroe，"Can an Art Collective Become the Disney of the Experience Economy?"（艺术集体能否成为体验经济的迪士尼？），*New York Times Magazine*，2019 年 5 月 1 日。

🔍 https://www.nytimes.com/interactive/2019/05/01/magazine/meow-wolf-art-experience-economy.html

13. 如需从艺术史的角度了解这些沉浸式历史的更多细节，请参阅:
Oliver Grau, *Virtual Art: From Illusion to Immersion* (Cambridge, MA: MIT Press, 1996).
Erkki Huhtamo, *Illusions in Motion: Media Archaeology of the Moving Panorama and Related Spectacles* (Cambridge, MA: MIT Press, 2013).

14. 参见 Arnold Aronson, *The History and Theory of Environmental Scenography* (London: Bloomsbury Publishing, 2018), 117.
另见 Elena Filipovic, "A Museum That Is Not"（不一般的博物馆），e-flux, no. 4 (March 2009).

🔍 https://www.e-flux.com/journal/04/68554/a-museum-that-is-not/#_ftn32

15. László Moholy-Nagy, "Theater, Circus, Variety"（剧院、广场、变化），in *The Theater of the Bauhaus*, ed. Walter Gropius and Arthur S. Wensinger (London: Metheun, 1979).
另见德文版：László Moholy-Nagy, Oskar Schlemmer, and Farkas Molnar, *Die Bühne im Bauhaus* (Mainz: Florian Kupferberg, 1965).

16. Robert Hughes, "Paradise Now"（今日天堂），*Guardian*，2006 年 3 月 20 日。
Q  https://www.theguardian.com/artanddesign/2006/mar/20/architecture.
modernism1

17. Lyubov Popova, untitled manuscript, in *Women Artists of the Russian Avant-Garde 1910-1930*, ed. Krystyna Gmurzynska (Cologne: Galerie Gmurzynska 1980), 68.

18. Artaud, *Theatre and Its Double*, 95-96.

19. Walter Benjamin, "The Artwork in the Age of Mechanical Reproduction"（机械复制时代的艺术作品），in *Illuminations*, trans. Harry Zohn (New York: Schocken, 2007), 217-252.

20. Walter Benjamin, "The Artwork in the Age of Mechanical Reproduction"（机械复制时代的艺术作品），237.

21. 多年后，对本雅明的认识最准确的评论家之一，美国欧洲知识史学家苏珊·巴克·莫尔斯（Susan Buck-Morss）的表述更加有力。本雅明描述的电影技术美学和世纪之交现代巴黎的消费表演都将感官暴露于物理冲击之下，这与精神冲击相对应。因此，其目标是通过使感官麻木来保护感官免受刺激洪流的冲击，即麻木有机体以抑制现代生活的创伤。有关详细信息，请参阅：
Susan Buck-Morss, "Aesthetics and Anaesthetics: Walter Benjamin's Artwork Essay Reconsidered"（美学和麻醉药：瓦尔特·本雅明的艺术作品论文再思考），*October* 62 (1992): 3-41.

22. 美国媒体历史学家弗雷德·特纳（Fred Turner）曾经这样说过："旨在扩展

个人意识和集体意识的沉浸式、多媒介环境首先应运而生，作为击败极权主义力量的同一冲动的一部分，激励了最具进攻性的冷战战士。"参见：

Fred Turner, *The Democratic Surround: Multimedia and American Liberalism from World War II to the Psychedelic Sixties* (Chicago: University of Chicago Press, 2013), 8-9.

有关冷战军工研究背景下艺术家和工程师之间合作的讨论，请参阅：

W. Patrick McCray, *Making Art Work: How Cold War Engineers and Artists Forged a New Creative Culture* (Cambridge, MA: MIT Press, 2020).

John Beck and Ryan Bishop, *Technocrats of the Imagination: Art, Technology, and the Military-Industrial Avant-Garde* (Durham, NC: Duke University Press, 2020).

23. 被解放的观众（emancipated spectator）一词源自法国文化评论家雅克·朗西埃（Jacques Rancière）的著作："解放始于平等原则。当我们摒弃观看和表演之间的对立并理解可见物本身的分布是统治和服从配置的一部分时，即是解放的开始；当我们意识到观看也是一种确认或修改这种分布的行为时，解放就启动了，而所谓的'解释世界'则是一种改变它和重新配置它的手段。"参见：

Jacques Rancière, *The Emancipated Spectator*, trans. Gregory Elliot (London: Verso, 2009).

24. 参见 Nam June Paik, "Cybernated Art"（受控制的艺术），in *The New Media Reader*, ed. Noah Waldrip-Fruin and Nick Montfort (Cambridge, MA: MIT Press, 2003), 227-228.

Umberto Eco and Bruno Munari, *Arte programmata e cinetica, 1953-1963: l'ultima avanguardia* (Milan: G. Mazzotta, 1983).

Jack Burnham, "Systems Esthetics"（系统美学），*Artforum* 7, no. 1 (1968): 30-35.

25. 参见 Branden W. Joseph, *Random Order: Robert Rauschenberg and the Neo-Avant-Garde* (Cambridge, MA: MIT Press, 2003), 245-249.

26. Maurice Tuchman, *Art & Technology: A Report on the Art & Technology Program of the Los Angeles County Museum of Art, 1967-1971* (Los Angeles: LACMA, 1971), 279-288.

27. "Teledyne Technologies Inc. History"（Teledyne Technologies Inc. 历史），FundingUniverse 网站，2020 年 12 月 21 日访问。

    🔍 http://www.fundinguniverse.com/company-histories/teledyne-technologies-inc-history/

28. Tuchman, *Art & Technology*, 9-14.

29. 有关详细信息，请参阅：
Vincent Bonin, "9 Evenings: Theatre and Engineering Fonds"（9 夜：戏剧与工程基金），Daniel Langlois Foundation, 2006.

    🔍 https://www.fondation-langlois.org/html/e/page.php?NumPage=294

30. "Variations VII"（多样性之七），John Cage Trust，2019 年 6 月 29 日访问。

    🔍 https://johncage.org/pp/John-Cage-Work-Detail.cfm?work_ID=272

31. Branden W. Joseph, ed., *October Files #4: Robert Rauschenberg* (Cambridge, MA: MIT Press, 2002), 24.

32. Tuchman, *Art & Technology*, 127-142.

33. Tuchman, *Art & Technology*, 140.

34. Rebecca Lemov，"Running Amok in Labyrinthine Systems: The Cyber-Behaviorist Origins of Soft Torture"（在迷宫系统中狂野奔跑：软性折磨的网络行为主义起源），*Limn*, no. 1: Systemic Risk, ed. Stephen J. Collier, Christopher M. Kelty, and Andrew Lakoff (2011).

    🔍 https://limn.it/articles/running-amok-in-labyrinthine-systems-the-cyber-behaviorist-origins-of-soft-torture/

35. 有关帕斯克的广泛讨论，请参阅：
Andrew Pickering, *The Cybernetic Brain: Sketches for Another Future* (Chicago: University of Chicago Press, 2010), 309-378.

36. Nobert Wiener, *Cybernetics: Or Control and Communication in the Animal and the Machine* (Cambridge, MA: MIT Press, 2007), 11.

37. 有关社会和文化控制论项目的更多信息，请参阅：

Pickering, *Cybernetic Brain*.

Steve J. Heims, *Constructing a Social Science for Postwar America: The Cybernetics Group, 1946-1953* (Cambridge, MA: MIT Press, 1993).

Orit Halpern, *Beautiful Data* (Durham, NC: Duke University Press, 2014).

38. Cedric Price and Joan Littlewood, "The Fun Palace"（欢乐宫），*TDR: The Drama Review* 12, no. 3 (1968): 130.

39. Stanley Matthews，"The Fun Palace: Cedric Price's Experiment in Architecture and Technology"（欢乐宫：塞德里克·普赖斯的建筑和技术实验），*Technoetic Arts: A Journal of Speculative Research* 3, no. 2 (2005): 80.

40. 从现有的注释中无法清楚地了解这些"电子传感器"究竟是什么。

41. Pickering, *Cybernetic Brain*, 371.

## 第 4 章

1. Itsuki Doi, Takashi Ikegami, Atsushi Masumori, Hiroki Kojima, Kohei Ogawa, and Hiroshi Ishiguro，"A New Design Principle for an Autonomous Robot"（自主机器人的新设计原理），in *Proceedings of the 14th European Conference on Artificial Life ECAL 2017* (Cambridge, MA: MIT Press, 2017), 490-496.

2. Donna Haraway，"A Cyborg Manifesto: Science, Technology and Socialist Feminism in the Late Twentieth Century"（赛博格宣言：20 世纪末的科学、技术与女权主义），in *Simians, Cyborgs, and Women: The Reinvention of Nature* (London: Routledge, 1990), 151-152.

3. 参见：

石黑浩实验室网站：

Q    https://eng.irl.sys.es.osaka-u.ac.jp/

池上隆实验室网站：

Q　　https://www.sacral.cu-tokyo.ac.jp/

4. Itsuki Doi, Takashi Ikegami, Atsushi Masumori, Hiroki Kojima, Kohei Ogawa, and Hiroshi Ishiguro，"A New Design Principle for an Autonomous Robot"（自主机器人的新设计原理），in *Proceedings of the 14th European Conference on Artificial Life ECAL 2017* (Cambridge, MA: MIT Press, 2017), 490.

5. 参见 W. R. Ashby, "Principles of the Self-Organizing Dynamic System"（自组织动态系统的原理），*Journal of General Psychology* 37, no. 2 (1947): 125–128.

6. 参见 Yuto Miyamoto，"Inside Alternative Machine"（替代机器揭秘），*Evertale*（博客），2018 年 11 月 3 日。

Q　　https://medium.com/evertale-english/alternative-machine-7058e71be53

关于经典"人工生命"的读物：
*Artificial Life: An Overview*, ed. Christopher G. Langton (Cambridge, MA: MIT Press, 1997).
关于人类学的解释，请参阅：
Stefan Helmreich, *Silicon Second Nature: Culturing Artificial Life in a Digital World* (Berkeley: University of California Press, 1998).
更大众化的读物：
Kevin Kelly, *Out of Control: The Rise of Neo-Biological Civilization* (Reading, MA: Addison-Wesley Longman, 1994).

7. 关于这个问题的另一个人类学观点，请参阅：
Jannik Friberg Lindegaard and Lars Rune Christensen，"Allusive Machines: Encounters with Android Life"（迷人的机器：与机器人生命的邂逅），in *NordCHI: Proceedings of the 10th Nordic Conference on Human-Computer Interaction* (New York: Association for Computing Machinery, 2018), 114–124.

8. 参见 *AI: More Than Human*，展览目录（伦敦：巴比肯中心，2019 年）。

9.  参见 Tom Froese, Nathaniel Virgo, and Eduardo Izquierdo, "Autonomy: A Review and a Reappraisal"（自主性：回顾与再评价）, *Advances in Artificial Life* (Berlin: Springer, 2007), 455–464.

10. 关于自创生的易于理解的介绍，参见：
    Humberto R. Maturana and Francisco J. Varela, *The Tree of Knowledge: The Biological Roots of Human Understanding* (Boston: New Science Library/Shambhala Publications, 1987).

11. 池上隆与本书作者的讨论，2020 年 6 月。所有后续引用，除非另有说明，均来自同一会话。

12. 池上隆与本书作者的讨论，2020 年 6 月。

13. 参见石黑浩实验室网站，2020 年 12 月 5 日访问。
    Q    http://www.geminoid.jp/en/index.html

    另见 Alastair Gale and Takashi Mochizuki, "Robot Hotel Loses Love for Robots"（机器人酒店失去对机器人的热爱）, *Wall Street Journal*，2019 年 1 月 14 日。
    Q    https://www.wsj.com/articles/robot-hotel-loses-love-for-robots-11547484628

14. 参见 Norihiro Maruyama, Mizuki Oka, and Takashi Ikegami, "Creating Space-Time Affordances via an Autonomous Sensor Network"（通过自主传感器网络创建时空可供性）, *2013 IEEE Symposium on Artificial Life* (New York: IEEE, 2013): 67–73.

15. Norihiro Maruyama, Mizuki Oka, and Takashi Ikegami, "Creating Space-Time Affordances via an Autonomous Sensor Network"（通过自主传感器网络创建时空可供性）, *2013 IEEE Symposium on Artificial Life* (New York: IEEE, 2013), 68.

16. 参见 Alan Mathison Turing, "The Chemical Basis of Morphogenesis"（形态发生的化学基础）, Bulletin of Mathematical Biology 52, no. 1-2 (1990):

153–197.

17. Itsuki Doi, Takashi Ikegami, Atsushi Masumori, Hiroki Kojima, Kohei Ogawa, and Hiroshi Ishiguro，"A New Design Principle for an Autonomous Robot"（自主机器人的新设计原理），in *Proceedings of the 14th European Conference on Artificial Life ECAL 2017* (Cambridge, MA: MIT Press, 2017), 493.

18. 参见 Cathy O'Neil, *Weapons of Math Destruction* (New York: Crown, 2017).
另见：Meredith Broussard, *Artificial Unintelligence: How Computers Mistake the World* (Cambridge, MA: MIT Press, 2018).
Safiya Umoja Noble, *Algorithms of Oppression* (New York: NYU Press, 2018).

19. Warren S. McCulloch and Walter Pitts，"A Logical Calculus of the Ideas Immanent in Nervous Activity"（神经活动中内在思想的逻辑演算），*Bulletin of Mathematical Biophysics 5*, no. 4 (1943): 115–133.

20. Manfred Spitzer, *The Mind in the Net: Models of Learning, Thinking, and Acting* (Cambridge, MA: MIT Press, 1999), 5.

21. Warren S. McCulloch and Walter Pitts，"A Logical Calculus of the Ideas Immanent in Nervous Activity"（神经活动中内在思想的逻辑演算），Bulletin of Mathematical Biophysics 5, no. 4 (1943), 116.

22. Friedrich August Hayek, *The Sensory Order: An Inquiry into the Foundations of Theoretical Psychology* (Chicago: University of Chicago Press, 1952).
虽然这本书主要是一部心理学论文，但哈耶克更为人所知的是他对被称为新自由主义（neoliberalism）的哲学和经济自由市场意识形态的发展和推广。请参阅：
Philip Mirowski, *Never Let a Serious Crisis Go to Waste: How Neoliberalism Survived the Financial Meltdown* (New York: Verso, 2013).
Quinn Slobodian, Globalists: *The End of Empire and the Birth of Neoliberalism* (Cambridge, MA: Harvard University Press, 2020).

23. Friedrich August Hayek, *Hayek on Hayek: An Autobiographical Dialogue* (Chicago: University of Chicago Press, 1994), 122.

24. Hayek, *Sensory Order*, 39.

25. Hayek, *Sensory Order*, 142.

26. Hayek, *Sensory Order*, 52.

27. Hayek, *Sensory Order*, 167.

28. 虽然哈耶克在《感觉的秩序》一书中从未提及经济学，但有评论员指出，哈耶克的自发秩序模型是心灵的例证，可以推广到其他现象——即市场的运作。

29. Friedrich August Hayek, "Theory of Complex Phenomena"（复杂现象的理论）, in Hayek, *Studies in Philosophy, Politics and Economics* (Chicago: University of Chicago Press, 1980), 22-42.

30. D. E. Rumelhart and J. C. McClelland, eds., *Parallel Distributed Processing*, vol. 1 (Cambridge, MA: MIT Press, 1999), ix.

31. Francisco Varela, Eleanor Rosch, and Evan Thompson, *The Embodied Mind: Cognitive Science and Human Experience* (Cambridge, MA: MIT Press, 1991), 368.

32. "哈耶克提出了一个非常有成效的理论，加强了神经细胞之间的联系，心理学家唐纳德·赫布（Donald Hebb）也在同一时期提出了这一理论，即今天所谓的赫布突触（Hebbian synapse）理论：突触前神经元向突触后神经元的持续重复的刺激可以导致突触传递效能的增加。当然，哈耶克是完全独立地提出了这个理论，所以我认为，他的思想和分析的精髓同样影响着我们。"请参阅:
Gerald Edelman, *Neural Darwinism: The Theory of Neuronal Group Selection* (New York: Basic Books, 1987).

33. Eugene M. Izhikevich, "Simple Model of Spiking Neurons"（脉冲神经元

的简单模型）, *IEEE Transactions on Neural Networks* 14, no. 6 (2003): 1569-1572.

34. 池上隆与本书作者的讨论，2020 年 6 月。

35. 池上隆与本书作者的讨论，2019 年 3 月。

36. 参见 Michael Allcock, dir., *Fear of Dancing: An Offbeat Film about Dance* (Toronto, Canada: Tortuga Films, 2020).

37. 可供性（affordance）一词来自美国心理学家詹姆斯·J. 吉布森（James J. Gibson）的研究，他将其定义为"环境的可供性是指它为动物提供的东西，无论是好是坏"。请参阅：
James J. Gibson, *The Ecological Approach to Visual Perception* (New York: Psychology Press, 2014),119.

## 第 5 章

1. 迪克曼斯早期研究的大部分报告都可以在他的在线档案中找到，其网址如下：
Q  http://dyna-vision.de/
另见：
Ernst Dickmanns, *Dynamic Vision for Perception and Control of Motion* (London: Springer, 2007), 37-38.

2. 动态视觉使用了一种称为预测误差反馈（prediction error feedback）的过程。在该过程中，来自现实世界的反馈将纠正计算机模型做出的错误预测。这种技术的形式来自称为控制工程（control engineering）的复杂学科。作为诺伯特·维纳控制论愿景的基础之一，控制工程试图使用反馈来解决问题，以此指导机器达到编程目标。然后，你可以预测随着时间的推移事物应该如何发展。因此，迪克曼斯的系统将尝试根据系统从外部世界接收到的反馈来预测对象随着时间的变化而可能处于的状态。有关详细信息，请参阅：
Dickmanns, *Dynamic Vision*.

3. 传感器融合可用于具有多个传感器的任何情况，例如自动驾驶汽车。一种广泛使用的技术称为卡尔曼滤波器，旨在了解系统随时间演变的状态。它试图基于其过去和现在，对系统的未来状态做出预测。卡尔曼滤波器是马尔可夫链和贝叶斯推理的更一般概念的应用，它们是使用证据迭代地改进猜测的数学系统。这些工具旨在帮助科学本身检验想法，并且是我们所谓的统计显著性（statistical significance）的基础。

4. 参见 Vassilis Cutsuridis, "Cognitive Models of the Perception-Action Cycle: A View from the Brain"（感知-行动周期的认知模型：来自大脑的观点），*The 2013 International Joint Conference on Neural Networks (IJCNN)* (New York: IEEE, 2013), 1–8.
   另见：
   Joaquín M. Fuster, "Physiology of Executive Functions: The Perception-Action Cycle"（执行功能生理学：感知-行动周期）, in *Principles of Frontal Lobe Function*, ed. Donald T. Stuss and Robert T. Knight (Oxford: Oxford University Press, 2002), 96–108.

5. DARPA 大挑战赛（DARPA Grand Challenge）是由美国国防部高级研究计划局（DARPA）组织的针对自动驾驶车辆举办的年度大奖赛。详情请参阅："The Grand Challenge"（大挑战），DARPA 网站，2020 年 12 月 9 日访问。
   Q  https://www.darpa.mil/about-us/timeline/-grand-challenge-for-autonomous-vehicles

6. 尽管该工程的技术非常复杂，但自动驾驶汽车仍不是完全可靠的。有关其强烈批评，参见 Broussard, *Artificial Unintelligence*, 121–148.

7. 参见 Peter Kleinschmidt, "How Many Sensors Does a Car Need?"（汽车需要多少传感器？）, *Sensors and Actuators* 31, no. 1–3 (March 1992): 35–45.

8. Neil Tyler, "Demand for Automotive Sensors Is Booming"（对汽车传感器的需求正在蓬勃发展），*New Electronics*，2016 年 12 月 14 日。
   Q  https://bit.ly/3gwV8zf

9. Silvia Casini, "Synesthesia, Transformation and Synthesis: Toward a Multi-sensory Pedagogy of the Image"（通感、转换和合成：迈向成像的多感官教学法），*Senses and Society* 12, no. 1 (2017): 5.

10. Andrew Gross，"Think You're in Your Car More? You're Right. Americans Spend 70 Billion Hours behind the Wheel"（认为你待在车上的时间太多？你是对的。美国人有 700 亿小时在车上度过），AAA Newsroom 网站，2019 年 2 月 27 日。

    🔍    https://newsroom.aaa.com/2019/02/think-youre-in-your-car-more-youre-right-americans-spend-70-billion-hours-behind-the-wheel/

11. "Road Traffic Injuries"（道路交通伤害），世界卫生组织网站，2020 年 2 月 7 日。

    🔍    https://www.who.int/news-room/fact-sheets/detail/road-traffic-injuries

12. Kristen Hall-Geisler，"How Anti-sleep Alarms Work"（防昏睡驾驶警报的工作原理），HowStuffWorks 网站，2009 年 2 月 4 日。

    🔍    https://electronics.howstuffworks.com/gadgets/automotive/anti-sleep-alarm.htm

    另见：
    Anne Eisenberg，"What's Next: A Passenger Whose Chatter Is Always Appreciated"（下一步：喋喋不休的乘客自有其可取之处），*New York Times*，2001 年 12 月 27 日。

    🔍    https://www.nytime.com/2001/12/27/technology/what-s-next-a-passenger-whose-chatter-is-always-appreciated.html

13. T. Maeda, H. Ando, T. Amemiya, N. Nagaya, M. Sugimoto, and M. Inami，"Shaking the World: Galvanic Vestibular Stimulation as a Novel Sensation Interface"（震动世界：前庭电刺激将作为一种新颖的感觉接口），in *ACM SIGGRAPH 2005 Emerging Technologies*, ed. Donna Cox (Los Angeles: ACM, 2005), 17.

14. Sadayuki Tsugawa，"Trends and Issues in Safe Driver Assistance Systems: Driver Acceptance and Assistance for Elderly Drivers"（安全驾驶员辅助系统的趋势和问题：老年驾驶员对该系统的接受和辅助），*IATSS Research* 30, no. 2 (2006): 6-18.

15. 与莱比锡宝马工厂首席战略工程师的讨论，2017 年 7 月。

16. Marco Allegretti and Silvano Bertoldo, "Cars as a Diffuse Network of Road-Environment Monitoring Nodes"（以汽车作为道路环境监测节点的扩散网络）, *Wireless Sensor Network* 6, no. 9 (2014): 184-191.

17. Kara Swisher, "Amazon Isn't Interested in Making the World a Better Place"（亚马逊对让世界变得更美好不感兴趣）, *New York Times*, 2019 年 2 月 15 日。

    Q    https://www.nytimes.com/2019/02/15/opinion/amazon-new-york-hq2.html

18. John Markoff, "Can't Find a Parking Spot? Check Smartphone"（还找不到停车位吗？看看你的智能手机）, New York Times, 2008 年 7 月 12 日。

    Q    https://www.nytimes.com/2008/07/12/business/12newpark.html

19. 荷兰科学社会学家卡林·拜斯特菲尔德（Karin Bijsterveld）使用声学茧房（acoustic cocooning）和技术茧房（techno cocooning）来描述通过先进技术实现的声音调节是如何经过专门设计的，以在特定空间内创造个人控制感和隐私感。拜斯特菲尔德指出，从 20 世纪 20 年代后期开始的欧洲汽车无线电系统的发展就是一个强有力的例子，它说明了技术如何适应不断变化的社会和文化潮流。随着时间的推移，其主要的转变是为驾驶员提供了技术，使他们能够越来越多地控制车辆内部的声学设计。驾驶的感官听觉体验因此发生了根本性的转变。它从以前的"消费者对产品做了什么"转变为 20 世纪 70 年代以后的范式——在这种范式中，汽车制造商开始专注于"产品对消费者做了什么"。请参阅：
    Bijsterveld, "Acoustic Cocooning: How the Car Became a Place to Unwind"（声学茧房：汽车如何成为一个放松的场所）, *Senses and Society* 5, no. 2 (2010): 189-211.

20. Alex Sobran, "Revisting the Original Uber Audio Upgrade: The Blaupunkt Berlin"（重温最初的极致音频升级：Blaupunkt Berlin）, Petrolicious 网站，2017 年 6 月 14 日。

    Q    https://petrolicious.com/articles/revisiting-the-original-uber-audio-upgrade-the-blaupunkt-berlin

21. 在德语中，术语"声音环境水平传感器"（sound ambient level sensor, SALS）的表述是 Störgeräuschabhängige Lautstärkesteuerung（SALS）。

22. 有关心理声学的介绍，请参阅：
Perry R. Cook, ed., *Music, Cognition, and Computerized Sound: An Introduction to Psychoacoustics* (Cambridge, MA: MIT Press, 2001).

23. 这种麦克风是一种特殊的类型，称为双耳（binaural），专注于记录耳朵听到的内容。

24. "Bose Introduces QuietComfort Road Noise Control"（Bose 推出 Quiet-Comfort 道路噪声控制系统），Bose 网站，2019 年 1 月 8 日。

    Q   https://globalpressroom.bose.com/us-en/pressrelease/view/1966

25. "Sound Symposer Explained"（Sound Symposer 技术科普），TeamSpeed 网站，2012 年 8 月 13 日。

    Q   https://teamspeed.com/forums/991-997-996/75154-991-sound-symposer-explained.html

26. Kenji Mori, Naoto Kitagawa, Akihiro Inukai, and Simon Humphries, Vehicle Expression Operation Control System, Vehicle Communication System, and Vehicle which Performs Expression Operation（车辆表达操作控制系统、车辆通信系统和执行表达操作的车辆），美国专利 6757593B2，2002 年 3 月 18 日提交，2004 年 6 月 29 日发布。

27. Kenji Mori, Naoto Kitagawa, Akihiro Inukai, and Simon Humphries, Vehicle Expression Operation Control System, Vehicle Communication System, and Vehicle which Performs Expression Operation, 25.

28. Kenji Mori, Naoto Kitagawa, Akihiro Inukai, and Simon Humphries, Vehicle Expression Operation Control System, Vehicle Communication System, and Vehicle which Performs Expression Operation, 24.

29. "The Car that Responds to Your Mood: New Jaguar and Rover Tech Helps Reduce Stress"（能对你的情绪做出反应的汽车：捷豹和路虎的新技术有助于减轻压力），Jaguar Land Rover 网站，2019 年 7 月 9 日。

    Q   https://www.jaguarlandrover.com/news/2019/07/car-responds-your-mood-new-jaguar-land-rover-tech-helps-reduce-stress

30. 参见 Shira Ovide，"The Case for Banning Facial Recognition"（禁止面部识别的案例），*New York Times*，2020 年 6 月 9 日。

   Q  https://www.nytimes.com/2020/06/09/technology/facial-recognition-software.html

   Q  http://gendershades.org/

31. Mike Elgan，"What Happens When Cars Get Emotional?"（当汽车有了自己的情绪时会发生什么？），*Fast Company*，2019 年 6 月 27 日。

   Q  https://www.fastcompany.com/90368804/emotion-sensing-cars-promise-to-make-our-roads-much-safer

32. "Natürliche und vollständig multimodale Interaktion mit dem Fahrzeug und der Umgebung. Auf dem Mobile World Congress 2019 präsentiert die BMW Group erstmals BMW Natural Interaction"（宝马集团在 2019 年世界移动通信大会上首次展示宝马自然交互技术，实现车辆和环境的自然且完全多模式的交互），BMW Group 网站，2019 年 2 月 25 日。

   Q  https://tinyurl.com/unm89r85

33. 参见：

   Q  https://www.moodify.today/

34. Jack Stuster，*Aggressive Driving Enforcement: Evaluations of Two Demonstration Programs* (Washington, DC: US Department of Transportation/National Highway Traffic Safety Administration, March 2004).

   Q  https://one.nhtsa.gov/people/injury/research/aggdrivingenf/

35. Hans Selye，"The Nature of Stress"（压力的本质），*Basal Facts* 7, no. 1 (1985): 3-11.

36. Pablo E. Paredes, Francisco Ordoñez, Wendy Ju, and James A. Landay，"Fast & Furious: Detecting Stress with a Car Steering Wheel"（速度与激情：通过汽车方向盘检测压力），in *Proceedings of the 2018 CHI Conference on Human Factors in Computing Systems* (Montreal: ACM Press, 2018), 1-12.

37. Wan-Young Chung, Teak-Wei Chong, and Boon-Giin Lee, "Methods to Detect and Reduce Driver Stress: A Review"（综述：检测和减少驾驶员压力的方法）, *International Journal of Automotive Technology* 20, no. 5 (2019): 1051-1063.

38. Mariam Hassib, Michael Braun, Bastian Pfleging, and Florian Alt, "Detecting and Influencing Driver Emotions Using Psycho-physiological Sensors and Ambient Light"（使用心理生理传感器和环境光检测和影响驾驶员情绪）, in *Human-Computer Interaction—INTERACT* 2019 (Cham, Switzerland: Springer, 2019), 721-742.

39. 参见 "The World of Air Transport in 2019"（2019 年航空运输世界），国际民用航空组织报告，2019 年。

   🔍 https://www.icao.int/annual-report-2019/Pages/the-world-of-air-transport-in-2019.aspx#:~:text=According%20to%20ICAO's%20preliminary%20compilation,a%201.7%20per%20cent%20increase

40. Pablo E. Paredes, Yijun Zhou, Nur Al-Huda Hamdan, Stephanie Balters, Elizabeth Murnane, Wendy Ju, and James. A. Landay, "Just Breathe: In-Car Interventions for Guided Slow Breathing"（调整呼吸即可：引导缓慢呼吸的车内干预）, in *Proceedings of the ACM on Interactive, Mobile, Wearable and Ubiquitous Technology* 2, no. 1 (March 2018): 1-23.

## 第 6 章

1. "Finding a life path as sweet as nectar in measuring taste"（在测量味道的过程中找到一条甜如蜜的人生道路）, Kyushu University 网站，2020 年 12 月 10 日访问。

   🔍 https://www.kyushu-u.ac.jp/en/university/professor/toko.html

2. K. Hayashi, M. Yamanaka, K. Toko, and K. Yamafuji, "Multichannel Taste Sensor Using Lipid Membranes"（使用脂质膜的多通道味觉传感器）, *Sensors and Actuators B: Chemical* 2, no. 3 (1990): 205-213.

3. 有关电子舌技术的研究，请参阅：

Y. Tahara and K. Toko，"Electronic Tongues-A Review"（电子舌技术综述），*IEEE Sensors Journal* 13, no. 8 (August 2013): 3001-3011.

4. 参见：

    Q    https://elbarri.com/en/restaurant/tickets/

5. John McQuaid, *Tasty: The Art and Science of What We Eat* (New York: Scribner, 2015), 17.

6. Tammy La Gorce，"The Tastemakers"（人工味道制造者），*New Jersey Monthly*，2011 年 1 月 17 日。

    Q    https://njmonthly.com/articles/eat-drink/the-tastemakers/

7. 参见 Joel Fuhrman，"The Hidden Dangers of Fast and Processed Food"（快餐和加工食品的隐藏危险），*American Journal of Lifestyle Medicine* 12, no. 5 (2018): 375-381.
   另见：
   Leonie Elizabeth, Priscila Machado, Marit Zinöcker, Phillip Baker, and Mark Lawrence，"Ultra-Processed Foods and Health Outcomes: A Narrative Review"（综述：超加工食品及其带来的健康后果），Nutrients 12, no. 7 (2020): 1955.

8. "Mouthfeel & Texturisation: A Dive into the Food & Beverage Industry"（口感和质地化：深入探究食品和饮料行业），Asia Pacific Food Industry 网站，2018 年 12 月 5 日。

    Q    https://apfoodonline.com/industry/mouthfeel-and-texturisation-a-dive-into-the-food-beverage-industry/

9. 参见 David Julian McClements, *Future Foods: How Modern Science Is Transforming the Way We Eat* (Stuttgart: Springer Nature, 2019), 85.

10. Harry T. Lawless and Hildegarde Heymann, *Sensory Evaluation of Food: Principles and Practices* (New York: Springer, 2010), 1.

11. 参见：

Q   https://monell.org

12. Harry T. Lawless and Hildegarde Heymann, *Sensory Evaluation of Food: Principles and Practices* (New York: Springer, 2010), 2.

13. "Sensory Science"（感官科学），Cargill 网站，2020 年 6 月 20 日访问。
    Q   https://www.cargill.com/about/research/sensory-science

14. Christy Spackman and Jacob Lahne，"Sensory Labor: Considering the Work of Taste in the Food System"（感官劳动力：在食品系统中咂摸味道的工作者），*Food, Culture & Society* 22, no. 2 (2019): 142-151.

15. Harry T. Lawless and Hildegarde Heymann, *Sensory Evaluation of Food: Principles and Practices* (New York: Springer, 2010), 1.

16. David Howes，"The Science of Sensory Evaluation: An Ethnographic Critique"（感官评价科学：人种学批判），in *The Social Life of Materials*, ed. Adam Drazin and Susanne Küchler (London: Bloomsbury, 2015), 81-97.

17. Da-Wen Sun, "Inspecting Pizza Topping Percentage and Distribution by a Computer Vision Method"（用计算机视觉方法来检测比萨的覆盖率和分布），*Journal of Food Engineering 44*, no. 4 (2000): 245-249.

18. Claudia Gonzalez Viejo, Damir D. Torrico, Frank R. Dunshea, and Sigfredo Fuentes，"Bubbles, Foam Formation, Stability and Consumer Perception of Carbonated Drinks: A Review of Current, New and Emerging Technologies for Rapid Assessment and Control"（碳酸饮料的气泡、泡沫形成、稳定性和消费者认知：当前新兴的快速评估和控制技术综述），*Foods* 8, no. 12 (2019): 596.

19. M. S. Thakur and K. V. Ragavan, "Biosensors in Food Processing"（食品加工中的生物传感器），*Journal of Food Science and Technology* 50, no. 4 (2013): 625-641.

20. Kate Murphy, "Food Processors Rely on Electronic Sensors"（食品加工商依赖电子传感器）, *New York Times*，1997 年 11 月 3 日。

Q  https://archive.nytimes.com/www.nytimes.com/library/cyber/week/110397food.html

21. Kate Murphy, "Food Processors Rely on Electronic Sensors"（食品加工商依赖电子传感器）, *New York Times*，1997 年 11 月 3 日。

22. Maria L. Rodríguez-Méndez, José A. De Saja, Rocio González-Antón, Celia García-Hernández, Cristina Medina-Plaza, Cristina García-Cabezón, and Fernando Martín-Pedrosa, "Electronic Noses and Tongues in Wine Industry"（葡萄酒行业的电子鼻和电子舌）, *Frontiers in Bioengineering and Biotechnology* 4 (2016): 81.

23. P. Hauptmann, R. Borngraeber, J. Schroeder, and J. Auge, "Artificial Electronic Tongue in Comparison to the Electronic Nose. State of the Art and Trends"（人工电子舌与电子鼻的比较。最新技术和趋势）, in *Proceedings of the 2000 IEEE/EIA International Frequency Control Symposium and Exhibition*(Kansas City, MO: IEEE, 2000), 22-29.

24. Wenwen Hu, Liangtian Wan, Yingying Jian, Cong Ren, Ke Jin, Xinghua Su, Xiaoxia Bai, Hossam Haick, Mingshui Yao, and Weiwei Wu, "Electronic Noses: From Advanced Materials to Sensors Aided with Data Processing"（电子鼻：从先进材料到传感器辅助数据处理）, *Advanced Materials Technologies* 4, no. 2 (2019): 1800488.

25. Paolo Pelosi, Jiao Zhu, and Wolfgang Knoll, "From Gas Sensors to Biomimetic Artificial Noses"（从气体传感器到仿生人工鼻）, *Chemosensors* 6, no. 32 (2018): 32.

26. Michael J. Schöning, Peter Schroth, and Stefan Schütz, "The Use of Insect Chemoreceptors for the Assembly of Biosensors Based on Semiconductor Field-Effect Transistors"（昆虫化学受体在基于半导体场效应晶体管的生物传感器组装中的应用）, *Electroanalysis: An International Journal Devoted to Fundamental and Practical Aspects of Electroanalysis* 12, no.

9 (2000): 645-652.

27. Hervé This, *Molecular Gastronomy: Exploring the Science of Flavor* (New York: Columbia University Press, 2006), 334.

28. 美食学（gastronomy）的经典定义来自布里亚·萨瓦兰 Brillat-Savarin。请参阅：
    Jean Brillat-Savarin, *The Physiology of Taste: or Meditations on Transcendental Gastronomy*, trans. M. K. Fisher (New York: Vintage, 2011).

29. "Estimating the Burden of Foodborne Diseases"（食源性疾病负担估计），世界卫生组织（WHO）网站，2020 年 12 月 10 日访问。
    🔍 https://www.who.int/activities/estimating-the-burden-of-foodborne-diseases

30. "Scottish Engineers Develop Artificial 'Tongue' with a Taste for Spotting Fake Whisky"（苏格兰工程师开发出人工"舌头"，具有辨别假威士忌味道的能力），CBC Radio 网站，2019 年 8 月 6 日。
    🔍 https://www.cbc.ca/radio/asithappens/as-it-happens-tuesday-edition-1.5237385/scottish-engineers-develop-artificial-tongue-with-a-taste-for-spotting-fake-whisky-1.5237389

## 第 7 章

1. Antifolkhero, "Just Found Out Spotify Discontinued the Custom Running Playlist Feature"（刚刚发现 Spotify 停止了自定义运行播放列表功能），Reddit 网站，2018 年 3 月 20 日。
   🔍 https://www.reddit.com/r/spotify/comments/85uhpr/just_found_out_spotify_discontinued_the_custom/

2. Antifolkhero, "Just Found Out Spotify Discontinued the Custom Running Playlist Feature"（刚刚发现 Spotify 停止了自定义运行播放列表功能），Reddit 网站，2018 年 3 月 20 日。

3. Antifolkhero, "Just Found Out Spotify Discontinued the Custom Running Playlist Feature"（刚刚发现 Spotify 停止了自定义运行播放列表功能），

Reddit 网站，2018 年 3 月 20 日。

4. Owen Smith, Sten Garmark, and Gustav Söderström, Physiological Control Based on Media Content Selection（基于媒体内容选择的生理控制），美国专利 10,209,950，2016 年 12 月 22 日提交，2019 年 2 月 19 日发布。

5. 参见 Maria Eriksson, Rasmus Fleischer, Anna Johansson, Pelle Snickars, and Patrick Vonderau, *Spotify Teardown: Inside the Black Box of Streaming Music* (Cambridge, MA: MIT Press, 2019), 121.

6. 有关推荐系统的简单易懂的介绍，请参阅：
   Dietmar Jannach, Markus Zanker, Alexander Felfernig, and Gerhard Friedrich, *Recommender Systems: An Introduction* (New York: Cambridge University Press, 2011).
   Michael Schrage, *Recommendation Engines* (Cambridge, MA: MIT Press, 2020).

7. Paul Resnick and Hal R. Varian，"Recommender Systems"（推荐系统），*Communications of the ACM* 40, no. 3 (1997): 56–58.

8. 有关更广泛的讨论，请参阅：
   Marc Andrejevic, *Automated Media* (London: Routledge, 2019), 8–10.

9. 参见 Simputer 仍然存在的网站：
   http://www.simputer.org/

10. N. Dayasindhu，"What Lessons Does the Simputer Hold for Made in India"（Simputer 对印度制造的启示），Founding Fuel 网站，2017 年 1 月 13 日。
    https://www.foundingfuel.com/article/what-lessons-does-the-simputer-hold-for-make-in-india/

11. Bruce Sterling，"The Year in Ideas: A to Z.; Simputer"（思想之年：A 到 Z; Simputer），*New York Times*，2001 年 12 月 9 日。

    🔍  https://www.nytimes.com/2001/12/09/magazine/the-year-in-ideas-a-to-z-simputer.html

12. 要了解 Simputer 失败的原因，请参阅：
"Why did the Simputer Flop?"（为什么 Simputer 最终搞砸了？），*Economic Times*，2015 年 7 月 23 日。
    🔍  https://economictimes.indiatimes.com/news/science/why-did-the-simputer-flop/articleshow/48180974.cms

13. 参见 Margaret ' Espinasse, *Robert Hooke* (Berkeley: University of California Press, 1982), 117.

14. Catrine Tudor-Locke, Yoshiro Hatano, Robert P. Pangrazi, and Minsoo Kang, "Revisiting 'How Many Steps Are Enough?'"（再论 "到底要走多少步才算是足够"？），*Medicine & Science in Sports & Exercise* 40, no. 7 (2008): 5537-5543.

15. 美国社会人类学家 Natasha Dow Schüll 在她对自我跟踪文化的研究中，将这类无形监控技术称为 "数字助推作用"（digital nudge）。请参阅：
Natasha Dow Schüll, "Data for Life: Wearable Technology and the Design of Self-Care"（生命数据：可穿戴技术和自我保健设计），*BioSocieties* 11, no. 3 (2016): 317-333.

16. Gary Wolf, "The Data-Driven Life"（数据驱动的生活），*New York Times Magazine*，2010 年 4 月 28 日。
    🔍  https://www.nytimes.com/2010/05/02/magazine/02self-measurement-t.html

17. Gary Wolf, "The Data-Driven Life"（数据驱动的生活），*New York Times Magazine*，2010 年 4 月 28 日。

18. 参见 Michel Foucault, *The Care of the Self*, trans. Robert Hurley (New York: Vintage Books, 1988).
另见：
Foucault, "Self Writing"（记录自我），in *Ethics: Subjectivity and Truth*, trans. Robert Hurley, ed. Paul Rabinow (New York: The New Press, 1997),

208.
Foucault, "Technologies of the Self"（记录自我的技术）, in *Technologies of the Self: A Seminar with Michel Foucault*, ed. Luther H. Martin, Huck Gutman, and Patrick H. Hutton (Amherst: University of Massachusetts Press, 1988).

19. Kenneth R. Fyfe, James K. Rooney, and Kipling W. Fyfe, Motion Analysis System（运动分析系统）, 美国专利 6,513,381, 2001 年 7 月 26 日提交, 2003 年 2 月 4 日发布。

20. Gary Wolf, "The Data-Driven Life"（数据驱动的生活）, *New York Times Magazine*, 2010 年 4 月 28 日。

21. Dagognet, *Étienne-Jules Marey*, 15.

## 第 8 章

1. 相关新闻的示例包括:
Jacob Kröger and Philip Raschke, "Is My Phone Listening In? On the Feasibility and Detectability of Mobile Eavesdropping"（你的手机是否正在监听你? 移动窃听的可行性和可检测性）, *IFIP Annual Conference on Data and Applications Security and Privacy* (Cham, Switzerland: Springer, 2019).
Hamza Shaban, "Dust Isn't the Only Thing Your Roomba Is Sucking Up. It's Also Gathering Maps of Your House"（你家的机器人吸尘器不仅仅在吸灰尘，还在收集你家的地图）, *Washington Post*, 2017 年 7 月 15 日。

Q https://www.washingtonpost.com/news/the-switch/wp/2017/07/25/the-company-behind-the-roomba-wants-to-sell-maps-of-your-home/

Niraj Chokshi, "Is Alexa Listening? Amazon Echo Sent Out Recording of Couple's Conversation"（Alexa 是否正在窃听? Amazon Echo 被发现会发送情侣对话录音）, *New York Times*, 2018 年 5 月 25 日。

Q https://www.nytimes.com/2018/05/25/business/amazon-alexa-conversation-shared-echo.html

Alyssa Newcomb, "Nest's Hidden Microphone Prompts Privacy Group to Call for FTC Action Against Google"（Nest 智能温控器的隐藏麦克风促使隐私组织呼吁美国联邦贸易委员会对 Google 采取行动），*Fortune*，2019 年 2 月 21 日。

🔍 https://www.yahoo.com/lifestyle/nest-apos-hidden-microphone-prompts-221553176.html

Stacy Cowley，"Hold the Phone! My Unsettling Discoveries about How Our Gestures Online Are Tracked"（拿好你的电话！关于我们的在线手势如何被跟踪的一些令人不安的发现），*New York Times*，2018 年 8 月 15 日。

🔍 https://www.nytimes.com/2018/08/15/business/behavioral-biometrics-data-tracking.html

Laura Hautala，"COVID-19 Contact Tracing Apps Create Privacy Pitfalls around the World"（新型冠状病毒密接者追踪应用程序在世界各地造成隐私陷阱），CNET 网站，2020 年 8 月 8 日。

🔍 https://www.cnet.com/news/covid-contact-tracing-apps-bring-privacy-pitfalls-around-the-world/

2. John Naughton，"'The Goal Is to Automate Us': Welcome to the Age of Surveillance Capitalism"（"目标是让我们变成自动化的人"：欢迎来到监控资本主义时代），*Guardian*，2019 年 1 月 20 日。

🔍 https://www.theguardian.com/technology/2019/jan/20/shoshana-zuboff-age-of-surveillance-capitalism-google-facebook

3. Peter Cariani，"Some Epistemological Implications of Devices which Construct Their Own Sensors and Effectors"（能够构造自己的传感器和效应器的设备所带来的一些认识论意义），in *Towards a Practice of Autonomous Systems: Proceedings of the First European Conference on Artificial Life*, ed. Francisco J. Varela and Paul Bourgine (Cambridge, MA: MIT Press, 1992), 484-493.

4. Zhicheng Long, Bryan Quaife, Hanna Salman, and Zoltán N. Oltvai, "Cell-Cell Communication Enhances Bacterial Chemotaxis toward External Attractants"（细胞间通信可增强细菌对外部引诱剂的趋化性），*Nature Scientific Reports* 7, no. 1 (2017): 12855.

5.  参见 Peter Godfrey-Smith, *Other Minds: The Octopus, the Sea, and the Deep Origins of Consciousness* (New York: Farrar, Straus and Giroux, 2016).

6.  参见 Peter Cariani, "Time Is of the Essence"（时间才是本质）。该论文发表在 2016 年 12 月 8 日至 10 日加利福尼亚大学尔湾分校举办的"知识的主体——具现认知与艺术"会议上。

7.  参见 Peter Cariani, "Some Epistemological Implications of Devices which Construct Their Own Sensors and Effectors"（能够构造自己的传感器和效应器的设备所带来的一些认识论意义）, in *Towards a Practice of Autonomous Systems: Proceedings of the First European Conference on Artificial Life*, ed. Francisco J. Varela and Paul Bourgine (Cambridge, MA: MIT Press, 1992).
    W. Ross Ashby, *An Introduction to Cybernetics* (London: Chapman & Hall, 1956).

8.  Peter Cariani, "Some Epistemological Implications of Devices which Construct Their Own Sensors and Effectors"（能够构造自己的传感器和效应器的设备所带来的一些认识论意义）, in *Towards a Practice of Autonomous Systems: Proceedings of the First European Conference on Artificial Life*, ed. Francisco J. Varela and Paul Bourgine (Cambridge, MA: MIT Press, 1992).484.

9.  贝特森这个定义的原始背景是对信息的理解。但是，在这里我们可以扩大这一点，加入彼得·卡里亚尼（Peter Cariani）的主张，即感知与区分世界的潜在状态之间的差异有关。请参阅：
    Gregory Bateson, *Steps to an Ecology of Mind* (New York: Ballatine Books, 1972).

10. 彼得·卡里亚尼与作者的讨论，2019 年 6 月。正如神经科学家、生物学家和控制论者卡里亚尼所指出的，感知模型——将感觉状态协调为神经放电和效用（运动动作）——是标准的心理学。使这种组合更有趣并赋予其控制论基础的原因是它"基于目标系统设想心智和大脑"。参见：
    Peter Cariani, "Time Is of the Essence"（时间才是本质）。

11. Malcolm Tatum, "What Is Machine Perception?"（什么是机器感知？），

EasyTechJunkie 网站，2021 年 2 月 20 日。

🔍 https://www.easytechjunkie.com/what-is-machine-perception.htm

12. 参见 Richard O. Duda, Peter E. Hart, and David G. Stork, *Pattern Classification*, second edition (London: John Wiley & Sons, 2001), 9-14.

13. 关于人工智能的早期历史，参见：
J. McCarthy, M. L. Minsky, N. Rochester, and C. E. Shannon，"A Proposal for the Dartmouth Summer Research Project in Artificial Intelligence, August 31, 1955"（人工智能达特茅斯夏季研究项目提案，1955 年 8 月 31 日），*AI Magazine* 27, no. 4 (2006): 12.
Melanie Mitchell, *Artificial Intelligence: A Guide For Thinking Humans* (New York: Farrar, Strauss and Giroux, 2019), 29-59.

14. Douglas R. Hofstaedter, "On Seeing A's and Seeing As"（识别一个和识别一堆的区别），Stanford Humanities Review 4, no. 2 (1995): 109-121.

15. Duda, Hart, and Stork, *Pattern Classification*, 5.

16. 参见 David H. Hubel and Torsten N. Wiesel，"Receptive Fields, Binocular Interaction and Functional Architecture in the Cat's Visual Cortex"（猫视觉皮层中的感受野、双目交互和功能架构），*Journal of Physiology* 160, no. 1 (1962): 106-154.

17. 卷积神经网络是一种具有一个或多个卷积层的神经网络。卷积神经网络主要用于图像处理、分类、分割和其他自相关数据。参见：
Yann LeCun and Yoshua Bengio，"Convolutional Networks for Images, Speech, and Time Series"（图像、语音和时间序列的卷积网络），in *The Handbook of Brain Theory and Neural Networks*, ed. Michael Arbib (Cambridge, MA: MIT Press, 1995), 276-279.

18. 机器学习系统中的偏见问题是复杂且多层次的。请参阅：
Sidney Perkowitz，"The Bias in the Machine: Facial Recognition Technology and Racial Disparities"（机器中的偏见：面部识别技术和种

族差异），*MIT Case Studies in Social and Ethical Responsibilities of Computing*，2021 年 2 月 6 日。

Q https://mit-serc.pubpub.org/pub/bias-in-machine/release/1

Ayesha Bajwa，"What We Talk About When We Talk About Bias (A guide for everyone)"（当我们谈论偏见时我们实际上在谈论什么——面向每个人的指南）。
有关更一般性的讨论，请参阅：
Kate Crawford, *Atlas of AI* (New Haven: Yale University Press, 2021).

19. 有关卷积神经网络和视觉系统之间的比较，请参阅：
Grace W. Lindsay，"Convolutional Neural Networks as a Model of the Visual System: Past, Present, and Future"（卷积神经网络作为视觉系统的模型：过去、现在和未来），*Journal of Cognitive Neuroscience*, February 6, 2020, 1-19.

Q http://dx.doi.org/10.1162/jocn_a_01544

20. 有关此类无意识认知的更多信息，请参阅：
N. Katherine Hayles, *Unthought: The Power of the Cognitive Non-Conscious* (Chicago: University of Chicago Press, 2017).

21. Nobert Wiener, *The Human Use of Human Beings: Cybernetics and Society* (London: Free Association Books, 1989), 47.

22. Richard F. Lyon, *Human and Machine Hearing* (Cambridge: Cambridge University Press, 2017), 6.

23. Jerry Lu，"Can You Hear Me Now Far-Field Voice"（你现在能听到我的远场声音吗），*Towards Data Science*（博客），2017 年 8 月 1 日。

Q https://towardsdatascience.com/can-you-hear-me-now-far-field-voice-475298ae1fd3

有关更多技术细节，请参阅：
Amit Chhetri, Philip Hilmes, Trausti Kristjansson, Wai Chu, Mohamed Mansour, Xiaoxue Li, and Xianxian Zhang，"Multichannel Audio Front-

End for Far-Field Automatic Speech Recognition"（用于远场自动语音识别的多通道音频前端），in *2018 26th European Signal Processing Conference (EUSIPCO)* (New York: IEEE, 2018), 1527-1531.

24. 参见：

 Q    https://developer.amazon.com/alexa

25. Kiran K. Edara，Keyword Determinations from Conversational Data（从语音数据中确定关键字），美国专利 10,692,506，2019 年 8 月 2 日提交，2020 年 6 月 23 日发布。

 截至 2019 年，亚马逊公司申请了一项新的唤醒词前语音处理（pre-wakeword speech processing）专利，该专利"描述了一个系统，在该系统中，可能以 10 秒到 30 秒的间隔记录语音，并对其进行处理以进行唤醒词检测，可能在其被清除之前，就已经记录了一个间隔"。

26. 隐马尔可夫模型（hidden Markov model，HMM）是基于马尔可夫模型统计概念的数学模型。以俄国数学家安德烈·马尔可夫（Andrey Markov）命名。在马尔可夫模型中，未来值在统计上由当前的事件决定，并且仅取决于紧接在前的事件。

 隐马尔可夫模型用于从可观察的符号序列中捕获"隐藏"（不可观察的）信息，例如，根据人们可能穿的衣服颜色（可观察变量）预测天气（所谓的隐藏变量）。隐马尔可夫模型依据一系列状态变化（比如今天的天气是晴天还是阴天）建立一个模型，该模型包括每个状态进展到另一个状态的概率。因此，目标是从可观察数据中确定隐藏参数。该模型长期以来一直被用于语音识别。有关技术解释，请参阅：

 Lawrence Rabiner，"A Tutorial on Hidden Markov Models and Selected Applications in Speech Recognition"（隐马尔可夫模型及其在语音识别中的应用教程），*Proceedings of the IEEE 77*, no. 2 (1989): 257-286.

27. Matt Day, Giles Turner, and Natalia Drozdiak，"Amazon Workers Are Listening to What You Tell Alexa"（亚马逊公司员工正在倾听你告诉 Alexa 的东西），Bloomberg 网站，2019 年 4 月 10 日。

 Q    https://www.bloomberg.com/news/articles/2019-04-10/is-anyone-listening-
      to-you-on-alexa-a-global-team-reviews-audio

28. "The Boeing 737 Max MCAS Explained"（波音 737 Max 机动特性增强

系统详解），*Aviation Week*，2019年3月20日。

Q　　https://aviationweek.com/aerospace/boeing-737-max-mcas-explained

29.　Darryl Campbell，"Redline: The Many Errors that Brought Down the Boeing 737 Max"（红线：导致波音737Max坠落的诸多因素），The Verge网站，2019年5月2日。

Q　　https://www.theverge.com/2019/5/2/18518176/boeing-737-max-crash-problems-human-error-mcas-faa

## 第9章

1.　Constant Nieuwenhuys，"The Great Game to Come"（即将到来的游戏时代），in *Theory of the Dérive and Other Situationist Writings on the City*, ed. Libero Andreotti and Xavier Costa (Barcelona: ACTAR, 1996), 62-63.

2.　Johann Huizinga, *Homo Ludens: A Study of the Play-Element in Culture* (Boston: Beacon Press, 2009).

3.　Constant Nieuwenhuys，"New Babylon"（新巴比伦），in *Gemeentenmuseum Den Haag*, exhibition catalog, 1974.
　　另见 Reading Design 网站，2020年12月14日访问。

Q　　https://www.readingdesign.org/new-babylon

4.　Constant Nieuwenhuys，"New Babylon"（新巴比伦）。

5.　Constant Nieuwenhuys，"New Babylon"（新巴比伦）。

6.　参见 Edward C. Whitman，"SOSUS: The 'Secret Weapon' of Undersea Surveillance"（SOSUS：海底监视的"秘密武器"），*Undersea Warfare* 7, no. 2 (2005).

7.　David S. Alberts, John J. Garstka, and Frederick P. Stein, *Network Centric Warfare: Developing and Leveraging Information Superiority*, 2nd edition (Washington, DC: Command and Control Research Program/US Department of Defense, 2000), 2.

8. 美国国防部高级研究计划局在其分布式传感器网络计划的总结报告中以实事求是的方式描述了该系统："网络传感器系统可以检测和跟踪各种威胁（例如，有翼载具和轮式车辆、人员、化学和生物制剂），并且可用于武器瞄准和区域拒止。每个传感器节点都将具有嵌入式处理能力，并且可能具有多个板载传感器，以声学、地震、红外（IR）和磁模式以及成像器和微雷达运行。在传感器板上还将有存储系统、与相邻节点的无线连接，以及通过全球定位系统或本地定位算法获得的位置和定位知识。"参见：

Chee-Yee Chong and Srikanta P. Kumar, "Sensor Networks: Evolution, Opportunities, and Challenges"（传感器网络：演变、机遇和挑战），*Proceedings of the IEEE* 91, no.8 (2003): 1247-1256.

Arthur K. Cebrowski, VAdm, USN, and John H. Garstka, "Network Centric Warfare: Its Origin and Future"（以网络为中心的战争：它的起源和未来），*Proceedings of the Naval Institute* 124, no. 1 (1998): 28-35.

9. Rich Haridy, "Plant Spies: DARPA's Plan to Create Organic Surveillance Sensors"（植物间谍：DARPA 创建有机监视传感器的计划），New Atlas 网站，2017 年 11 月 21 日。

Q https://newatlas.com/darpa-advanced-plant-technology-sensor-research/52292/

另见：

"Nature's Silent Sentinels Could Help Detect Security Threats"（自然界的静默哨兵可以帮助检测安全威胁），DARPA，2017 年 11 月 17 日。

Q https://www.darpa.mil/news-events/2017-11-17

10. 此类系统的经典教科书定义是"能够通过感知或控制物理参数与环境交互的单个节点的网络"。参见：

Holger Karl and Andreas Willig, *Protocols and Architectures for Wireless Sensor Networks* (Hoboken, NJ: John Wiley & Sons, 2007), 2.

11. Kazem Sohraby, Daniel Minoli, and Taieb Znati, *Wireless Sensor Networks: Technology, Protocols, and Applications* (Hoboken, NJ: John Wiley & Sons, 2007), 38-74.

12. Constant Nieuwenhuys, "New Babylon"（新巴比伦）。

13. 参见 Lars Erik Holmquist 等人，"Building Intelligent Environments with Smart-Its"（使用 Smart-Its 构建智能环境），*IEEE Computer Graphics and Applications* 24, no. 1 (2004): 56-64.

    Brett Warneke, Matt Last, Brian Liebowitz, and Kristofer S. J. Pister, "Smart Dust: Communicating with a Cubic-Millimeter Computer"（智能微尘：与立方毫米计算机通信），*Computer* 34, no. 1 (2001): 44-51.

    Keoma Brun-Laguna, Ana Laura Diedrichs, Diego Dujovne, Carlos Taffernaberry, Rémy Léone, Xavier Vilajosana, and Thomas Watteyne, "Using SmartMesh IP in Smart Agriculture and Smart Building Applications"（在智能农业和智能建筑应用中使用 SmartMesh IP），*Computer Communications* 121 (2018): 83-90.

14. 21 世纪头十年初期，美国国家研究委员会（National Research Council）发表了一份现在广为引用的报告，该报告认为："EmNets 将作为一种数字神经系统实施，以实现从环境检测到战场状况监视等各种场景下的应用。"参见：

    National Research Council, *Embedded, Everywhere: A Research Agenda for Networked Systems of Embedded Computers* (Washington, DC: National Academies Press, 2001).

15. 有关智能传感系统的新范式，请参阅：

    Diane J. Cook, Juan C. Augusto, and Vikramaditya R. Jakkula, "Ambient Intelligence: Technologies, Applications, and Opportunities"（环境智能：技术、应用和机会），*Pervasive and Mobile Computing* 5, no. 4 (2009): 277-298.

    Uwe Hansmann, Lothar Merk, Martin S. Nicklous, and Thomas Stober, *Pervasive Computing Handbook* (Berlin: Springer Science & Business Media, 2000).

    M. Addlesee, R. Curwen, S. Hodges, J. Newman, P. Steggles, A. Ward, and A. Hopper, "Implementing a Sentient Computing System"（实现感知计算系统），*Computer* 34, no. 8 (2001): 50-56.

    Adam Greenfield, *Everyware: The Dawning Age of Ubiquitous Computing* (Berkeley: New Riders, 2006).

16. 有关从文化研究角度讨论遥感的信息，参见：

Jennifer Gabrys, *Program Earth: Environmental Sensing Technology and the Making of a Computational Planet* (Minneapolis: University of Minnesota Press, 2016).

17. 有关雾计算、边缘计算和霾计算的比较，请参阅：
    Yogesh Malik，"Internet of Things Bringing Fog, Edge and Mist Computing"（物联网带来雾计算、边缘计算和霾计算），*Yogesh Malik*（博客），2017 年 9 月 20 日。
    Q    https://yogeshmalik.medium.com/fog-computing-edge-computing-mist-computing-cloud-computing-fluid-computing-ed965617d8f3

18. Ying Chen, "COVID-19 Pandemic Imperils Weather Forecast"（新冠疫情大流行危及天气预报），*Geophysical Research Letters* 47, no. 15 (2020).
    Q    https://doi.org/10.1029/2020GL088613

19. "ESRL/GSD Aircraft Data (AMDAR) Information"（ESRL/GSD 飞机数据——AMDAR 信息），NOAA/ESRL/GSL 飞机数据网站，最后修改于 2014 年 9 月 30 日。
    Q    https://amdar.noaa.gov/FAQ.html

20. Thomas Lecocq, Stephen P. Hicks, Koen Van Noten, Kasper van Wijk, Paula Koelemeijer, Raphael S. M. De Plaen, Frédérick Massin, et al. "Global Quieting of High-Frequency Seismic Noise Due to COVID-19 Pandemic Lockdown Measures"，*Science* 369, no. 6509 (September 11, 2020): 1338-1343.
    Q    https://science.sciencemag.org/content/369/6509/1338

21. Thomas Lecocq, Stephen P. Hicks, Koen Van Noten, Kasper van Wijk, Paula Koelemeijer, Raphael S. M. De Plaen, Frédérick Massin, et al. "Global Quieting of High-Frequency Seismic Noise Due to COVID-19 Pandemic Lockdown Measures"，*Science* 369, no. 6509 (September 11, 2020), 1343.

22. 参见 Dominique Rouillard, *Superarchitecture: Le futur de l'architecture, 1950-1970* (Paris: Editions de la Villette, 2004).

23.  参见 Wolf D. Prix, *Get Off of My Cloud: Wolf D. Prix, Coop Himmelb(l)au: Texts 1968-2005* (Ostfildern–Ruit: Hatje Cantz, 2005).

24.  Victoria Bugge Øye，"On Astroballoons and Personal Bubbles"（关于太空气球和个人泡泡的实验），e-flux 网站，2018 年 4 月 17 日。
     Q    https://www.e-flux.com/architecture/positions/194841/on-astroballoons-and-personal-bubbles/

25.  参见 Chris Salter, *Entangled: Technology and the Transformation of Performance* (Cambridge, MA: MIT Press, 2010), 94–95.

26.  参见 Malcolm McCulloch, *Ambient Commons: Attention in the Age of Ambient Information* (Cambridge, MA: MIT Press, 2013).

27.  "What Is a Smart City?"（什么是智慧城市？），Cisco 网站，2020 年 4 月 12 日访问。
     Q    https://www.cisco.com/c/en/us/solutions/industries/smart-connected-communities/what-is-a-smart-city.html

28.  参见 Halpern, *Beautiful Data*, 1–8.

29.  Carlo Ratti and Matthew Claudel, *The City of Tomorrow: Sensors, Networks, Hackers, and the Future of Urban Life* (New Haven, CT: Yale University Press, 2016), 67.

30.  参见 Peter H. Jones and Ove Nyquist Arup, *Ove Arup: Masterbuilder of the Twentieth Century* (New Haven, CT: Yale University Press, 2006).

31.  Arup, *Digital Twin: Towards a Meaningful Framework* (London: Arup, November 2019).
     Q    https://www.arup.com/perspectives/publications/research/section/digital-twin-towards-a-meaningful-framework

32.  参见 "Global Analyzer: Enables the Easy Identification of Trends and Mitigates Risk"（Global Analyzer：轻松识别趋势并降低风险），Arup 网站，2020 年 7

月 10 日访问。

    &#x1F50D; https://www.arup.com/projects/global-analyzer

33. 参见 "Neuron: AI Smart Building Console, Empowering Smart Buildings with a 'Digital Brain'"（Neuron：智能建筑 AI 控制台，通过"数字大脑"给智能建筑赋能），Arup 网站，2020 年 7 月 11 日访问。

    &#x1F50D; https://www.arup.com/projects/neuron

34. William J. Holstein, "Virtual Singapore: Creating an Intelligent 3D Model to Improve Experiences of Residents, Business and Government"（虚拟新加坡：创建智能 3D 模型以改善居民、企业和政府的体验），*Compass: The 3DExperience Magazine*，2015 年 10 月 27 日。

    &#x1F50D; https://compassmag.3ds.com/8/Cover-Story/VIRTUAL-SINGAPORE

35. 参见:

    &#x1F50D; https://www.sidewalktoronto.ca/plans/quayside

36. Sidney Fussell, "The City of the Future Is a Data-Collection Machine"（未来之城是一台数据收集机器），*Atlantic*，2018 年 11 月 21 日。

37. Blayne Haggart and Natasha Tusikov, "Sidewalk Labs' Smart-City Plans for Toronto Are Dead. What's Next?"（Sidewalk Labs 的多伦多智能城市计划已流产。接下来会怎样？），The Conversation 网站，2020 年 5 月 8 日。

    &#x1F50D; https://theconversation.com/sidewalk-labs-smart-city-plans-for-toronto-are-dead-whats-next-138175

38. Guangzhong Yang, *Body Sensor Networks* (New York: Springer, 2014), 102.

39. Guangzhong Yang, *Body Sensor Networks* (New York: Springer, 2014), 3-4.

40. Dawn Nafus, "Introduction", in *Quantified: Biosensing Technologies in Everyday Life*, ed. Dawn Nafus (Cambridge, MA: MIT Press, 2016), xiii-

xiv.

41.　Dawn Nafus，"Introduction"，in *Quantified: Biosensing Technologies in Everyday Life*, ed. Dawn Nafus (Cambridge, MA: MIT Press, 2016), xiv.

42.　Dawn Nafus，"Introduction"，in *Quantified: Biosensing Technologies in Everyday Life*, ed. Dawn Nafus (Cambridge, MA: MIT Press, 2016), xv.

43.　Robert F. Service，"Can Sensors Make a Home in the Body?"（传感器能否在体内安家？），*Science* 297, no. 5583 (August 9, 2002): 962-963.
　　Q　https://science.sciencemag.org/content/297/5583/962

44.　参见 Barbara T. Korel and Simon G. M. Koo, "A Survey on Context-Aware Sensing for Body Sensor Networks"（人体传感器网络上下文意识感知研究），*Wireless Sensor Network* 2, no. 8 (2010): 571-583.

45.　Tim Harford, "Big Data: A Big Mistake?"（大数据：一个大错误？），*Significance* 11, no. 5 (2014): 14-19.

46.　参见 "Predictive Modeling"（预测建模），OmniSci 网站，2020 年 12 月 16 日访问。
　　Q　https://www.omnisci.com/technical-glossary/predictive-modeling

47.　Barbara T. Korel and Simon G. M. Koo, "A Survey on Context-Aware Sensing for Body Sensor Networks"（人体传感器网络上下文意识感知研究），*Wireless Sensor Network* 2, no. 8 (2010), 573.

48.　Constant Nieuwenhuys，"The Great Game to Come"（即将到来的游戏时代），in *Theory of the Dérive and Other Situationist Writings on the City*, ed. Libero Andreotti and Xavier Costa (Barcelona: ACTAR, 1996), 63.

## 第 10 章

1.　Joe Kamiya, "Conscious Control of Brain Waves"（脑电波的有意识控制），*Psychology Today* 1 (1968): 56-60.

另见:

Joe Kamiya, "The First Communications about Operant Conditioning of the EEG"（关于脑电图操作性条件反射的第一次交流）, *Journal of Neurotherapy* 15, no. 1 (2011): 65.

2. 乔·卡米亚并不是唯一对大脑有意识控制感兴趣的研究人员。大约在同一时间，加州大学洛杉矶分校的神经科学家巴里·斯特曼（Barry Sterman）受到卡米亚相关实验的启发，也在研究类似的现象，不过他使用的是猫而不是人类受试者。参见:

Jim Robbins, *A Symphony in the Brain: The Evolution of the New Brain Wave Biofeedback* (New York: Grove Press, 2000).

另见:

Erik Peper and Fred Shaffer, "Biofeedback History: An Alternative View"（生物反馈历史: 另一种观点）, Biofeedback 46, no. 4 (2018): 80-85.

3. 威廉·格雷·沃尔特（William Gray Walter）是美国出生的英国神经生理学家，他在 20 世纪 50 年代和 60 年代使用脑电图进行了开创性工作，并在自主机器人技术方面也取得成果。他在 1953 年出版的著作《活的大脑》（*The Living Brain*，伦敦 Duckworth 出版社出版）也描述了他的闪光融合（flicker fusion）实验——使用脑电波控制频闪光以探索意识状态的改变。

4. Robbins, *Symphony in the Brain*, 38.

5. 有关伊萨伦（Esalen）的更多信息，参见:

Marion Goldman, *The American Soul Rush: Esalen and the Rise of Spiritual Privilege* (New York: NYU Press, 2012).

6. 关于该运动的历史，请参阅:

Claudia X. Valdes and Philip Thurtle, "Biofeedback and the Arts: Listening as Experimental Practice"（生物反馈与艺术: 作为实验练习的听力）, 该论文发表于 2005 年 9 月 29 日至 10 月 4 日在加拿大班夫镇班夫中心举行的第一届媒体艺术、科学和技术国际会议（First International Conference on the Media Arts, Sciences and Technologies）REFRESH! 会议上。

7.  Richard Teitelbaum, "In Tune: Some Early Experiments in Biofeedback Music (1966-1974)"（In Tune：生物反馈音乐的一些早期实验），*Biofeedback and the Arts, Results of Early Experiments* (Vancouver: Aesthetic Research Center of Canada Publications, 1976), 36.

8.  参见 Elizabeth Hinkle-Turner, "Women and Music Technology: Pioneers, Precedents and Issues in the United States"（女性与音乐技术：美国的先驱、先例和问题），*Organised Sound* 8, no. 1 (2003): 31-34.
    Mirajana Prpa and Philippe Pasquier, "Brain-Computer Interfaces in Contemporary Art: A State of the Art and Taxonomy"（当代艺术中的脑机接口：最新艺术和分类），in *Brain Art: Brain-Computer Interfaces for Artistic Expression,* ed. Anton Nijholt (Cham, Switzerland: Springer, 2019).
    Anton Nijholt, "Introduction"（简介），in *Brain Art*, 1-29.

9.  参见 Antoine Lutz, Lawrence L. Greischar, Nancy B. Rawlings, Matthieu Ricard, and Richard J. Davidson, "Long-Term Meditators Self-Induce High-Amplitude Gamma Synchrony during Mental Practice"（长期冥想者在心理实践中自我诱导高振幅伽马同步），*Proceedings of the National Academy of Sciences* 101, no. 46 (2004): 16369-16373.

10. 关于湿电极与干电极的准确度比较一直存在争议。

11. 这是电极安放的国际标准。参见：
    R. W. Homan, "The 10-20 Electrode System and Cerebral Location"（国际 10-20 电极安放系统和大脑定位），*American Journal of EEG Technology* 28, no. 4 (1988): 269-279.

12. 参见：
    Q  https://squaremile.com/gear/the-muse-headband/
    Q  https://choosemuse.com/

13. 参见：
    Q  http://neurosky.com/
    Q  http://o.macrotellect.com/
    Q  https://brainbit.com/

14. 最初的德语是 Hirnspiegel——字面意思就是"大脑镜子"。

15. 参见 D. Millett，"Hans Berger: From Psychic Energy to the EEG"（汉斯·伯格：从心理能量到脑电图），*Perspectives in Biology and Medicine* 44, no. 4 (2001): 522-542.

16. Vincent Walsh，"Brain Mapping: Faradization of the Mind"（脑图谱：大脑的法拉第化），*Current Biology* 8, no. 1 (1998): 8-11.
    Q    https://www.sciencedirect.com/science/article/pii/S0960982298700983

17. Vincent Walsh，"Brain Mapping: Faradization of the Mind"（脑图谱：大脑的法拉第化），*Current Biology* 8, no. 1 (1998), 10.

18. 结合脑电图和 TMS 对电场进行磁场干扰测量大脑中的电变化存在技术问题。

19. 参见 Maria Konnikova，"Hacking the Brain: How We Might Make Ourselves Smarter in the Future"（破解大脑：我们如何让自己在未来变得更聪明），*Atlantic*，2015 年 6 月。
    Q    https://www.theatlantic.com/magazine/archive/2015/06/brain-hacking/392084/

20. 参见：
    Q    https://openbci.com

21. 参见：
    Q    https://openbci.com

22. 参见 Carles Grau, Romuald Ginhoux, Alejandro Riera, Thanh Lam Nguyen, Hubert Chauvat, Michel Berg, Julià L. Amengual, Alvaro Pascual-Leone, and Giulio Ruffini，"Conscious Brain-to-Brain Communication in Humans Using Non-invasive Technologies"（在人类之间使用非侵入性技术的有意识的脑-脑通信），*PLoS ONE* 9, no. 8 (2014): e105225.

23. 参见 Sydney Johnson，"Brainwave Headsets Are Making their Way into Classrooms—for Meditation and Discipline"（脑波头戴式设备正在进入课

堂——进行冥想和训练），EdSurge 网站，2017 年 11 月 14 日。

Q  https://www.edsurge.com/news/2017-11-14-brainwave-headsets-are-
   making-their-way-into-classrooms-for-meditation-and-discipline

24. 参见 Moheb Costandi, *Neuroplasticity* (Cambridge, MA: MIT Press, 2016), 41-
    44.

25. 这种自然神经可塑性最著名的案例包括已故神经学家奥利弗·萨克斯（Oliver
    Sacks）的名作《错把妻子当帽子的人》（*The Man Who Mistook His Wife for a
    Hat*，伦敦 Picador 出版社 2015 年出版）中描述的一些示例。

26. Charles Lenay, Olivier Gapenne, Sylvain Hanneton, and Catherine
    K. Marque，"Sensory Substitution: Limits and Perspectives"（ 感 官 替
    代： 局限与展望 ），in *Touching for Knowing: Cognitive Psychology of Haptic
    Manual Perception*, ed. Y. Hatwell, A. Streri, and E. Gentaz (Amsterdam/
    Philadelphia: John Benjamins Publishing Company, 2003): 276.

27. Benjamin W. White, Frank A. Saunders, Lawrence Scadden, Paul
    Bach-y-Rita, and Carter C. Collins，"Seeing with the Skin"（通过皮肤
    "看见"），*Perception & Psychophysics* 7, no. 1 (1970): 23-27.

28. Paul Bach-y-Rita, "Sensory Plasticity: Applications to a Vision Substitution
    System"（感觉可塑性：视觉替代系统的应用），Acta Neurologica Scandinavica
    43, no. 4 (1967): 417-426.

29. Terry Gilliam, dir., *Brazil* (London: Embassy International Pictures,
    1986).

30. 关于保罗·巴赫·利塔的早期触觉视觉替代系统（TVSS）实验有很多报道。
    参见：
    Paul Bach-y-Rita, "Tactile Vision Substitution: Past and Future"（ 触
    觉视觉替代：过去和未来），*International Journal of Neuroscience* 19, no. 1-4
    (1983): 29-36.
    Paul Bach-y-Rita, Mitchell E. Tyler, and Kurt A. Kaczmarek, "Seeing
    with the Brain"（通过大脑"看见"），*International Journal of Human-Computer*

*Interaction* 15, no. 2 (2003): 285-295.

G. Guarniero, "Experience of Tactile Vision"（触觉视觉体验）, *Perception* 3, no. 1 (1974): 101-104.

有关更多的社会学观点，请参阅：

Mark Paterson, "Molyneux, Neuroplasticity, and Technologies of Sensory Substitution"（Molyneux、神经可塑性和感官替代技术）, in *The Senses and the History of Philosophy*, ed. Brian Glenney and Jose Filipe Silva (New York: Routledge, 2019).

Paterson, *Seeing with the Hands: Blindness, Vision and Touch after Descartes* (Edinburgh: Edinburgh University Press, 2016).

31. Benjamin W. White, Frank A. Saunders, Lawrence Scadden, Paul Bach-y-Rita, and Carter C. Collins, "Seeing with the Skin"（通过皮肤"看见"）, *Perception & Psychophysics* 7, no. 1 (1970), 23.

32. 参见 Bach-y-Rita, Carter C. Collins, Frank A. Saunders, Benjamin White, and Lawrence Scadden, "Vision Substitution by Tactile Image Projection"（通过触觉图像投射替代视觉）, *Nature* 221, no. 5184 (1969): 963-964.

33. Yuri Danilov and Mitchell Tyler, "BrainPort: An Alternative Input to the Brain"（BrainPort：对大脑的替代输入）, *Journal of Integrative Neuroscience* 4, no. 4 (2005): 537-550.

34. Nicola Twilley, "Seeing with Your Tongue"（通过舌头"看见"）, *New Yorker*, 2017 年 5 月 8 日。

    Q    https://www.newyorker.com/magazine/2017/05/15/seeing-with-your-tongue

35. 参见神经科学家大卫·伊格曼（David Eagleman）在以下网址发布的关于感觉替代和他的 VEST 技术的帖子，2020 年 12 月 21 日访问。

    Q    https://www.eagleman.com/research/sensory-substitution

36. 美国国家研究委员会军事和情报方法委员会有关未来二十年新兴神经生理和认知 / 神经方面的研究 [National Research Council (US) Committee on Military and Intelligence Methodology for Emergent Neruophysiological and Cognitive/Neural Research in the Next Two Decades ], *Emerging*

*Cognitive Neuroscience and Related Technologies* (Washington, DC: National Academies Press, 2008).

37. Jane Wakefield，"Brain Hack Devices Must Be Scrutinised, Say Top Scientists"（顶尖科学家认为必须谨慎对待大脑黑客设备），BBC 网站，2019 年 9 月 10 日。
   https://www.bbc.com/news/technology-49606027

38. Zachary Tomlinson，"Mind-Hunting: Could Your Brain be a Target for Hackers?"（心灵猎手：你的大脑会成为黑客的目标吗？），*Interesting Engineering*，2018 年 11 月 20 日。
   https://interestingengineering.com/mind-hunting-could-your-brain-be-a-target-for-hackers

   Daphne-Laprince Ringuet，"Brain-Hacking Is the Next Big Nightmare, So We'll Need Antivirus for the Mind"（大脑黑客技术是下一个噩梦，我们需要给心灵加装防病毒软件），ZDNet 网站，2020 年 1 月 21 日。
   https://www.zdnet.com/article/brain-hacking-is-the-next-big-nightmare-so-well-need-anti-virus-for-the-mind/

39. 参见 Iris Coates McCall, Chloe Lau, Nicole Minielly, and Judy Illes，"Owning Ethical Innovation: Claims about Commercial Wearable Brain Technologies"（创新也要讲道德：关于商业可穿戴大脑技术的主张），*Neuron* 102, no. 4 (2019): 728-731.

40. Eliza Strickland，"Tech for Lucid Dreaming Takes Off—but Will Any of It Work?"（清醒梦技术起飞——但真的有效吗？），*IEEE Spectrum*，2017 年 7 月 14 日。
   https://spectrum.ieee.org/the-human-os/biomedical/devices/tech-for-lucid-dreaming-takes-off-but-will-any-of-it-work

41. Penelope Green，"Sleep Is the New Status Symbol"（睡眠成为新的身份地位象征），*New York Times*，2017 年 4 月 8 日。
   https://www.nytimes.com/2017/04/08/fashion/sleep-tips-and-tools.html

42. Mathew Walker, *Why We Sleep: Unlocking the Power of Sleep and Dreams* (New York: Simon and Schuster, 2017), 19-20.

43. Marco Hafner, Martin Stepanek, Jirka Taylor, Wendy M. Troxel, and Christian van Stolk, *Why Sleep Matters—the Economic Costs of Insufficient Sleep: A Cross-Country Comparative Analysis* (Santa Monica, CA: RAND Corporation, 2016).
Q https://www.rand.org/pubs/research_reports/RR1791.html

44. *Sleeping Aids Market Research Report* (PSI Market Research, July 2020).
Q https://www.psmarketresearch.com/market-analysis/sleeping-aids-market

45. 参见:
Q https://sleepgadgets.io/eversleep/

46. 谷歌、苹果和 Facebook 等大公司对人才的"掠夺"已经进入了一个更加陌生的领域: 研究动物认知,以解开动物心灵的秘密,帮助训练自动驾驶汽车和机器学习系统的神经科学家。请参阅:
Sarah McBride and Ashlee Vance, "Apple, Google and Facebook are Raiding Animal Research Labs"(谷歌、苹果和 Facebook 正在从动物研究实验室抢人),Bloomberg 网站,2019 年 6 月 18 日。
Q https://www.bloomberg.com/news/features/2019-06-18/apple-google-and-facebook-are-raiding-animal-research-labs

47. G. Tononi and C. Cirelli, "Sleep and the Price of Plasticity: From Synaptic and Cellular Homeostasis to Memory Consolidation and Integration"(睡眠和可塑性的代价: 从突触和细胞稳态到记忆巩固和整合),*Neuron* 81, no. 1 (2014): 12-34.
睡眠在另一方面也很重要: 它可能是摆脱发达资本主义的最后一丝喘息。参见:
Jonathan Crary, *24/7: Late Capitalism and the Ends of Sleep* (London: Verso, 2014).

48. 参见 Vlad Savov, "The Sense Sleep Tracking Ball Is Nothing but a Lovely Alarm Clock"(Sense 睡眠跟踪球只不过是一个可爱的闹钟),The Verge 网

站，2016 年 7 月 26 日。

🔍   https://www.theverge.com/circuitbreaker/2016/7/26/12283986/sense-sleep-
tracker-review-alarm-clock

49. 参见：

🔍   https://www.re-timer.com/the-science/light-therapy-for-sad-and-sleep/

50. 美国国家睡眠基金会（National Sleep Foundation）2011 年的一项民意调查发现，约九成的美国人在睡觉前一小时使用了某种技术设备——这种设备会使人产生某种压力感。参见：
Michael Gradisar, Amy R. Wolfson, Allison G. Harvey, Lauren Hale, Russell Rosenberg, and Charles A. Czeisler, "The Sleep and Technology Use of Americans: Findings from the National Sleep Foundation's 2011 Sleep in America Poll"（美国人的睡眠和技术使用：美国国家睡眠基金会 2011 年对美国人睡眠情况调查的结果），*Journal of Clinical Sleep Medicine* 9, no. 12 (December 15, 2013):1291–1299.

51. 参见 Kelly Glazer Baron, Sabra Abbott, Nancy Jao, Natalie Manalo, and Rebecca Mullen, "Orthosomnia: Are Some Patients Taking the Quantified Self Too Far?"（完美睡眠主义症：有些患者对量化自我的理解太过了吗？），*Journal of Clinical Sleep Medicine* 13, no. 2 (February 15, 2017): 351–354.
另见：
Emine Saner, "Why Sleeptrackers Could Lead to the Rise of Insomnia—and Orthosomnia"（为什么睡眠跟踪设备反而会导致失眠者和完美睡眠主义症焦虑者日渐增多？），*Guardian*，2019 年 6 月 17 日。

🔍   https://www.theguardian.com/lifeandstyle/2019/jun/17/why-sleeptrackers-
could-lead-to-the-rise-of-insomnia-and-orthosomnia

52. 参见：

🔍   https://www.mindmachines.com/
另见：
Michael Hutchinson, *Mega Brain: New Tools and Techniques for Brain Growth and Mind Expansion* (Scotts Valley, AZ: CreateSpace Independent Publishing Platform, 2013).

53. Carl G. Jung, *The Practice of Psychotherapy*, trans. R. F. C. Hull (Florence: Taylor and Francis, 2014), 142.

54. 参见:

Q http://www.lucidity.com/

55. 参见:

Q https://www.media.mit.edu/projects/theme-engineering-dreams/overview

56. 参见:

Q https://www.media.mit.edu/projects/sleep-creativity/overview/

57. 参见:

Q http://www.adamjhh.com/dormio

58. 入眠（Hypnagogia）是清醒和睡眠之间的一个说不清、道不明的边界区域，涉及幻觉、时空扭曲和感觉错位的不稳定糅合。它本质上是头脑产生了幻象。从发明大王托马斯·爱迪生（Thomas Edison）到小说家爱伦·坡（Allan Poe），再到画家萨尔瓦多·达利（Salvador Dalí）和物理学家尼古拉·特斯拉（Nikola Tesla），很多艺术家、作家、发明家和其他富有创造力的人都试图通过用钢球、钥匙或他们手中的其他物品进入微打盹（micronaps，指睡眠时间持续不到四分之一秒）状态来了解入眠的体验。当受试者睡着时，他们对物体的抓握会放松，身体会摔倒在地板上或特殊的钢板上，从而立即唤醒他们。参见:
Adam Haar Horowitz 等人，"Dormio: Interfacing with Dreams"（Dormio: 与梦的对接），*Extended Abstracts of the 2018 CHI Conference on Human Factors in Computing Systems* (New York: ACM, 2018), 1-10.

59. 有关科学评论，请参阅:
Catherine Offord, "Scientists Engineer Dreams to Understand the Sleeping Mind"（科学家正在进行梦境研究工程以了解睡眠中的心灵），*The Scientist*，2020 年 12 月 1 日。

Q https://www.the-scientist.com/features/scientists-engineer-dreams-to-understand-the-sleeping-brain-68170

60. Douglas Trumbull, dir., *Brainstorm* (Moreno Valley, CA: JF Productions, 1983).

61. Katherine Bigelow, dir., *Strange Days* (Los Angeles: Lightstorm Entertainment, 1995).

62. Eben Harrell, "Neuromarketing: What You Need to Know"（神经营销：你需要知道的东西），*Harvard Business Review*，2019 年 1 月 23 日。
    Q　https://hbr.org/2019/01/neuromarketing-what-you-need-to-know

63. 参见 Michael M. Maharbiz, Rikky Muller, Elad Alon, Jan M. Rabaey, and Jose M. Carmena, "Reliable Next-Generation Cortical Interfaces for Chronic Brain-Machine Interfaces and Neuroscience"（用于长期脑机接口和神经科学的可靠的下一代皮质接口），*Proceedings of the IEEE* 105, no. 1 (2016): 73-82.

64. 参见：
    Q　https://neuralink.com/

65. "Six Paths to the Nonsurgical Future of Brain-Machine Interfaces"（通往脑机接口非手术未来的六种途径），DARPA，2019 年 5 月 20 日。
    Q　https://www.darpa.mil/news-events/2019-05-20

66. 参见 Jonna Brenninkmeijer, *Neurotechnologies of the Self: Mind, Brain and Subjectivity* (London: Palgrave Macmillan, 2016), 378.

67. Jonna Brenninkmeijer, *Neurotechnologies of the Self: Mind, Brain and Subjectivity* (London: Palgrave Macmillan, 2016).

68. 参见 Dan Lloyd, "Outsourcing the Mind"（思想源自外部），*American Scientist* 97, no. 4 (July-August 2009), 340.
    Sam Kriss, "You Think with the World, Not Just Your Brain"（你思考时所用到的不仅仅只有你的大脑，还有这个世界），*Atlantic*，2017 年 10 月 13 日。
    Q　https://www.theatlantic.com/science/archive/2017/10/extended-embodied-

cognition/542808/

Jeffrey M. Schwartz and Rebecca Gladding, *You Are Not Your Brain: The 4-Step Solution for Changing Bad Habits, Ending Unhealthy Thinking, and Taking Control of Your Life* (New York: Penguin, 2011).
Hilary Putnam, "The Meaning of Meaning"（意义不只是在头脑中），in *Mind, Language and Reality; Philosophical Papers, Volume 2* (Cambridge: Cambridge University Press, 1975), 215–271.

69. Alva Noë, *Out of Our Heads: Why You Are Not Your Brain, and Other Lessons from the Biology of Consciousness* (New York: Hill and Wang, 2009), 18–19.

70. Andy Clark, "Re-inventing Ourselves: The Plasticity of Embodiment, Sensing, and Mind"（重塑自我：体现、感知和心灵的可塑性），*Journal of Medicine and Philosophy* 32, no. 3 (2007): 263–282.

71. Andy Clark, *Natural-Born Cyborgs: Minds, Technologies, and the Future of Human Intelligence* (Oxford: Oxford University Press, 2004), 6–7.
另见：
Andy Clark and David Chalmers, "The Extended Mind"（延展的心灵），*Analysis* 58, no. 1 (1998): 7–19.

72. Andy Clark, *Natural-Born Cyborgs: Minds, Technologies, and the Future of Human Intelligence* (Oxford: Oxford University Press, 2004), 7.

73. Andy Clark, *Natural-Born Cyborgs: Minds, Technologies, and the Future of Human Intelligence* (Oxford: Oxford University Press, 2004), 138.
代理世界回路（agent-world circuit）的概念也来自克拉克。参见：
Andy Clark, "Re-inventing Ourselves: The Plasticity of Embodiment, Sensing, and Mind"（重塑自我：体现、感知和心灵的可塑性），*Journal of Medicine and Philosophy* 32, no. 3 (2007), 266.

74. 英国科学社会学家安德鲁·皮克林（Andrew Pickering）对脑电图的看法颇为有趣。他认为，像脑电图这样的技术只是一种自我实验的工具，它使我们能够实现自己的表现模型。这也意味着某物或某人不是一个固定的对象，而是随着时间的推移而出现的。因此，在皮克林看来，可穿戴脑电图等技术并不能揭示某种客观、科学的自我，它们只是使我们能够正常工作和做出改变的技术，是探索循环的一部分。没有任何外部固定的东西可以像我们的大脑那样，与我们所处的不断变化的环境隔离开来。当然，大脑会适应环境，随之而来的是，自我也会发生变化。参见：

Pickering, *Cybernetic Brain*, 384-385.

## 尾声

1. 参见 Dugald J. M. Thomson and David R. Barclay，"Real-Time Observations of the Impact of COVID-19 on Underwater Noise"（新冠疫情对水下噪声影响的实时观察），*Journal of the Acoustical Society of America* 147, no. 5 (2020): 3390-3396.

2. 参见 C. Rutz, M.-C. Loretto, A. E. Bates, S. C. Davidson, C. M. Duarte, W. Jetz, and M. Johnson 等人，"COVID-19 Lockdown Allows Researchers to Quantify the Effects of Human Activity on Wildlife"（新冠疫情封锁措施使得研究人员可以量化人类活动对野生动物的影响），*Nature Ecology and Evolution* 4, no. 9 (2020): 1156-1159.

3. C. Rutz, M.-C. Loretto, A. E. Bates, S. C. Davidson, C. M. Duarte, W. Jetz, and M. Johnson 等人，"COVID-19 Lockdown Allows Researchers to Quantify the Effects of Human Activity on Wildlife"（新冠疫情封锁措施使得研究人员可以量化人类活动对野生动物的影响），*Nature Ecology and Evolution* 4, no. 9 (2020).

4. N. S. Diffenbaugh, C. B. Field, E. A. Appel, I. L. Azevedo, D. D. Baldocchi, M. Burke, J. A. Burney 等人，"The COVID-19 Lockdowns: A Window into the Earth System"（新冠疫情封锁：进入地球系统的窗口），*Nature Reviews Earth and Environment* 1, no. 9 (2020): 470-481.

5. 加州理工学院喷气推进实验室（Jet Propulsion Laboratory, California Institute of Technology），"ECOSTRESS"，2020 年 9 月 20 日访问。
   Q   https://ecostress.jpl.nasa.gov/instrument

6. "NASA Funds Eight New Projects Exploring Connections between the Environment and COVID-19"（NASA 资助了八个探索环境与新型冠状病毒之间联系的新项目），NASA，2020 年 9 月 3 日。

    🔍    https://www.nasa.gov/feature/esd/2020/new-projects-explore-connections-between-environment-and-covid-19

7. Roberto Molar Candanosa，"These New Sensors Can Detect Coronavirus Particles on Your Breath, Instantly"，News@Northeastern，2020 年 7 月 17 日。

    🔍    https://news.northeastern.edu/2020/07/17/could-this-new-gas-sensor-help-researchers-test-regularly-for-the-coronavirus-in-the-air/

Wenyu Wang, Karim Ouaras, Alexandra L. Rutz, Xia Li, Magda Gerigk, Tobias E. Naegele, George G. Malliaras, and Yan Yan Shery Huang，"Inflight Fiber Printing toward Array and 3D Optoelectronic and Sensing Architectures"（面向阵列与 3D 光电和传感架构的飞行光纤打印），*Science Advances* 6, no. 40 (2020).

Jordi Laguarta, Ferran Hueto, and Brian Subirana，"COVID-19 Artificial Intelligence Diagnosis Using Only Cough Recordings"（仅使用咳嗽记录即可进行新型冠状病毒人工智能诊断），*IEEE Open Journal of Engineering in Medicine and Biology* 1 (September 2020): 275-281.

F. Laghrib, S. Saqrane, Y. El Bouabi, A. Farahi, M. Bakasse, S. Lahrich, and M. A. El Mhammedi，"Current Progress on COVID-19 Related to Biosensing Technologies: New Opportunity for Detection and Monitoring of Viruses"（与生物传感技术相关的新型冠状病毒的当前进展：检测和监控病毒的新机遇），*Microchemical Journal* 160 (January 2021): 105606.

Badriyah Alhalaili, Ileana Nicoleta Popescu, Olfa Kamoun, Feras Alzubi, Sami Alawadhia, and Ruxandra Vidu，"Nanobiosensors for the Detection of Novel Coronavirus 2019-nCoV and Other Pandemic/Epidemic Respiratory Viruses: A Review"（综述：用于检测新型冠状病毒和其他流行性呼吸道病毒的纳米生物传感器），*Sensors* 20, no. 22 (2020): 6591.

8. Kevin Jiang，"How COVID-19 Causes Loss of Smell"（新型冠状病毒如何导致嗅觉丧失），*Harvard Medical School*，2020 年 7 月 24 日。

    🔍    https://hms.harvard.edu/news/how-covid-19-causes-loss-smell

9. David H. Brann, Tatsuya Tsukahara, Caleb Weinreb, Marcela Lipovsek, Koen Van den Berge, Boying Gong, Rebecca Chance et al. "Non-neuronal Expression of SARS-CoV-2 Entry Genes in the Olfactory System Suggests Mechanisms Underlying COVID-19-Associated Anosmia"（新型冠状病毒进入基因在嗅觉系统中的非神经元表达提示了与新型冠状病毒相关的嗅觉障碍的底层机制），*Science Advances* 6, no. 31 (2020).

10. John Geddie and Aradhana Aravindan, "Singapore Plans Wearable Virus-Tracking Device for All"（新加坡计划为所有人提供可穿戴病毒追踪设备），Reuters 网站，2020 年 6 月 4 日。
   Q  https://www.reuters.com/article/us-health-coronavirus-singapore-tech-idUSKBN23C0FO

   David Horsley and Richard J. Przybyla, "Ultrasonic Range Sensors Bring Precision to Social-Distance Monitoring and Contact Tracing"（超声波距离传感器使得社交距离监测和密接者追踪更精准），*Electronic Design*，2020 年 9 月 2 日。
   Q  https://www.electronicdesign.com/industrial-automation/article/21139839/ultrasonic-range-sensors-bring-precision-to-socialdistance-monitoring-and-contact-tracing.

   Justin McCurry, "Japan Shop Deploys Robot to Check People Are Wearing Face Masks"（日本商店部署机器人检查人们是否佩戴口罩），*Guardian*，2020 年 11 月 16 日。
   Q  https://www.theguardian.com/world/2020/nov/16/japan-shop-deploys-robot-to-check-people-are-wearing-face-masks

11. 参见 S. Lalmuanawma, J. Hussain, and L. Chhakchhuak, "Applications of Machine Learning and Artificial Intelligence for Covid-19 (SARS-CoV-2) Pandemic: A Review"（综述：机器学习和人工智能在新冠疫情中的应用），*Chaos, Solitons & Fractals* 139 (October 2020).

12. 参见 Amanda E. Bates, Richard B. Primack, Paula Moraga, and Carlos M. Duarte, "COVID-19 Pandemic and Associated Lockdown as a 'Global Human Confinement Experiment' to Investigate Biodiversity

Conservation"，*Biological Conservation* 248 (August 2020): 108665.

13. 参见 Zuboff, *Age of Surveillance Capitalism*.

14. 参见埃莉诺·吉布森（Eleanor Gibson）——她是詹姆斯·杰尔姆·吉布森的妻子和合作者——的参考资料：

E. J. Gibson and A. D. Pick, *An Ecological Approach to Perceptual Learning and Development* (Oxford: Oxford University Press, 2000).

James J. Gibson, *The Ecological Approach to Visual Perception: Classic Edition* (New York: Psychology Press, 2015).

有趣的是，吉布森的视觉感知理论批评了自牛顿以来长期存在的观点，即视觉是直接在视网膜上再现我们看到的世界。取而代之的是，有关环境的信息是通过眼睛可以直接接触到的环境光来传达的，而不是基于必须解释的来自视网膜的视觉线索。这一理论也与吉布森对心理物理学的批判直接相关。正如他所写的，"我无法区分刺激信息和真正的刺激，无法区分被动感受器发生的事情和主动感知系统获得的信息。传统的心理物理学是一门将物理刺激应用于受试者的实验室学科。受试者被受控的和有序变化的能量一点点地刺激，以便发现他的经验是如何相应地变化。这个过程使得受试者很难或不可能随着时间的推移获得不变量（invariant，即始终不会改变的信息）。刺激物通常不携带有关环境的信息"。参见：

James J. Gibson, *The Ecological Approach to Visual Perception: Classic Edition*, 141.

15. 参见 "Transmission of SARS-CoV-2: Implications for Infection Prevention Precautions"（新型冠状病毒的传播：对感染预防措施的影响），世界卫生组织，2020 年 7 月 9 日。

Q  https://www.who.int/news-room/commentaries/detail/transmission-of-sars-cov-2-implications-for-infection-prevention-precautions

16. 科学研究学者布鲁诺·拉图尔（Bruno Latour）声称，阅读现代报纸不断地让我们面对他所谓的"混合体"，即政治、经济、文化和技术等的混合体。参见：

Bruno Latour, *We Have Never Been Modern, trans. Catherine Porter* (Cambridge, MA: Harvard University Press, 1993), 2.

17. Hayek, *Sensory Order*, 7.

18. Friedrich August Hayek, *Kinds of Order in Society* (Chicago: Institute for Humane Studies, 1975), 2.

19. Hayek, *Sensory Order*, 49–50.

20. Frank Rosenblatt, "The Perceptron: A Probabilistic Model for Information Storage and Organization in the Brain"（感知器：大脑中信息存储和组织的概率模型）, *Psychological Review* 65, no. 6 (1958): 386–408.

21. Frank Rosenblatt, "The Perceptron: A Probabilistic Model for Information Storage and Organization in the Brain"（感知器：大脑中信息存储和组织的概率模型）, *Psychological Review* 65, no. 6 (1958), 386.